COMO O MUNDO FUNCIONA

VACLAV SMIL

COMO O MUNDO FUNCIONA

UM GUIA CIENTÍFICO PARA O NOSSO PASSADO, PRESENTE E FUTURO

Tradução de Antenor Savoldi Jr.

Copyright © Vaclav Smil, 2022
Publicado originalmente em inglês pela Viking, um selo da Penguin General.
A Penguin General é parte do Grupo Penguin Random House.

TÍTULO ORIGINAL
How The World Really Works

PREPARAÇÃO
Carolina Leocadio
Iuri Pavan

REVISÃO
Carolina Vaz
Laís Curvão

DIAGRAMAÇÃO
Julio Moreira | Equatorium Design

DESIGN DE CAPA
Gabriela Pires

CIP-BRASIL. CATALOGAÇÃO NA PUBLICAÇÃO
SINDICATO NACIONAL DOS EDITORES DE LIVROS, RJ

S645c

    Smil, Vaclav, 1943-
        Como o mundo funciona : um guia científico para o nosso passado, presente e futuro / Vaclav Smil ; tradução Antenor Savoldi Jr. - 1. ed. - Rio de Janeiro : Intrínseca, 2024.
        400 p. ; 21 cm.

        Tradução de: How the world really works : the science behind how we got here and where we're going
        ISBN 978-65-5560-607-2

        1. Ciência - Aspectos sociais. 2. Ciência e civilização. 3. Inovações tecnológicas - Aspectos sociais. 4. Tecnologia e civilização. I. Savoldi Jr., Antenor. II. Título.

24-88010   CDD: 303.483
                                      CDU: 316.422.44

Meri Gleice Rodrigues de Souza - Bibliotecária - CRB-7/6439
25/01/2024 30/01/2024

[2024]
Todos os direitos desta edição reservados à
EDITORA INTRÍNSECA LTDA.
Av. das Américas, 500, bloco 12, sala 303
22640-904 – Barra da Tijuca
Rio de Janeiro – RJ
Tel./Fax: (21) 3206-7400
www.intrinseca.com.br

SUMÁRIO

INTRODUÇÃO
POR QUE PRECISAMOS DESTE LIVRO?   7

1. ENTENDENDO A ENERGIA:
COMBUSTÍVEIS E ELETRICIDADE   21

2. ENTENDENDO A PRODUÇÃO DE ALIMENTOS:
COMER COMBUSTÍVEIS FÓSSEIS   62

3. ENTENDENDO O NOSSO MUNDO MATERIAL:
OS QUATRO PILARES DA CIVILIZAÇÃO MODERNA   105

4. ENTENDENDO A GLOBALIZAÇÃO:
MOTORES, MICROCHIPS E MUITO MAIS   141

5. ENTENDENDO OS RISCOS:
DOS VÍRUS ÀS DIETAS E EXPLOSÕES SOLARES   184

6. ENTENDENDO O MEIO AMBIENTE:
A ÚNICA BIOSFERA QUE TEMOS   229

7. ENTENDENDO O FUTURO:
ENTRE O APOCALIPSE E A SINGULARIDADE   278

APÊNDICE
ENTENDENDO OS NÚMEROS: ORDENS DE MAGNITUDE   311

NOTAS E REFERÊNCIAS   317

AGRADECIMENTOS   385

ÍNDICE   387

INTRODUÇÃO

POR QUE PRECISAMOS DESTE LIVRO?

Cada época tem seus argumentos para se considerar única, mas, mesmo que as experiências das últimas três gerações — isto é, das décadas desde o fim da Segunda Guerra Mundial — não tenham sido tão profundamente transformadoras quanto as das três anteriores ao início da Primeira Guerra Mundial, não faltaram acontecimentos e avanços sem precedentes. O que impressiona é que agora um número maior de pessoas desfruta de um padrão de vida mais alto e vive por mais tempo e com melhor saúde do que em qualquer outro momento da história. No entanto, os que se beneficiam disso ainda são uma minoria (apenas cerca de um quinto) da população mundial, cuja contagem total é de aproximadamente oito bilhões de pessoas.

A segunda conquista a ser admirada é o inédito aumento da nossa compreensão do mundo físico e de todas as formas de vida. Nosso conhecimento se estende desde grandes generalizações sobre sistemas complexos na escala universal (galáxias, estrelas) e planetária (atmosfera, hidrosfera, biosfera) até processos no nível dos átomos e dos genes: linhas gravadas na superfície do microprocessador mais poderoso são apenas cerca de duas vezes o diâmetro do DNA humano. Traduzimos esse entendimento em um conjunto cada vez maior de máquinas, dispositivos, procedimentos, protocolos e intervenções que sustentam a civilização moderna, e a enormidade do nosso conhecimento acumulado — e as maneiras como o utilizamos a nosso serviço — está muito além da compreensão de qualquer mente isolada.

Seria possível conhecer homens renascentistas de verdade na Piazza della Signoria de Florença em 1500, mas não por muito tempo depois disso. Em meados do século XVIII, dois sábios franceses, Denis Diderot e Jean le Rond d'Alembert, ainda podiam reunir um grupo de colaboradores eruditos para resumir o conhecimento da época em definições bastante extensas nos vários volumes da *Encyclopédie, ou Dictionnaire raisonné des sciences, des arts et des métiers*. Algumas gerações depois, a extensão e a especialização do nosso conhecimento avançaram em ordens de grandeza, com descobertas fundamentais como a indução magnética (por Michael Faraday em 1831, base da geração de eletricidade), o metabolismo das plantas (por Justus von Liebig em 1840, base da fertilização das lavouras) e as teorias sobre eletromagnetismo (por James Clerk Maxwell em 1861, base de toda a comunicação sem fio).

Em 1872, um século após o surgimento do último volume da *Encyclopédie*, qualquer compilação de conhecimentos precisaria recorrer ao tratamento superficial de uma variedade de temas em rápida expansão, e, um século e meio depois, é impossível resumir nossa compreensão, mesmo dentro de especialidades estritamente delimitadas: termos como "física" ou "biologia" são rótulos sem muito sentido, e especialistas em física de partículas achariam muito difícil entender até mesmo a primeira página de um novo trabalho de pesquisa sobre imunologia viral, por exemplo. É claro que essa atomização do conhecimento dificulta os processos decisórios públicos. Ramos altamente especializados da ciência moderna se tornaram tão impenetráveis que muitas pessoas neles empregadas são forçadas a estudar até meados dos trinta anos para ingressar em seu novo sacerdócio.

Essas pessoas podem compartilhar longos períodos de aprendizagem, mas muitas vezes não conseguem concordar sobre a melhor forma de agir. A pandemia de covid-19 deixou claro que as divergências entre especialistas podem se estender até mesmo a decisões aparentemente simples, como usar uma máscara de proteção facial. No final de março de 2020 (terceiro mês de disseminação do vírus), a Organização Mundial da Saúde (OMS) ainda desaconselhava seu uso, exceto para pessoas infectadas e pessoas em contato com elas, e a mudança de postura ocorreu apenas no início de junho de 2020. Como alguém que não tem nenhum conhecimento especial pode tomar partido ou compreender essas disputas que, muitas vezes, terminam em retratações ou no abandono das posições que antes eram dominantes?

Ainda assim, tais incertezas e divergências sem fim não são desculpa para que a maioria das pessoas entenda tão mal o funcionamento essencial do mundo moderno. Afinal, entender como o trigo é cultivado (Capítulo 2), ou como o aço é feito (Capítulo 3), ou perceber que a globalização não é nova nem inevitável (Capítulo 4) não é o mesmo que pedir que alguém compreenda a femtoquímica (o estudo das reações químicas nas escalas de tempo de 10^{-15} segundos — Ahmed Zewail, Prêmio Nobel em 1999) ou as reações em cadeia da polimerase (a cópia rápida do DNA — Kary Mullis, Prêmio Nobel em 1993).

Por que, então, a maioria das pessoas nas sociedades modernas tem um conhecimento tão superficial sobre como o mundo realmente funciona? As complexidades do mundo moderno são um motivo óbvio: as pessoas estão o tempo todo interagindo com caixas-pretas, e a relativa simplicidade de seu uso exige pouca ou nenhuma compreensão do que está acontecendo dentro da caixa. Isso vale tanto para dispositivos onipresentes como celulares e laptops (digitar um simples termo para pesquisa resolve tudo) quanto para procedimentos em grande escala, como a vacinação — sem dúvida o melhor exemplo de 2021 em todo o planeta, em que a única parte normalmente compreensível era enrolar a manga da blusa. Mas as explicações para esse déficit de compreensão vão além do fato de que o nível do nosso conhecimento incentiva a especialização, e a outra face disso é uma compreensão cada vez mais superficial, e até mesmo ignorante, das coisas mais básicas.

Urbanização e mecanização são duas razões importantes para esse déficit de compreensão. Desde o ano de 2007, mais da metade da humanidade vive em grandes cidades (número que passa de 80% nos países ricos), e, ao contrário das cidades industrializadas do século XIX e início do século XX, os empregos nas áreas urbanas modernas se concentram principalmente no ramo de serviços. Portanto, a maioria dos habitantes urbanos modernos está desconectada não apenas da maneira como produzimos nossos alimentos, mas também do modo como construímos nossas máquinas e dispositivos. A crescente mecanização de todas as atividades produtivas significa que apenas uma parcela muito pequena da população global atual se dedica a fornecer à civilização a energia e os materiais que compõem nosso mundo moderno.

Hoje os Estados Unidos têm apenas cerca de três milhões de homens e mulheres (proprietários de fazendas e trabalhadores contratados) diretamente envolvidos na produção de alimentos, isto é, pessoas que de fato aram os campos, plantam as sementes, aplicam fertilizantes, retiram ervas daninhas, colhem as lavouras (colher frutas e vegetais é a parte mais trabalhosa do processo) e cuidam dos animais. Isso representa menos de 1% da população do país; portanto, não é de admirar que a maioria dos habitantes não tenha nenhuma ideia, ou tenha apenas uma vaga noção, sobre como seu pão ou seus cortes de carne chegaram a eles. As colheitadeiras colhem trigo, mas será que também colhem soja e lentilha? Quanto tempo leva para um porquinho se tornar uma costeleta de porco: semanas ou anos? A grande maioria da população norte-americana simplesmente não sabe — e eles não estão sozinhos. A China é o maior produtor mundial de aço (fundição, moldagem e laminação de quase um bilhão de toneladas por ano), mas tudo isso é feito por menos de 0,25% dos 1,4 bilhão de habitantes do país. Apenas uma pequena porcentagem da população chinesa chegará perto de um alto-forno ou verá uma máquina de lingotamento contínuo e suas faixas vermelhas de aço quente em movimento. E essa desconexão acontece em todo o mundo.

A outra grande razão para a compreensão cada vez mais limitada desses processos fundamentais que fornecem energia (como alimento ou como combustível) e materiais duráveis (sejam metais, minerais não metálicos ou concreto) é que eles passaram a ser vistos como antiquados — até ultrapassados — e pouco interessantes em comparação ao mundo da informação, dos dados e das imagens. As famosas "melhores mentes" não se dedicam à ciência do solo nem tentam fazer um cimento de qualidade superior. Em vez disso, o que as atrai é lidar com informações etéreas, hoje apenas fluxos de elétrons em miríades de microdispositivos. De advogados e economistas a programadores e gerentes financeiros, os ganhos são muito mais altos para funções que estão completamente afastadas das realidades materiais da vida na Terra.

Além disso, essa adoração aos dados fez muitos passarem a acreditar que os fluxos eletrônicos tornarão desnecessárias essas antigas necessidades materiais. Os campos serão substituídos pela agricultura urbana nos arranha-céus, e os produtos sintéticos acabarão eliminando a necessidade de cultivar qualquer alimento. A desmaterialização, alimentada pela inteligência artificial, acabará com a nossa dependência em relação às massas moldadas de metais e minerais processados, e, em algum momento, podemos até não precisar do meio ambiente da Terra: quem precisa dele se vamos "terraformar" Marte? Claro, essas são previsões não apenas muito prematuras, mas também fantasias, fomentadas por uma sociedade na qual as notícias falsas se tornaram comuns e realidade e ficção se misturaram a tal ponto que mentes ingênuas, suscetíveis ao culto de ideias assim, acreditam naquilo que observadores mais afiados do passado considerariam, sem receio, ilusão ou total delírio.

Ninguém que está lendo este livro se mudará para Marte. Todos nós continuaremos a comer grãos básicos cultivados no solo em grandes extensões de terras agrícolas, e não nos arranha-céus imaginados por quem propõe a chamada agricultura urbana. Nenhum de nós viverá em um mundo desmaterializado, que não necessita de serviços naturais insubstituíveis, como a evaporação da água ou a polinização das plantas. Mas suprir essas necessidades existenciais será uma tarefa cada vez mais desafiadora, porque grande parte da humanidade vive nas condições que uma minoria próspera deixou para trás há algumas gerações, e porque a crescente demanda por energia e materiais vem desgastando a biosfera tanto, e tão rápido, que colocamos em risco a capacidade de manter seus fluxos e recursos dentro dos limites compatíveis com seu funcionamento no longo prazo.

Fazendo apenas uma única comparação básica, em 2020 a média anual de fornecimento de energia *per capita* de cerca de 40% da população mundial (3,1 bilhões de pessoas, o que inclui quase todas as pessoas da África Subsaariana) não ultrapassava a taxa alcançada na Alemanha e na França em 1860! Para se aproximar do limiar de um padrão de vida digno, essas 3,1 bilhões de pessoas precisarão pelo menos dobrar — de preferência, triplicar — seu uso de energia *per capita* e, ao fazê-lo, multiplicar seu suprimento de eletricidade, aumentar sua produção de alimentos e construir infraestruturas urbanas, industriais e de transporte essenciais. Inevitavelmente, essas demandas sujeitarão a biosfera a uma maior degradação.

E como vamos lidar com os desdobramentos das mudanças climáticas? Hoje existe o consenso de que precisamos fazer *alguma coisa* para evitar as diversas consequências muito indesejáveis. Contudo, que tipo de ação, que tipo de transformação comportamental funcionaria melhor? Para aqueles que ignoram as necessidades energéticas e materiais do nosso mundo, que preferem entoar os mantras de soluções verdes para entender como chegamos a este ponto, a receita é fácil: basta descarbonizar — mudar da queima de carbono fóssil para o uso de fontes renováveis de energia. Mas eis o balde de água fria: somos uma civilização movida a combustíveis fósseis, cujos avanços técnicos e científicos, qualidade de vida e prosperidade dependem da combustão de enormes quantidades de carbono fóssil, e não podemos simplesmente abandonar esse fator determinante para nossa existência, nem nas próximas décadas e muito menos em poucos anos.

Hoje, a descarbonização completa da economia global até 2050 só seria concebível à custa de uma recessão econômica global impensável, ou como resultado de transformações extraordinariamente rápidas baseadas em avanços tecnológicos quase milagrosos. Mas como projetar esse cenário se ainda não temos nenhuma estratégia global convincente, prática e acessível, e tampouco os meios técnicos necessários? O que vai acontecer na vida real? A lacuna entre o desejo e a realidade é grande, porém, em uma sociedade democrática, nenhuma disputa de ideias e propostas pode prosseguir de maneira racional sem que todos os lados compartilhem ao menos o mínimo de informações relevantes sobre o mundo real, em vez de usar seus preconceitos para justificar demandas desconectadas das possibilidades físicas.

* * *

Este livro é uma tentativa de reduzir esse déficit de compreensão, e de explicar algumas das realidades dominantes mais fundamentais que definem nossa sobrevivência e nossa prosperidade. Meu objetivo não é prever nem delinear cenários incríveis ou deprimentes do que está por vir. Não há necessidade de dar mais espaço para esse gênero popular, mas geralmente equivocado: no longo prazo, há muitos acontecimentos inesperados e muitas interações complexas que nenhum esforço individual ou coletivo pode prever. Também não vou defender interpretações específicas (tendenciosas) da realidade, sejam elas fonte de desespero ou de expectativas exageradas. Não sou pessimista nem otimista: sou um cientista tentando explicar como o mundo realmente funciona e usarei esse conhecimento para que possamos compreender melhor os limites e as oportunidades que teremos no futuro.

É inevitável que uma investigação desse tipo precise ser seletiva, mas cada um dos sete tópicos-chave escolhidos para uma análise mais detalhada tem como critério sua necessidade existencial: não há escolhas fúteis nessa lista. O primeiro capítulo deste livro mostra como as sociedades baseadas no alto consumo de energia vêm sendo cada vez mais dependentes dos combustíveis fósseis e, em particular, da eletricidade, a forma mais flexível de energia. O conhecimento dessa realidade serve como uma necessária correção para os argumentos, comuns hoje em dia (baseados em uma compreensão equivocada de realidades complexas), de que podemos descarbonizar o suprimento global de energia rapidamente, e que levaria apenas duas ou três décadas para passarmos a depender somente de fontes de energia renováveis. Embora estejamos convertendo parcelas cada vez maiores de geração de eletricidade a partir de novas fontes de energia renováveis (solar e eólica, novidades se comparadas à hidroeletricidade, já consolidada há muito tempo) e colocando mais carros elétricos nas estradas, descarbonizar caminhões, aviões e navios será um desafio muito maior, bem como a produção de materiais essenciais sem depender de combustíveis fósseis.

O segundo capítulo trata da necessidade mais básica para a sobrevivência: a produção do nosso alimento. Seu foco é explicitar que nossos meios de subsistência, do trigo ao tomate e ao camarão, requerem uma grande quantidade, direta e indireta, de insumos de combustíveis fósseis. A consciência dessa nossa dependência fundamental em relação aos combustíveis fósseis leva a uma compreensão realista da nossa necessidade contínua de carbono fóssil: é relativamente fácil gerar eletricidade com turbinas eólicas ou células solares em vez de queimar carvão ou gás natural, mas seria muito mais difícil operar todo o maquinário do campo sem combustíveis fósseis líquidos e produzir todos os fertilizantes e outros agroquímicos sem gás natural e petróleo. Em resumo, por décadas será impossível alimentar adequadamente o planeta sem utilizar combustíveis fósseis como fontes de energia e de matérias-primas.

O terceiro capítulo explica como e por que nossas sociedades são sustentadas por materiais criados pela engenhosidade humana, focando no que chamo de quatro pilares da civilização moderna: amônia, aço, concreto e plásticos. Compreender essa realidade deixa clara a natureza enganosa das mais recentes e populares afirmações sobre a desmaterialização das economias modernas, dominadas por serviços e dispositivos eletrônicos miniaturizados. A redução relativa das necessidades de material por unidade de muitos produtos manufaturados tem sido uma das tendências que definiram os avanços industriais modernos. Mas, em termos absolutos, as demandas materiais têm aumentado mesmo nas sociedades mais ricas do mundo e permanecem muito abaixo de qualquer nível de saturação concebível em países de baixa renda, onde possuir apartamentos bem construídos, equipamentos de cozinha e ar-condicionado (sem falar nos automóveis) continua sendo um sonho para bilhões de pessoas.

O quarto capítulo é a história da globalização, ou de como o mundo se tornou tão interconectado pelo transporte e pela comunicação. Essa perspectiva histórica mostra como são velhas (melhor dizendo, antigas) as origens desse processo, e como é recente (e global, de fato) o ápice de sua extensão. E um olhar mais atento deixa claro que não há nada de inevitável a respeito do curso futuro desse fenômeno percebido de forma tão ambivalente (muito elogiado, muito questionado e muito criticado). Recentemente, houve alguns recuos nítidos em todo o mundo, além de uma tendência geral ao populismo e ao nacionalismo, mas não está claro até que ponto eles continuarão ou até que ponto essas mudanças serão motivadas por uma combinação de fatores econômicos, políticos e de segurança.

O quinto capítulo oferece uma estrutura realista para julgar os riscos que encaramos: as sociedades modernas conseguiram eliminar ou reduzir muitos riscos que antes eram mortais ou incapacitantes — a pólio e o parto, por exemplo —, mas muitos perigos seguirão conosco para sempre enquanto persistirmos em avaliações de risco inadequadas, ao mesmo tempo subestimando e exagerando os perigos que enfrentamos. Depois de terminar esse capítulo, os leitores terão uma boa avaliação dos riscos relativos a muitas exposições involuntárias e atividades voluntárias comuns — de sofrer uma queda em casa a voar entre continentes; de viver em uma cidade propensa a furacões a saltar de paraquedas. E, fugindo dos absurdos da indústria da dieta, veremos uma gama de opções do que podemos comer para vivermos uma vida mais longa.

O sexto capítulo vai primeiro examinar como as mudanças ambientais podem afetar nossas três necessidades essenciais:

oxigênio, água e comida. O restante do capítulo vai se concentrar no aquecimento global, a mudança que vem dominando as preocupações ambientais recentes e que levou, por um lado, ao surgimento de um novo e quase apocalíptico catastrofismo e, por outro, a negações completas do processo. Em vez de retomar e julgar a contestação a esses argumentos (muitos livros já fizeram isso), vou enfatizar que, ao contrário da impressão geral, esse não é um fenômeno descoberto recentemente: nós entendemos os fundamentos desse processo há mais de 150 anos.

Além disso, estamos cientes do verdadeiro grau de aquecimento associado à duplicação do CO_2 atmosférico há mais de um século, e fomos alertados sobre a natureza inédita (e desenfreada) desse experimento planetário há mais de meio século (medições ininterruptas e precisas de CO_2 começaram em 1958). Mas optamos por ignorar essas explicações, advertências e fatos registrados. Em vez disso, multiplicamos nosso uso de combustíveis fósseis, provocando uma dependência que não será interrompida de forma fácil ou barata. A rapidez com que podemos reverter esse quadro ainda não está clara. Some isso a todas as outras preocupações ambientais, e vamos concluir que não há respostas fáceis à principal questão existencial: a humanidade é capaz de realizar suas aspirações dentro dos limites seguros da nossa biosfera? Mas é fundamental entender os fatos levantados por essa questão. Só assim poderemos enfrentar o problema de maneira eficaz.

No capítulo final, vou olhar para o futuro, mais especificamente para as recentes tendências antagônicas de abraçar o catastrofismo (aqueles que dizem que faltam apenas alguns anos para que a cortina final desça sobre a civilização moderna) e o tecno--otimismo (aqueles que projetam que os poderes da invenção abrirão horizontes ilimitados além dos confins da Terra, transformando todos os desafios terrestres em histórias insignificantes).

Como se pode imaginar, não sigo qualquer um desses pontos de vista, e minha perspectiva não encontrará lugar em nenhuma dessas doutrinas. Não prevejo qualquer ruptura iminente com a história em nenhuma direção: não vejo nenhum desfecho já predeterminado, mas, sim, uma trajetória complicada que depende das nossas escolhas, que estão longe de ser limitadas.

Este livro se baseia em dois fundamentos: nas abundantes descobertas científicas e em meu meio século como pesquisador e autor de livros. O primeiro inclui itens que vão desde contribuições clássicas, como as descobertas pioneiras das conversões de energia e do efeito estufa do século XIX, até as mais recentes avaliações dos desafios globais e das probabilidades de risco. Este livro ambicioso não poderia ter sido escrito sem minhas décadas de estudos interdisciplinares, refinados em meus muitos outros livros. Em vez de recorrer a uma antiga comparação entre raposas e ouriços (o aforismo diz que uma raposa sabe muitas coisas, mas um ouriço sabe de uma grande coisa), tendo a dividir os cientistas modernos entre os que cavam buracos cada vez mais profundos (atualmente o principal caminho para a fama) e os que investigam horizontes mais amplos (hoje em dia um grupo muito reduzido).

Cavar o buraco mais profundo possível e ser o mestre insuperável de uma pequena fatia do fundo visível do céu nunca me atraiu. Sempre preferi investigar tão longe quanto minhas capacidades limitadas me permitiram. Minha principal área de interesse ao longo da vida tem sido os estudos de energia, porque, para um entendimento satisfatório desse vasto campo, é preciso combinar uma compreensão de física, química, biologia, geologia e engenharia com uma atenção à história e aos fatores sociais, econômicos e políticos.

Quase metade dos meus agora mais de quarenta livros, principalmente os mais acadêmicos, tratam de vários aspectos da energia, desde grandes pesquisas sobre energia geral e a energia ao longo da história até olhares mais atentos para categorias individuais de combustível (petróleo, gás natural, biomassa) e propriedades e processos específicos (densidade de potência, transições de energia). O restante da minha produção expõe minhas buscas interdisciplinares: escrevi sobre fenômenos fundamentais como crescimento, em todas as suas formas naturais e antropogênicas, e risco, meio ambiente global (biosfera, ciclos biogeoquímicos, ecologia global, produtividade fotossintética e colheitas), alimentos e agricultura, materiais (sobretudo aço e fertilizantes), avanços técnicos, o progresso e recuo da manufatura, além de história da Roma Antiga, da América Moderna e da comida japonesa.

É inevitável que este livro — produto do trabalho da minha vida e escrito para o leitor leigo — seja uma continuação da minha longa busca por entender as realidades básicas da biosfera, da história e do mundo que criamos. Ele também faz o que já venho fazendo há décadas: defender fortemente o afastamento das visões extremistas. Os mais recentes (e cada vez mais barulhentos ou irresponsáveis) defensores de tais posições ficarão desapontados: aqui não é o lugar para encontrar lamentos sobre o fim do mundo em 2030, tampouco o deslumbramento com a chegada, mais cedo do que o pensado, dos poderes surpreendentes e transformadores da inteligência artificial. Em vez disso, este livro tenta trazer uma base para uma perspectiva mais comedida e necessariamente agnóstica. Espero que minha abordagem racional e prática ajude os leitores a entender como o mundo de fato funciona e quais são nossas chances de vê-lo oferecer melhores perspectivas para as próximas gerações.

Mas, antes de mergulhar nos temas específicos, tenho um aviso, bem como um possível pedido. Este livro está repleto de números (todos em escala métrica), porque as realidades do mundo moderno não podem ser compreendidas apenas por descrições qualitativas. Vários deles são, inevitavelmente, muito grandes ou muito pequenos, e tais realidades são tratadas de forma mais adequada em termos de ordens de grandeza, utilizando prefixos válidos em todo o mundo. Se você não tiver uma base nesses assuntos, o apêndice sobre a compreensão dos números, grandes e pequenos, trata disso; portanto, talvez para alguns leitores seja preferível começar este livro pelo final. Caso contrário, vejo você no Capítulo 1 para uma visão mais detalhada e quantitativa das fontes de energia. É um ponto de vista que nunca deveria sair de moda.

1. ENTENDENDO A ENERGIA:

COMBUSTÍVEIS E ELETRICIDADE

Vamos imaginar um cenário positivo de ficção científica: não com viagens para planetas distantes em busca de vida, mas com a Terra e seus habitantes sendo alvos de um monitoramento remoto por uma civilização extremamente avançada, que envia suas sondas para galáxias próximas. Por que é que eles fazem isso? Apenas pela satisfação de uma compreensão sistemática, e talvez para evitar surpresas perigosas, caso o terceiro planeta orbitando em torno de uma estrela comum em uma galáxia espiral se torne uma ameaça, ou ainda caso precisem de um segundo lar. Por isso, tal planeta mantém um monitoramento periódico da Terra.

Vamos imaginar que uma sonda se aproxime do nosso planeta uma vez a cada cem anos e que ela esteja programada para fazer uma segunda passagem (uma inspeção mais detalhada) somente quando detectar um tipo de conversão de energia — a mudança de energia de uma forma para outra — nunca observado antes, ou uma nova manifestação física causada por ela. Em termos físicos fundamentais, qualquer processo, seja chuva, erupção vulcânica, crescimento de plantas, predação animal ou o avanço da inteligência humana pode ser definido como uma sequência de conversões de energia, e, por algumas centenas de milhões de anos após a formação da Terra, as sondas veriam apenas as mesmas exibições variadas, porém monótonas, de erupções vulcânicas, terremotos e tempestades atmosféricas.

MUDANÇAS FUNDAMENTAIS

Os primeiros microrganismos surgem há quase quatro bilhões de anos, mas as sondas que passam não os registram, pois essas formas de vida são raras e permanecem ocultas, associadas a fontes hidrotermais alcalinas no fundo do oceano. A primeira ocasião para um olhar mais atento surge 3,5 bilhões de anos atrás, quando uma sonda de passagem capta os primeiros micróbios fotossintéticos simples e unicelulares em mares rasos: eles absorvem radiação infravermelha — aquela que está logo além do espectro visível — e não produzem oxigênio.[1] Centenas de milhões de anos se passam sem sinais de mudança antes que as cianobactérias comecem a usar a energia da radiação solar visível para converter CO_2 e água em novos compostos orgânicos e liberar oxigênio.[2]

Trata-se de uma mudança radical, que dará origem à atmosfera oxigenada da Terra, mas muito tempo se passa até que novos organismos aquáticos mais complexos sejam vistos, há 1,2 bilhão de anos, quando as sondas documentam o surgimento e a difusão de algas vermelhas de cor intensa (devido ao pigmento fotossintético ficoeritrina) e de algas marrons, muito maiores. As algas verdes chegam quase meio bilhão de anos depois, e, por causa da nova proliferação de plantas marinhas, as sondas obtêm sensores melhores para monitorar o fundo do mar. Isso compensa, pois, há mais de seiscentos milhões de anos, as sondas fazem outra descoberta histórica: os primeiros organismos feitos de células diferenciadas. Essas criaturas achatadas, macias e adaptadas ao fundo do mar (conhecidas como fauna ediacarana, em referência à região da Austrália onde foram encontradas) são os primeiros animais simples que metabolizam oxigênio e são capazes de se mover, ao contrário das algas, que são apenas empurradas por ondas e correntes.[3]

Então, as sondas começam a documentar o que são, em termos comparativos, mudanças rápidas: em vez de passar por continentes sem vida e esperar centenas de milhões de anos antes de registrar outra mudança importante, elas começam a captar as ondas de aumento, ápice e declínio no surgimento, difusão e extinção de uma enorme variedade de espécies. Esse período começa com a explosão cambriana de pequenos habitantes do fundo marinho (541 milhões de anos atrás, com o domínio inicial dos trilobitas) até a chegada dos primeiros peixes, anfíbios, plantas terrestres e animais de quatro patas (portanto, excepcionalmente móveis). Extinções periódicas reduzem ou, às vezes, quase eliminam tamanha variedade, e, mesmo há apenas seis milhões de anos, as sondas não encontram nenhum organismo dominando o planeta.[4] Não muito tempo depois, elas quase não percebem a importância de uma mudança mecânica com enormes implicações energéticas: muitos animais de quatro patas ficam em pé por um momento ou andam de modo desajeitado sobre duas pernas, e há mais de quatro milhões de anos essa forma de locomoção se torna a regra para pequenas criaturas similares a macacos, que começam a passar mais tempo em terra do que nas árvores.[5]

Agora, os intervalos entre os comunicados de algo digno de nota à sua base encolhem de centenas de milhões para apenas centenas de milhares de anos. Por fim, os descendentes desses bípedes primitivos (que nós classificamos como hominídeos, pertencentes ao gênero *Homo*, da longa linhagem de nossos ancestrais) fazem algo que os coloca em um caminho acelerado para o domínio do planeta. Várias centenas de milhares de anos atrás, as sondas detectam o primeiro uso extrassomático de energia — ou seja, externo ao corpo, o que significa qualquer conversão de energia além de digerir alimentos — quando alguns desses seres que caminham eretos dominam o fogo e começam a usá-lo intencionalmente para cozinhar, ter conforto e segurança.[6] Essa combustão controlada converte a energia química das plantas em energia térmica e luz, permitindo que os hominídeos comam alimentos que antes eram difíceis de digerir, se aqueçam durante as noites frias e afastem animais perigosos.[7] Esses são os primeiros passos para moldar e controlar de modo deliberado o ambiente em uma escala sem precedentes.

Essa tendência se intensifica com a próxima mudança digna de nota: a adoção do cultivo agrícola. Cerca de dez milênios atrás, as sondas registram os primeiros fragmentos de plantas cultivadas de forma intencional, à medida que uma pequena parte da fotossíntese total da Terra passa a ser controlada e manipulada por humanos que domesticam — selecionam, plantam, cuidam e colhem — culturas para o próprio benefício (no futuro).[8] A primeira domesticação de animais ocorre logo em seguida. Antes que isso aconteça, os músculos humanos são os únicos motores primários, isto é, conversores de energia química (alimento) em energia cinética (mecânica) do trabalho. A domesticação de animais para o trabalho, começando com o gado cerca de nove mil anos atrás, fornece a primeira energia extrassomática vinda além dos músculos humanos — os animais são usados para arar os campos, para tirar água de poços, para puxar ou levar cargas e para fornecer transporte individual.[9] E muito mais tarde vêm os primeiros motores inanimados: as velas há mais de cinco milênios; as rodas-d'água há mais de dois milênios; e os moinhos de vento há mais de mil anos.[10]

Depois disso, as sondas não têm muito a observar após a chegada de outro período de (relativa) desaceleração: século após século, há apenas repetição, estagnação ou o lento crescimento e difusão dessas conversões já conhecidas. Nas Américas e na Austrália (sem quaisquer animais de tração nem motores primários mecânicos simples), todo o trabalho antes da chegada dos europeus é feito por músculos humanos. Em algumas das regiões pré-industriais do Velho Mundo, animais arreados, vento, água corrente ou quedas d'água fornecem energia significativamente para processamento de grãos, prensagem de óleo, moagem e forja, e os animais de tração se tornam indispensáveis para o trabalho pesado no campo (sobretudo para arar, pois a colheita ainda é feita manualmente), transportando mercadorias e sendo usados em guerras.

Mas, nesse ponto, mesmo em sociedades com animais domesticados e motores mecânicos primários, muito trabalho ainda é humano. Usando totais aproximados de animais e pessoas trabalhando no passado e considerando taxas de trabalho diárias típicas com base em medições modernas de esforço físico, minha estimativa é que, seja no início do segundo milênio da Era Comum (em 1000) ou quinhentos anos depois (em 1500, no começo da era moderna), mais de 90% de toda a energia mecânica útil era fornecida pela energia animada, dividida de forma mais ou menos igual entre pessoas e animais, enquanto toda a energia térmica vinha da queima de combustíveis vegetais, principalmente madeira e carvão, mas também palha e esterco seco.

Então, em 1600, a sonda alienígena entra em ação e detecta algo inédito. Em vez de depender apenas da madeira, a sociedade de uma ilha está queimando cada vez mais carvão, um combustível produzido pela fotossíntese dezenas ou centenas de milhões de anos antes, fossilizado pelo calor e pressão durante seu longo armazenamento subterrâneo. As melhores projeções indicam que, na Inglaterra, o carvão como fonte de calor supera o uso de combustíveis de biomassa por volta de 1620, talvez até antes. Em 1650, a queima de carbono fóssil fornece dois terços de todo o calor, fatia que chega a 75% em 1700.[11] A Inglaterra começa excepcionalmente cedo: todas as minas de carvão que farão do Reino Unido a principal economia do século XIX já estão produzindo carvão antes de

1640.[12] E então, no início do século XVIII, algumas minas inglesas passam a contar com motores a vapor, os primeiros motores inanimados movidos pela queima de combustível fóssil.

Esses primeiros motores são tão ineficientes que só podem ser utilizados em minas onde o suprimento de combustível é diretamente acessível, sem necessidade de transporte.[13] Mas, por gerações, o Reino Unido continua sendo a nação mais interessante para a sonda alienígena, por ser um excepcional pioneiro na adoção de novidades. Mesmo em 1800, a extração combinada de carvão em alguns países europeus e nos Estados Unidos é uma pequena fração da produção britânica.

Por volta de 1800, a passagem da sonda registrará que, em todo o planeta, os combustíveis vegetais ainda fornecem mais de 98% de todo o calor e luz usados pelos bípedes dominantes e que os músculos humanos e animais ainda fornecem mais de 90% de toda a energia mecânica necessária na agricultura, na construção civil e na manufatura. No Reino Unido, onde James Watt inventou um motor a vapor aprimorado durante a década de 1770, a empresa Boulton & Watt começa a construir motores cuja potência média é igual à de 25 cavalos. Porém, até 1800, foram vendidas menos de quinhentas dessas máquinas, o que conseguiu reduzir apenas um pouco da potência total fornecida por cavalos arreados e por trabalhadores humanos.[14]

Mesmo em 1850, o aumento da extração de carvão na Europa e na América do Norte não fornece mais de 7% de toda a energia como combustível, e quase metade de toda a energia cinética útil vem de animais de tração, cerca de 40% de músculos humanos, e apenas 15% dos três principais motores inanimados: rodas-d'água, moinhos de vento e motores a vapor, que se espalham aos poucos. O mundo de 1850 é muito mais parecido com o de 1700 ou até mesmo com o de 1600 do que com o mundo do ano 2000.

Mas, em 1900, a participação global dos combustíveis fósseis e renováveis e dos motores muda consideravelmente à medida que as fontes de energia modernas (carvão mineral e algum petróleo bruto) passam a fornecer metade de toda a energia primária, e os combustíveis tradicionais (madeira, carvão vegetal, palha), a outra metade. Turbinas hidráulicas em usinas hidrelétricas geram eletricidade primária durante a década de 1880; depois vem a eletricidade geotérmica e, após a Segunda Guerra Mundial, a eletricidade nuclear, solar e eólica (as novas fontes de energia renováveis). Mas, até 2020, mais da metade da eletricidade do mundo ainda será gerada pela queima de combustíveis fósseis, principalmente carvão e gás natural.

Por volta de 1900, os motores inanimados fornecem aproximadamente metade de toda a energia mecânica: motores a vapor movidos a carvão dão a maior contribuição, seguidos por rodas-d'água aprimoradas e novas turbinas hidráulicas (que surgem na década de 1830), moinhos de vento e novas turbinas a vapor (desde o final da década de 1880) e motores de combustão interna (movidos a gasolina, também utilizados pela primeira vez nos anos 1880).[15]

Em 1950, os combustíveis fósseis já fornecem quase três quartos da energia primária (ainda dominada pelo carvão), e os motores inanimados — agora com a liderança de motores de combustão interna movidos a gasolina e diesel — são responsáveis por mais de 80% de toda a energia mecânica. E, até o ano 2000, apenas pessoas pobres em países de baixa renda dependerão de combustíveis de biomassa, com madeira e palha fornecendo apenas cerca de 12% da energia primária do mundo. Os motores primários animados detêm apenas 5% da energia mecânica, pois os esforços humanos e o trabalho dos animais de tração são quase totalmente substituídos por máquinas movidas a líquidos ou por motores elétricos.

Durante os dois últimos séculos, as sondas alienígenas terão testemunhado uma rápida substituição global das fontes de energia primária, acompanhada pela expansão e diversificação do suprimento de energia fóssil, e também pelo surgimento, adoção e crescimento não menos rápidos da capacidade de novos motores inanimados — primeiro os motores a vapor movidos a carvão, depois os motores de combustão interna (pistões e turbinas). A visita mais recente da sonda veria uma sociedade verdadeiramente global, construída e definida por conversões massivas de carbono fóssil em unidades estacionárias ou móveis, implantadas em todos os lugares, exceto em algumas regiões desabitadas do planeta.

USOS MODERNOS DA ENERGIA

Que diferença fez essa mobilização de energias extrassomáticas? Em geral, a oferta global de energia primária se refere à produção total (bruta), mas fica mais fácil entender quando olhamos para a energia que está realmente disponível para conversão em formas úteis. Para fazer isso, precisamos subtrair as perdas pré-consumo (durante a triagem e limpeza do carvão, refino de petróleo bruto e processamento de gás natural), o uso não energético (sobretudo como matéria-prima para indústrias químicas, como óleos lubrificantes para máquinas, de bombas até turbinas de aeronaves, e como materiais de pavimentação) e as perdas durante a transmissão de eletricidade. Com esses ajustes — e arredondando bastante, para evitar a impressão de um número preciso sem fundamento —, meus cálculos mostram um aumento de sessenta vezes no uso de combustíveis fósseis durante o século XIX, um aumento de dezesseis vezes durante o século XX e um aumento de cerca de 1.500 vezes ao longo dos últimos 220 anos.[16]

Essa dependência crescente em relação aos combustíveis fósseis é o fator mais importante para explicar os avanços da civilização moderna, além de nossas preocupações com a vulnerabilidade do suprimento e os impactos ambientais da queima desses combustíveis. Na realidade, o ganho de energia foi substancialmente maior do que as 1.500 vezes que acabei de mencionar, porque devemos levar em conta o aumento simultâneo nas eficiências médias de conversão.[17] Em 1800, a combustão de carvão em fogões e caldeiras para produzir calor e água quente não era mais do que 25% a 30% eficiente, e apenas 2% do carvão consumido pelas máquinas a vapor era convertido em trabalho útil, resultando em uma eficiência de conversão global que não passa dos 15%. Um século depois, fogões, caldeiras e motores aprimorados aumentaram a eficiência geral para quase 20%, e, no ano 2000, a taxa média de conversão era de cerca de 50%. Dessa forma, o século XX viu um ganho de quase quarenta vezes em energia útil, e, desde 1800, o aumento foi de cerca de 3.500 vezes.

Para ter uma visão ainda mais clara da magnitude de tais mudanças, devemos expressar essas taxas em termos *per capita*. A população global aumentou de um bilhão em 1800 para 1,6 bilhão em 1900 e 6,1 bilhões no ano 2000; portanto, a oferta de energia útil aumentou (com todos os valores em gigajoules (GJ) *per capita*) de 0,05 em 1800 para 2,7 em 1900 e para cerca de 28 no ano 2000. A ascensão da China no cenário mundial pós-2000 foi a principal razão para um novo aumento da taxa global para cerca de 34 GJ *per capita* até 2020. Um habitante médio da Terra hoje tem à sua disposição quase setecentas vezes mais energia útil do que seus ancestrais tinham no início do século XIX.

Além disso, dentro do tempo de vida das pessoas nascidas logo após a Segunda Guerra Mundial, a taxa mais do que triplicou, de cerca de 10 para 34 GJ *per capita* entre 1950 e 2020. Traduzindo a última taxa em medidas equivalentes mais fáceis de entender, é como se um terráqueo médio tivesse à sua disposição, todos os anos, cerca de 800 quilogramas (0,8 tonelada, quase seis barris) de petróleo bruto ou aproximadamente 1,5 tonelada de carvão betuminoso de boa qualidade. Em termos de trabalho físico, é como se sessenta adultos estivessem trabalhando sem parar, dia e noite, para cada pessoa média. Para os habitantes de países mais ricos, esse número hipotético de adultos trabalhando constantemente ficaria entre duzentos e 240, a depender do país. Em média, os seres humanos hoje em dia têm quantidades sem precedentes de energia à sua disposição.

As consequências disso no que diz respeito a esforço humano, horas de trabalho físico, tempo de lazer e padrão de vida geral são óbvias. Uma abundância de energia útil é a base que explica todos os ganhos — por exemplo, alimentação melhor, viagens em grande escala, mecanização da produção e transporte à comunicação eletrônica pessoal instantânea — que se tornaram a regra, e não exceções, em todos os países ricos. As mudanças recentes em escala nacional variam muito: como esperado, são menores para os países de alta renda, cujo uso de energia *per capita* já era relativamente alto havia um século, com um aumento maior nas nações que viram a modernização mais acelerada de suas economias desde 1950, sobretudo Japão, Coreia do Sul e China. Entre 1950 e 2020, os Estados Unidos quase dobraram a energia útil *per capita* fornecida por combustíveis fósseis e eletricidade primária (para cerca de 150 GJ); no Japão, a taxa mais do que quintuplicou (para quase 80 GJ per capita), e a China viu um aumento surpreendente de mais de 120 vezes (para quase 50 GJ per capita).[18]

Traçar a trajetória da implantação de energia útil é muito esclarecedor, pois a energia não é só mais um componente nas estruturas complexas da biosfera, sociedades humanas e suas economias, nem mais uma variável nas intrincadas equações que determinam a evolução desses sistemas interativos. As conversões de energia são a própria base da vida e da evolução. A história moderna pode ser vista como uma sequência extraordinariamente rápida de transições para novas fontes de energia, e o mundo moderno é o resultado cumulativo dessas conversões. Os físicos foram os primeiros a reconhecer a importância fundamental da energia nos assuntos humanos. Em 1886, Ludwig Boltzmann, um dos pais da termodinâmica, falou sobre energia livre — a energia disponível para conversões — como o *Kampfobjekt* (objeto de luta) pela vida, que, em última análise, depende da radiação solar recebida.[19] Erwin Schrödinger, ganhador do Prêmio Nobel de Física em 1933, resumiu a base da vida: "O alimento de um organismo é entropia negativa" (entropia negativa ou negentropia = energia livre).[20] Durante a década de 1920, seguindo essa visão fundamental dos físicos do século XIX e início do século XX, o matemático e estatístico norte-americano Alfred Lotka concluiu que os organismos que melhor capturam a energia disponível detêm a vantagem evolutiva.[21]

No início dos anos 1970, o ecologista norte-americano Howard Odum explicou como "todo progresso se deve a subsídios especiais de energia, e o progresso evapora sempre e onde quer que estes sejam removidos".[22] Mais recentemente, o físico Robert Ayres, de modo insistente, reforçou em sua obra o papel central da energia em todas as economias: "o sistema econômico é em essência um sistema para extrair, processar e transformar a energia enquanto recurso em energia incorporada em produtos e serviços."[23] Em outras palavras, a energia é a única moeda verdadeiramente universal e nada (das rotações galácticas à vida efêmera dos insetos) pode ocorrer sem suas transformações.[24]

Mesmo diante de todas essas realidades que podem ser facilmente confirmadas, é difícil entender por que o campo da economia moderna, com suas explicações e preceitos e cujos profissionais exercem mais influência nas políticas públicas do que quaisquer outros especialistas, ignora tanto a energia. Como Ayres observou, a economia não só carece de uma consciência sistemática da importância da energia para o processo físico de produção, mas também considera "que a energia não importa (muito) porque a fatia do custo da energia na economia é tão pequena que pode ser ignorada... como se a produção fosse resultado apenas do trabalho e do capital... ou como se a energia fosse meramente uma forma de capital feito pelo homem capaz de ser produzida (e não extraída) por trabalho e capital".[25]

Os economistas modernos não recebem suas verbas e premiações por se preocuparem com a energia, e as sociedades modernas só dão atenção a isso quando o fornecimento de qualquer forma comercial importante de energia é ameaçado e seus preços disparam. O Ngram Viewer, uma ferramenta do Google que registra a popularidade de termos que apareceram em fontes impressas entre 1500 e 2019, ilustra esse argumento: durante o século XX, a frequência do termo "preço da energia" permaneceu bastante insignificante até um pico repentino no início dos anos 1970 — causado pela quintuplicação dos preços do petróleo bruto pela Organização dos Países Exportadores de Petróleo (Opep), cujos detalhes veremos mais adiante neste capítulo — e atingiu seu auge no início dos anos 1980. Depois que os preços caíram, seguiu-se um declínio igualmente acentuado, e, em 2019, o termo "preço da energia" era menos mencionado que em 1972.

Não é possível compreender como o mundo funciona de fato sem um mínimo de alfabetização energética. Neste capítulo, explicarei primeiro que pode não ser fácil definir o que é energia, mas é fácil não cometer o erro comum de confundi-la com potência. Veremos como diferentes formas de energia (com suas vantagens e desvantagens específicas) e diferentes densidades (energia armazenada por unidade de massa ou volume, fundamental para seu armazenamento e portabilidade) afetaram estágios distintos de desenvolvimento econômico, e vou trazer algumas avaliações realistas dos desafios enfrentados pela transição para sociedades que dependem cada vez menos do carbono fóssil. Como veremos, nossa civilização depende tanto de combustíveis fósseis que a próxima transição levará muito mais tempo do que pensa a maioria das pessoas.

O QUE É ENERGIA?

Como definimos essa grandeza fundamental? A etimologia grega é clara. Escrevendo em sua *Metafísica*, Aristóteles combinou ἐν (dentro) com ἔργον (trabalho) e concluiu que todo objeto é mantido por ἐνέργεια.[26] Essa compreensão envolvia todos os objetos com potencial de ação, movimento e mudança — uma boa caracterização de um potencial a ser transformado em outras formas, seja levantando, lançando ou queimando.

Pouco mudou nos dois milênios seguintes. Em certo momento, Isaac Newton estabeleceu leis físicas fundamentais envolvendo massa, força e momento, e sua segunda lei do movimento tornou possível derivar as unidades básicas de energia. Usando unidades científicas modernas, 1 joule é a força de 1 newton, isto é, a massa de 1 quilograma acelerada por 1 m/s^2 atuando em uma distância de 1 metro.[27] Mas essa definição se refere apenas à energia cinética (mecânica) e certamente não traz uma compreensão intuitiva da energia em todas as suas formas.

Nossa compreensão prática de energia foi muito ampliada durante o século XIX graças aos diversos experimentos da época com combustão, calor, radiação e movimento.[28] Isso levou àquela que ainda é a definição mais comum de energia: "a capacidade de realizar trabalho", uma definição válida apenas quando o termo "trabalho" significa não apenas algum trabalho investido, mas, como disse um dos principais físicos da época, um "ato físico geral de produzir uma mudança de configuração em um sistema em oposição a uma força que resiste a essa mudança".[29] Mas isso também é muito newtoniano e pouco intuitivo.

Não há melhor maneira de responder à pergunta "O que é energia?" do que recorrer a um dos físicos mais perspicazes do século XX: Richard Feynman. Com sua mente multifacetada, que, em suas famosas *Lições de física*, enfrentou o desafio fazendo uso de seu estilo direto, Feynman enfatiza que "a energia tem um grande número de *diferentes formas*, e há uma fórmula para cada uma. São elas: energia gravitacional, energia cinética, energia térmica, energia elástica, energia elétrica, energia química, energia radiante, energia nuclear, energia de massa".

E então temos esta encantadora, mas inquestionável, conclusão:

> É importante perceber que, na física de hoje, não temos conhecimento sobre o que *é* energia. Não temos a noção de que a energia vem em pequenas gotas de uma quantidade definida. Não é assim que funciona. No entanto, existem fórmulas para calcular algumas grandezas numéricas, e, quando somamos tudo, chegamos... sempre ao mesmo número. É uma coisa abstrata, pois não nos esclarece o mecanismo nem as *razões* daquelas várias fórmulas.[30]

Assim tem sido. Podemos usar fórmulas para calcular, com muita precisão, a energia cinética de uma flecha em movimento ou de um avião a jato, ou a energia potencial de uma grande pedra que está prestes a cair de uma montanha, ou a energia térmica liberada por uma reação química ou pela energia (radiante) da luz de uma vela bruxuleante ou de um laser pontiagudo — mas não podemos reduzir essas energias a uma única entidade descrita facilmente em nossa cabeça.

Entretanto, essa natureza instável da energia não incomodou os exércitos de especialistas de plantão: desde o início dos anos 1970, quando a energia se tornou um tema importante do discurso público, eles opinam sobre questões energéticas com ignorância e entusiasmo. A energia está entre os conceitos mais evasivos e incompreendidos, e uma percepção equivocada das realidades básicas levou a muitas ilusões e desilusões. Como vimos, a energia existe em várias formas, e, para torná-la útil, precisamos converter uma forma dela em outro tipo. Mas a regra tem sido tratar as muitas faces dessa abstração como uma coisa só, como se diferentes formas de energia fossem facilmente substituíveis.

Algumas dessas substituições são até fáceis e benéficas. A substituição das velas (a energia química da cera transformada em energia radiante) por lâmpadas elétricas alimentadas pela eletricidade gerada por turbinas a vapor (a energia química dos combustíveis transformada primeiro em calor e depois em energia elétrica, que é então transformada em energia radiante) trouxe muitos benefícios óbvios (um tipo de energia mais segura, mais luminosa, mais barata e mais confiável). A substituição de motores ferroviários movidos a vapor e diesel por motores com acionamento elétrico permitiu um transporte mais barato, mais limpo e mais rápido: todos os elegantes trens de alta velocidade são elétricos. Mas muitas substituições desejáveis ainda são bastante caras, momentaneamente inacessíveis ou impossíveis nas escalas necessárias — não importa o quanto seus defensores exaltem suas virtudes.

Os carros elétricos são um exemplo comum da primeira categoria: hoje disponíveis para pronta-entrega, os melhores modelos são bastante confiáveis, porém, em 2020, ainda eram mais caros do que os veículos de tamanho semelhante movidos por motores de combustão interna. Na segunda categoria, como vou detalhar no próximo capítulo, a síntese da amônia necessária para produzir fertilizantes nitrogenados hoje é muito dependente do gás natural como fonte de hidrogênio. O hidrogênio poderia ser produzido pela decomposição (eletrólise) da água, mas esse processo continua sendo quase cinco vezes mais caro do que a extração do elemento a partir do metano, abundante e barato — e ainda não criamos uma indústria de hidrogênio em grande escala. E o voo comercial de longa distância movido a eletricidade (equivalente a um Boeing 787 movido a querosene de Nova York a Tóquio) é o excelente exemplo da terceira categoria: como veremos, essa é uma conversão de energia que permanecerá fora da realidade ainda por muito tempo.

A primeira lei da termodinâmica afirma que nenhuma energia é perdida durante as conversões: seja de energia química a energia química ao digerir alimentos; de química a mecânica ao mover os músculos; de química a térmica na queima de gás natural; de térmica a mecânica ao girar uma turbina; de mecânica a elétrica em um gerador; ou de elétrica a eletromagnética, como a luz que ilumina a página que você está lendo. No entanto, todas as conversões de energia acabam resultando em calor dissipado em baixa temperatura: nenhuma energia foi perdida, mas sua utilidade, sua capacidade de realizar trabalho útil, desapareceu (essa é a segunda lei da termodinâmica).[31]

Todas as formas de energia podem ser medidas nas mesmas unidades: joule é a unidade científica; calorias são usadas com frequência em estudos nutricionais. No próximo capítulo, quando detalharmos os enormes subsídios energéticos destinados à produção moderna de alimentos, encontraremos a realidade existencial das diferentes qualidades energéticas. A produção de frango requer uma quantidade de energia cujo total é várias vezes superior ao conteúdo energético da carne comestível. Embora possamos calcular a razão da contribuição em termos de quantidades de energia (entrada/saída de joules), há, claro, uma diferença fundamental entre as entradas e as saídas: não podemos digerir óleo diesel ou eletricidade, enquanto a carne magra do frango é um alimento quase perfeitamente digerível, contendo proteínas de alta qualidade, um macronutriente indispensável que não pode ser substituído por uma quantidade igual de energia de lipídios ou carboidratos.

Existem muitas opções de conversões de energia disponíveis, algumas bem melhores que outras. A alta densidade de energia química no querosene e no diesel é ótima para voos e transportes de carga intercontinentais, mas, se você quiser que seu submarino permaneça submerso enquanto cruza o oceano Pacífico, a melhor escolha é fazer a fissão de urânio enriquecido em um pequeno reator para produzir eletricidade.[32] Em terra, os grandes reatores nucleares são os produtores mais confiáveis de eletricidade: alguns deles mantêm a geração 90% a 95% do tempo, em comparação a aproximadamente 45% do tempo para as melhores turbinas eólicas em alto-mar e 25% para as células fotovoltaicas, mesmo no mais ensolarado dos climas, enquanto os painéis solares da Alemanha produzem eletricidade em apenas cerca de 12% do tempo.[33]

Isso é física ou engenharia elétrica em sua forma mais simples, mas é notável a frequência com que essas realidades são ignoradas. Outro erro comum é confundir energia com potência, o que acontece de modo ainda mais frequente. Isso revela uma ignorância a respeito da física básica que, lamentavelmente, não se limita aos leigos. A energia é uma grandeza escalar, que na física é uma quantidade descrita apenas por sua magnitude; volume, massa, densidade e tempo são outras grandezas escalares recorrentes. A potência mede a energia por unidade de tempo, portanto, é uma taxa (na física, uma taxa mede a mudança, em geral por tempo). Os estabelecimentos que geram eletricidade são muitas vezes chamados de usinas de potência, mas a potência é simplesmente a taxa de produção de energia ou de uso de energia. A potência é igual à energia dividida pelo tempo: em unidades científicas, é dada em watts = joules/segundos. A energia é igual à potência multiplicada pelo tempo: joules = watts × segundos. Se você acender uma pequena vela como oferenda em uma igreja, ela pode queimar por quinze horas, convertendo a energia química da cera em calor (energia térmica) e luz (energia eletromagnética) com uma potência média de quase 40 watts.[34]

Infelizmente, até mesmo publicações de engenharia costumam escrever sobre uma "usina de potência gerando 1.000 MW de eletricidade", no entanto isso é impossível. Uma estação geradora pode ter potência instalada (nominal) de 1.000 megawatts — isto é, pode produzir eletricidade a essa taxa —, mas, ao fazê-lo, geraria 1.000 megawatts-hora ou, em unidades científicas básicas, 3,6 trilhões de joules em uma hora (1.000.000.000 watts × 3.600 segundos). De forma análoga, a taxa metabólica basal de um homem adulto (a energia necessária em repouso absoluto para executar as funções essenciais do corpo) é de cerca de 80 watts, ou 80 joules por segundo; deitado de bruços o dia todo, um homem de 70 quilos ainda precisaria de cerca de 7 megajoules (80 × 24 × 3.600) de energia alimentar, ou cerca de 1.650 quilocalorias, para manter a temperatura corporal, dar energia a seu coração e executar inúmeras reações enzimáticas.[35]

Mais recentemente, uma compreensão equivocada da energia fez com que os proponentes de um novo mundo verde pedissem, de forma ingênua, uma troca quase instantânea dos combustíveis fósseis — abomináveis, poluentes e finitos — para a eletricidade solar — superior, verde e sempre renovável. Mas hidrocarbonetos líquidos refinados de petróleo bruto (gasolina, querosene de aviação, óleo diesel, óleo pesado residual) têm a densidade de energia mais alta de todos os combustíveis comuns disponíveis e, portanto, são muito mais adequados para dar energia a todos os meios de transporte. A seguir, uma escala de densidade, com todas as taxas em gigajoules por tonelada: madeira seca, 16; carvão betuminoso, 24-30, a depender da qualidade; querosene e diesel, cerca de 46. Em termos de volume (todas as taxas em gigajoules por metro cúbico), as densidades de energia são apenas cerca de 10 para madeira, 26 para carvão bom, 38 para querosene. O gás natural (metano) contém apenas 35 MJ/m³, ou menos de 1/1.000 da densidade do querosene.[36]

As implicações da densidade de energia, bem como das propriedades físicas dos combustíveis, para o transporte são óbvias. Os transatlânticos movidos a motores a vapor não queimavam madeira, porque, mantendo as demais condições, a lenha teria consumido 2,5 vezes o volume necessário do carvão betuminoso de boa qualidade para uma travessia transatlântica (e seria pelo menos 50% mais pesada), reduzindo bastante a capacidade do navio de transportar pessoas e mercadorias. Não poderia existir nem um voo movido a gás natural, pois a densidade de energia do metano é três ordens de magnitude menor que a do querosene de aviação, e tampouco um voo movido a carvão — a diferença de densidade não é tão grande, mas o carvão não fluiria do tanque nas asas até os motores.

As vantagens dos combustíveis líquidos vão muito além da alta densidade energética. Ao contrário do carvão, o petróleo bruto é muito mais fácil de ser extraído (não há necessidade de enviar mineradores para o subsolo nem de destruir paisagens com grandes minas abertas), armazenado (em tanques ou no subterrâneo — devido à densidade de energia muito superior do petróleo, qualquer espaço fechado pode armazenar 75% mais energia como combustível líquido do que como carvão) e distribuído (entre continentes, por navios-tanque e por oleodutos, o modo mais seguro de transferência de massa entre longas distâncias), portanto, está prontamente disponível conforme a demanda.[37] O petróleo bruto precisa ser refinado para separar a complexa mistura de hidrocarbonetos em combustíveis específicos, dos quais a gasolina é o mais leve. O óleo combustível residual é o mais pesado, mas esse processo produz combustíveis mais valiosos para usos específicos e também dá origem a produtos não combustíveis indispensáveis, como lubrificantes.

Os lubrificantes são necessários para minimizar o atrito em tudo, dos enormes motores turbofan em jatos de fuselagem larga até rolamentos em miniatura.[38] Em todo o mundo, o setor automotivo, agora com mais de 1,4 bilhão de veículos nas estradas, é o maior consumidor, seguido pelo uso na indústria, cujos maiores mercados são o têxtil, o de energia, o de produtos químicos e o de processamento de alimentos, e em embarcações oceânicas. O uso anual desses compostos hoje ultrapassa 120 megatons (para comparação, a produção global de todos os óleos comestíveis, de azeite a óleo de soja, hoje é de cerca de 200 megatons por ano), e, como as alternativas disponíveis são mais caras — lubrificantes sintéticos feitos de óleos mais simples, mas ainda geralmente à base de compostos, e não derivados diretamente do petróleo bruto —, a demanda vai crescer ainda mais à medida que essas indústrias se expandirem em todo o mundo.

Outro produto derivado do petróleo bruto é o asfalto. A produção global desse material preto e pegajoso é hoje da ordem de 100 megatons, com 85% indo para pavimentação (misturas asfálticas quentes e mornas) e a maior parte do restante para cobertura de casas.[39] E os hidrocarbonetos ainda têm outro uso não combustível indispensável: como matéria-prima para muitas sínteses químicas diferentes (sobretudo etano, propano e butano de líquidos de gás natural), que produzem uma variedade de fibras sintéticas, resinas, adesivos, corantes, tintas e revestimentos, detergentes e pesticidas, todos vitais de inúmeras maneiras para o nosso mundo moderno.[40] Dadas essas vantagens e benefícios, era previsível — inevitável, na verdade — que nossa dependência em relação ao petróleo bruto aumentasse conforme o produto se tornasse mais acessível e pudesse ser entregue de forma confiável em escala global.

A mudança do carvão para o petróleo bruto levou gerações para ser realizada. A extração comercial de petróleo bruto começou durante a década de 1850 na Rússia, no Canadá e nos Estados Unidos. Os poços eram rasos, perfurados com o antigo método de percussão envolvendo o levantamento e lançamento de uma pesada broca cortante, sua produtividade diária era baixa, e o querosene para lamparinas (que substituiu o óleo de baleia e as velas) era o principal produto do refino simples de petróleo bruto.[41] Novos mercados para derivados de petróleo só foram criados com a ampla adoção de motores de combustão interna: primeiro as máquinas a gasolina (usando o ciclo de Otto) para carros, ônibus e caminhões; depois as máquinas mais eficientes de Rudolf Diesel, abastecidas por uma fração mais pesada e barata (chamada de, isso mesmo, diesel) e usada principalmente para navios, caminhões e máquinas pesadas (para saber mais sobre esse assunto, veja o Capítulo 4 sobre globalização). A difusão desses novos motores foi lenta, e os Estados Unidos e o Canadá foram os dois únicos países com altas taxas de propriedade de automóveis antes da Segunda Guerra Mundial.

O petróleo bruto se tornou um combustível global e, a partir de determinado momento, a fonte de energia primária mais importante do mundo, graças às descobertas de campos petrolíferos gigantes no Oriente Médio e na União Soviética — e, é claro, também graças ao surgimento dos navios-petroleiros. Alguns dos reservatórios gigantes do Oriente Médio foram perfurados pela primeira vez nas décadas de 1920 e 1930 (Gachsaran no Irã e Kirkuk no Iraque, em 1927, Burgan no Kuwait, em 1937), mas a maioria deles só foi descoberta após a Segunda Guerra, incluindo Ghawar (o maior do mundo), em 1948, Safaniya, em 1951 e Manifa, em 1957, todos na Arábia Saudita. As maiores descobertas soviéticas foram em 1948 (Romashkino, na bacia Volga-Ural) e em 1965 (Samotlor, na Sibéria Ocidental).[42]

A ASCENSÃO E O RELATIVO RECUO
DO PETRÓLEO BRUTO

O uso de carros em grande escala na Europa e no Japão e a conversão simultânea de suas economias de carvão para petróleo bruto e depois para gás natural começaram apenas durante a década de 1950, assim como a expansão do comércio exterior e das viagens (incluindo os primeiros aviões a jato) e o uso de matérias-primas petroquímicas para a síntese de amônia e plásticos. A extração global de petróleo bruto dobrou nos anos 1950, e em 1964 ele ultrapassou o carvão como o combustível fóssil mais importante do mundo, mas, embora sua produção continuasse aumentando e a oferta permanecesse abundante, os preços caíram. Em valores corrigidos (ajustados pela inflação), o preço mundial do petróleo era mais baixo em 1950 do que em 1940, mais baixo em 1960 do que em 1950 — e ainda mais baixo em 1970 do que em 1960.[43]

Não surpreende a demanda vinda de todos os setores. Em termos práticos, o petróleo bruto era tão barato que não havia incentivos para usá-lo com eficiência: as casas em regiões de clima frio nos Estados Unidos, cada vez mais aquecidas por fornos a óleo, eram construídas com janelas de vidro simples e sem isolamento adequado das paredes; na prática, a eficiência média dos carros norte-americanos caiu entre 1933 e 1973; e as indústrias de uso intensivo de energia continuaram a operar usando processos ineficientes.[44] Talvez o mais notável seja o fato de o ritmo de substituição dos antigos fornos abertos por fornos aprimorados de oxigênio para produzir aço ter sido muito mais lento nos Estados Unidos do que no Japão e na Europa Ocidental.

Durante o final da década de 1960, a já alta demanda norte-americana por petróleo aumentou quase 25%, e a demanda global, quase 50%. A europeia quase dobrou entre 1965 e 1973, e as importações japonesas se tornaram 2,3 vezes maiores.[45] Como mencionado, novas descobertas de reservas cobriram esse aumento na demanda, e o petróleo estava sendo vendido basicamente ao mesmo preço de 1950. Mas isso era bom demais para durar. Em 1950, os Estados Unidos ainda produziam aproximadamente 53% do petróleo mundial; em 1970, embora ainda fossem o maior produtor, sua participação caiu para menos de 23% — e ficou claro que o país precisaria aumentar as importações —, enquanto a Organização dos Países Exportadores de Petróleo (Opep) já se encarregava de 48%.

Criada em Bagdá no ano de 1960 por apenas cinco países a fim de evitar novas reduções de preços, a Opep teve o tempo a seu favor: não era grande o suficiente para se afirmar durante a década de 1960, mas, com sua participação na produção em 1970, aliada ao recuo da extração norte-americana (que atingiu o pico no mesmo período), ficou impossível ignorar suas demandas.[46] Em abril de 1972, a Comissão Ferroviária do Texas suspendeu seus limites à produção do estado e, dessa forma, desistiu do controle do preço que mantinha desde a década de 1930. Em 1971, Argélia e Líbia deram início à nacionalização da produção de petróleo, seguidas pelo Iraque em 1972, mesmo ano em que Kuwait, Catar e Arábia Saudita começaram a aquisição gradual de seus campos de petróleo, que até então estavam nas mãos de corporações estrangeiras. Então, em abril de 1973, os Estados Unidos derrubaram os limites à importação de petróleo bruto a leste das Montanhas Rochosas. De repente, o mercado estava dominado pelos vendedores, e, em 1º de outubro de 1973, a Opep aumentou seu preço em 16%: 3,01 dólares o barril. Em seguida, seis países árabes do Golfo definiram um aumento adicional de 17%, e, após a vitória israelense sobre o Egito no Sinai em outubro de 1973, a Opep embargou todas as exportações de petróleo para os Estados Unidos.

Em 1º de janeiro de 1974, os Estados do Golfo aumentaram seu preço de referência para 11,65 dólares o barril, completando um aumento de 4,5 vezes no custo dessa fonte de energia essencial em um único ano, o que encerrou a era de rápida expansão econômica impulsionada pelo petróleo barato. De 1950 a 1973, o PIB da Europa Ocidental quase triplicou, e o dos Estados Unidos mais que dobrou nessa única geração. Entre 1973 e 1975, a taxa de crescimento econômico global caiu cerca de 90%, e, assim que as economias afetadas pelos preços mais altos do petróleo começaram a se ajustar, sobretudo através de melhorias impressionantes na eficiência energética industrial, a queda da monarquia iraniana e a tomada do Irã por uma teocracia fundamentalista levaram a uma segunda onda de aumentos do preço do petróleo — de aproximadamente 13 dólares em 1978 para 34 dólares em 1981 — e a outra queda de 90% na taxa global de crescimento econômico, agora entre 1979 e 1982.[47]

Mais de 30 dólares o barril era um valor aniquilador da demanda, e em 1986 o petróleo estava novamente sendo vendido a apenas 13 dólares o barril, preparando o terreno para mais uma rodada de globalização — dessa vez centrada na China, cuja rápida modernização foi impulsionada pelas reformas econômicas de Deng Xiaoping e pelo enorme investimento estrangeiro. Duas gerações depois, apenas quem viveu aqueles anos de turbulência de preço e oferta (ou aqueles, cada vez mais raros, que estudaram seu impacto) entendem como essas duas ondas de aumento de preço foram traumáticas. As consequências das reversões econômicas ainda são sentidas quatro décadas depois, porque, uma vez que a demanda começou a crescer, muitas medidas para economizar petróleo permaneceram em vigor e algumas — sobretudo as transições para seu uso industrial mais eficiente — continuaram se intensificando.[48]

Em 1995, a extração de petróleo bruto finalmente superou o recorde de 1979 e seguiu aumentando, atendendo à demanda de uma China que passava por reformas econômicas, bem como à crescente demanda em outros lugares da Ásia. Mas o petróleo não recuperou seu domínio relativo anterior a 1975.[49] Sua participação no fornecimento global de energia primária comercial caiu de 45% em 1970 para 38% no ano 2000 e para 33% em 2019, e agora é certo que seu declínio relativo continuará, à medida que o consumo de gás natural e a geração de eletricidade eólica e solar seguirem aumentando. Existem enormes oportunidades para gerar mais eletricidade com células fotovoltaicas e turbinas eólicas, mas há uma diferença fundamental entre os sistemas que obtêm 20% a 40% da eletricidade dessas fontes intermitentes (Alemanha e Espanha são os melhores exemplos entre as grandes economias) e um fornecimento nacional de eletricidade totalmente dependente dessas fontes renováveis.

Em nações grandes e populosas, a dependência total em relação a essas energias renováveis exigiria o que ainda não existe: o armazenamento de eletricidade em larga escala e a longo prazo (de dias a semanas), capaz de sustentar a geração intermitente de eletricidade; ou enormes redes de linhas de alta tensão para transmitir eletricidade entre áreas de fusos horários diferentes e de regiões ensolaradas e com bastante incidência de ventos para grandes concentrações urbanas e industriais. Seriam essas novas energias renováveis capazes de produzir eletricidade suficiente para substituir não apenas a geração atual abastecida por carvão e gás natural, mas também toda a energia hoje fornecida por combustíveis líquidos a veículos, navios e aviões, por meio de uma eletrificação completa dos transportes? E isso poderia mesmo acontecer em questão de apenas duas ou três décadas, como alguns planos prometem hoje em dia?

AS MUITAS VANTAGENS DA ELETRICIDADE

Se a energia, segundo Feynman, é "aquela coisa abstrata", então a eletricidade é uma de suas formas mais abstratas. Não é preciso conhecimento científico para se ter experiência direta com vários tipos diferentes de energia, para distinguir suas formas e tirar proveito de suas conversões. Combustíveis sólidos ou líquidos (energia química) são tangíveis (um tronco de árvore, um pedaço de carvão, uma lata de gasolina) e sua queima libera calor (energia térmica), seja em incêndios florestais, em cavernas paleolíticas, em locomotivas para produzir vapor ou em veículos motorizados. Águas que caem e correm são demonstrações comuns de energia gravitacional e cinética, facilmente convertidas em energia cinética útil (mecânica) pela construção de simples rodas-d'água de madeira — e tudo o que é necessário para converter a energia cinética do vento em energia mecânica para moer grãos ou prensar sementes oleaginosas é um moinho de vento com engrenagens de madeira para transferir o movimento para as suas pedras de moagem.

Por outro lado, a eletricidade é intangível, e não conseguimos ter uma noção intuitiva de como ela funciona, como ocorre com os combustíveis. Mas seus efeitos podem ser vistos na eletricidade estática, faíscas, relâmpagos; pequenas correntes podem ser sentidas, e correntes acima de 100 miliamperes podem ser mortais. As definições comuns de eletricidade não são instintivamente compreendidas, pois exigem um conhecimento prévio de outros termos funcionais, como "elétrons", "fluxo", "carga" e "corrente".

Embora Feynman, no primeiro volume de *Lições de física*, sua obra magistral, tenha sido bastante superficial ("existe a energia elétrica, que tem a ver com empurrar e puxar fazendo uso de cargas elétricas"), ele voltou ao tópico em detalhes no segundo volume, tratando de energias mecânicas e elétricas e de correntes constantes, dessa vez utilizando cálculo.[50]

Para a maioria de seus habitantes, o mundo moderno está cheio de caixas-pretas, dispositivos cujo funcionamento interno permanece, em diferentes graus, um mistério para seus usuários. A eletricidade pode ser pensada como um sistema de caixa-preta onipresente e definitivo: embora muitas pessoas tenham uma boa compreensão de como ela é gerada (queima de combustível fóssil em uma grande usina térmica; queda de água em uma estação hidrelétrica; radiação solar absorvida por uma célula fotovoltaica; a fissão de urânio em um reator) e todos se beneficiem de seus usos (luz, calor, movimento), apenas uma minoria entende por completo o que se passa dentro de usinas geradoras, transformadores, linhas de transmissão e dos dispositivos finais que utilizam a eletricidade.

O relâmpago, exemplo natural mais comum da eletricidade, é poderoso, curto (apenas uma fração de segundo) e destrutivo demais para (nunca?) ser aproveitado para uso produtivo. E, mesmo que qualquer um possa produzir quantidades mínimas de eletricidade estática esfregando os materiais adequados ou usando pequenas baterias que podem durar, sem recarga, algumas horas de serviço leve em lanternas e eletrônicos portáteis, gerar eletricidade para uso comercial em grande escala é uma tarefa cara e complicada. Sua distribuição a partir do local onde é gerada até as regiões de maior uso — cidades, indústrias e formas eletrificadas de transporte rápido — também é complicada: requer transformadores, extensas redes de linhas de transmissão de alta tensão e, após mais transformações, precisa da distribuição por fios aéreos ou subterrâneos de baixa tensão até os bilhões de consumidores.

E, mesmo nesta era de milagres eletrônicos de alta tecnologia, ainda é impossível armazenar eletricidade de forma acessível em quantidades suficientes para atender a demanda de uma cidade de médio porte (quinhentas mil pessoas) por apenas uma semana ou duas, ou para abastecer uma megacidade (mais de dez milhões de pessoas) por metade de um dia.[51] Mas, apesar das complicações, dos altos custos e dos desafios técnicos, temos nos esforçado para eletrificar as economias modernas, e a busca por uma eletrificação cada vez maior continuará, pois essa forma de energia acumula muitas vantagens inigualáveis. A mais óbvia é que, no momento do seu consumo final, o uso da eletricidade é sempre fácil e limpo, e na maioria das vezes também é excepcionalmente eficaz. Com apenas o toque de um interruptor, o apertar de um botão ou o ajuste de um termostato (que hoje em dia exige um simples sinal com a mão ou comando de voz), podemos acionar luzes e motores elétricos, ou aquecedores e resfriadores elétricos — sem grande armazenamento de combustível, sem o trabalho de transportar e estocar, sem os perigos de combustão incompleta (que emite monóxido de carbono venenoso) e sem a necessidade de limpar lampiões, fogões ou fornos.

A eletricidade é a melhor forma de energia para a iluminação: não possui concorrentes em nenhuma escala de iluminação pública ou privada, e pouquíssimas inovações produziram tanto impacto na civilização moderna quanto a capacidade de acabar com os limites da luz do dia e de iluminar a noite.[52] Todas as opções anteriores — das antigas velas de cera e lamparinas a óleo, até as primeiras lâmpadas industriais a gás e cilindros de querosene — eram fracas, caras e muito ineficientes. A melhor comparação entre as fontes de luz se dá em termos de sua eficiência luminosa — a capacidade de produzir um sinal visual, medido como o quociente do fluxo luminoso total (a quantidade total de energia emitida por uma fonte, em lumens) e a potência da fonte (em watts). Ao definir a eficiência luminosa das velas como igual a 1, as luzes de gás de carvão nas primeiras cidades industriais emitiam de cinco a dez vezes mais; antes da Primeira Guerra Mundial, as lâmpadas elétricas com filamentos de tungstênio emitiam até sessenta vezes mais; as melhores lâmpadas fluorescentes de hoje rendem cerca de quinhentas vezes mais; e lâmpadas de sódio (usadas para iluminação externa) são até mil vezes mais eficientes.[53]

É impossível decidir qual classe de conversores de eletricidade teve um impacto maior — luzes ou motores. A conversão de eletricidade em energia cinética por motores elétricos primeiro revolucionou quase todos os setores da produção industrial e mais tarde penetrou em todos os nichos domésticos. Tarefas manuais menos trabalhosas e aquelas que empregavam motores a vapor para levantar, prensar, cortar, tecer, entre outras operações industriais, foram quase completamente eletrificadas. Nos Estados Unidos, isso ocorreu em apenas quatro décadas após o surgimento dos primeiros motores elétricos de corrente alternada.[54] Em 1930, o acionamento elétrico já havia quase dobrado a produtividade da indústria norte-americana, e o feito foi repetido no final da década de 1960.[55] Paralelamente, os motores elétricos iniciaram sua conquista gradual do transporte ferroviário, começando pelos bondes elétricos e depois com os trens de passageiros.

Hoje, o setor de serviços domina todas as economias modernas, e sua operação é totalmente dependente da eletricidade. Motores elétricos alimentam elevadores, escadas rolantes e prédios com ar-condicionado, abrem portas e compactam lixo. Eles também são indispensáveis para o comércio eletrônico, pois fornecem energia aos labirintos de correias transportadoras em gigantescos armazéns. Mas os motores elétricos que mais estão presentes nunca são vistos pelas pessoas, que dependem deles todos os dias. São as minúsculas unidades que ativam os vibradores de telefones celulares: os menores medem menos de 4 mm × 3 mm e sua largura inferior corresponde à metade da largura da unha do dedo mínimo de um adulto médio. Para ver um deles, basta desmontar seu telefone ou assistir a um vídeo desse procedimento na internet.[56]

Em alguns países, praticamente todo o transporte ferroviário hoje é eletrificado, e todos os trens de alta velocidade (até 300 km/h) são movidos por locomotivas elétricas ou por motores montados em vários locais, como é o caso do modelo pioneiro Shinkansen, lançado em 1964 no Japão.[57] E mesmo os modelos básicos de carros agora têm entre vinte e quarenta motores elétricos pequenos, que são muito mais numerosos nos automóveis mais caros — aumentando o peso do veículo e o consumo de suas baterias.[58] Nas residências, além de iluminar e alimentar todos os dispositivos eletrônicos — que hoje em dia costumam incluir sistemas de segurança —, a eletricidade domina as tarefas mecânicas, fornece calor e refrigeração nas cozinhas, energia para aquecimento de água, bem como aquecimento para muitas casas.[59]

Sem eletricidade, a água potável em todas as cidades — assim como todos os combustíveis fósseis líquidos e gasosos — não estaria disponível. Potentes bombas elétricas levam a água aos reservatórios municipais e têm uma tarefa bastante exigente em cidades com altas densidades comerciais e residenciais, onde a água precisa ser elevada a uma grande altura.[60] Motores elétricos acionam as bombas de combustível necessárias para levar gasolina, querosene e diesel até os tanques e asas dos aviões. E, embora possa haver bastante gás natural nos gasodutos de distribuição — turbinas a gás são frequentemente usadas para transportar o combustível —, na América do Norte, onde predomina o aquecimento por ar forçado, pequenos motores elétricos alimentam os ventiladores que empurram o ar aquecido pelo gás natural através dos dutos.[61]

A tendência de longo prazo para a eletrificação das sociedades (com o aumento da parcela de combustíveis convertidos em eletricidade, em vez de serem diretamente consumidos) é nítida. As novas energias renováveis — solar e eólica, já que a hidroeletricidade remonta, em seus primórdios, a 1882 — logo vão ampliar essa tendência, mas a história da geração de eletricidade nos lembra que muitas complicações e complexidades acompanham o processo. E que, apesar de sua grande e crescente importância, a eletricidade ainda fornece uma parcela relativamente pequena do consumo final global de energia: apenas 18%.

ANTES DE LIGAR O INTERRUPTOR

Precisamos voltar aos primórdios da indústria para entender seus fundamentos, sua infraestrutura e o legado desses 140 anos de desenvolvimento. A geração comercial de eletricidade começou em 1882, com três novidades. Duas delas foram as pioneiras estações geradoras a carvão projetadas por Thomas Edison (a de Holborn Viaduct, em Londres, começou a operar em janeiro de 1882, e a estação Pearl Street, em Nova York, em setembro de 1882), e a terceira foi a inédita estação hidrelétrica (no rio Fox em Appleton, Wisconsin, também gerando eletricidade desde setembro de 1882).[62] Essa geração começou a se expandir rapidamente durante a década de 1890, quando a transmissão em corrente alternada (AC) prevaleceu sobre as redes de corrente contínua já existentes, e quando novos projetos de motores elétricos AC começaram a ser adotados nas indústrias e residências. Em 1900, menos de 2% da produção mundial de combustíveis fósseis era usada para gerar eletricidade; em 1950, essa participação ainda era inferior a 10%; hoje, está em cerca de 25%.[63] A expansão simultânea da capacidade hidrelétrica se acelerou durante a década de 1930, com grandes projetos financiados pelos governos dos Estados Unidos e da União Soviética, e atingiu novos patamares após a Segunda Guerra Mundial, culminando na construção de projetos de tamanho recorde no Brasil (Itaipu, concluída em 2007, com 14 gigawatts) e na China (Três Gargantas, concluída em 2012, com 22,5 gigawatts).[64] Enquanto isso, a fissão nuclear, que começou a gerar eletricidade comercial em 1956 na estação de Calder Hall, na Inglaterra, viu sua maior expansão durante a década de 1980, atingiu o pico em 2006 e, desde então, diminuiu ligeiramente para cerca de 10% da geração global de eletricidade.[65] A geração hidrelétrica representava quase 16% em 2020, e as fontes eólica e solar somavam quase 7%. O restante (cerca de dois terços) veio de grandes estações centrais alimentadas, acima de tudo, por carvão e gás natural.

Não é surpresa que a demanda por eletricidade tenha crescido muito mais rápido do que a demanda por todas as outras energias comerciais: nos cinquenta anos entre 1970 e 2020, a geração global de eletricidade quintuplicou, enquanto a demanda total de energia primária apenas triplicou.[66] E o crescimento da geração de carga de base — a quantidade mínima de eletricidade que deve ser fornecida por dia, por mês ou por ano — aumentou ainda mais à medida que parcelas cada vez maiores da população se mudaram para as cidades. Décadas atrás, a demanda nos Estados Unidos era menor durante as noites de verão, quando as lojas e fábricas eram fechadas, transporte público era encerrado e quase toda a população dormia com as janelas abertas. Agora as janelas estão fechadas enquanto os aparelhos de ar condicionado trabalham durante a noite inteira para permitir o sono em períodos de clima quente e abafado. Nas cidades grandes e megacidades, muitas fábricas funcionam em dois turnos, e várias lojas e aeroportos permanecem abertos 24 horas por dia. Apenas a pandemia da covid-19 parou o funcionamento ininterrupto do metrô de Nova York, e o metrô de Tóquio fecha por apenas cinco horas (o primeiro trem da estação de Tóquio para Shinjuku sai às 5h16, o último à 0h20).[67] Imagens noturnas de satélite tiradas com anos de diferença mostram como as luzes das ruas, estacionamentos e prédios brilham cada vez mais em áreas cada vez maiores, que se juntam a cidades próximas para formar grandes aglomerações urbanas iluminadas.[68]

A grande confiabilidade do fornecimento de eletricidade — gestores de rede falam sobre o objetivo de atingir seis noves: com 99,9999% de confiabilidade, há apenas 32 segundos de fornecimento interrompido em um ano! — é indispensável em sociedades onde a eletricidade alimenta tudo, de luzes (seja nos hospitais, ao longo das pistas de aeroportos ou para indicar saídas de emergência) até as máquinas coração-pulmão e inúmeros processos industriais.[69] Se a pandemia da covid-19 trouxe interrupções, angústias e mortes inevitáveis, esses efeitos seriam pequenos se comparados a apenas alguns dias de redução drástica do fornecimento de eletricidade em qualquer região densamente povoada, e, caso a situação fosse prolongada por semanas em escala nacional, seria um evento catastrófico, com consequências sem precedentes.[70]

DESCARBONIZAÇÃO: RITMO E ESCALA

Não há escassez de recursos de combustíveis fósseis na crosta terrestre e nenhum perigo de esgotamento iminente de carvão e hidrocarbonetos: no nível de produção de 2020, as reservas de carvão durariam cerca de 120 anos, e as reservas de petróleo e gás, cerca de cinquenta anos. Ainda, a exploração contínua faria com que eles fossem transferidos da categoria de "recurso" para a categoria de "reserva" (técnica e economicamente viável). A dependência em relação aos combustíveis fósseis criou o mundo moderno, mas as preocupações com um aumento relativamente acelerado do aquecimento global levaram a um grande clamor para acabar com o consumo de carbono fóssil o mais depressa possível. A ideia seria que a descarbonização do suprimento global de energia ocorresse com rapidez suficiente para limitar a taxa de aquecimento global médio a não mais de 1,5°C (no máximo 2°C). De acordo com a maioria dos modelos climáticos, isso significaria reduzir as emissões líquidas globais de CO_2 a zero até 2050 e mantê-las negativas pelo resto do século.

Perceba o ponto-chave: a meta não é a descarbonização total, mas a neutralidade de carbono. Essa definição permite que a continuidade das emissões seja compensada pela (ainda inexistente!) remoção em larga escala de CO_2 da atmosfera e seu armazenamento permanente no subsolo ou por medidas temporárias, como o plantio de árvores em grande escala.[71] Até 2020, definir metas de neutralidade para os anos que terminam em cinco ou zero se tornou um jogo do qual todos querem participar: mais de cem nações se juntaram ao projeto — desde a Noruega, com o prazo de 2030; a Finlândia, em 2035; toda a União Europeia, bem como Canadá, Japão e África do Sul, em 2050; até a China (o maior consumidor mundial de combustíveis fósseis), em 2060.[72] Uma vez que as emissões anuais de CO_2 derivadas da queima de combustíveis fósseis ultrapassaram 37 bilhões de toneladas em 2019, a meta de neutralidade até 2050 vai exigir uma transição energética sem precedentes em ritmo e escala. Uma análise mais detalhada de seus principais aspectos mostra a magnitude de tal desafio.

A descarbonização da geração de eletricidade pode progredir de forma mais rápida, pois os custos de instalação por unidade solar ou eólica hoje em dia podem competir com as opções menos caras de combustíveis fósseis, e alguns países já transformaram sua matriz em um nível considerável. Entre as grandes economias, a Alemanha é o melhor exemplo: desde o ano 2000, o país ampliou em dez vezes sua capacidade eólica e solar e aumentou a participação de energias renováveis (eólica, solar e hídrica) de 11% para 40% da geração total. A intermitência da eletricidade eólica e solar não apresenta problemas, desde que essas novas energias renováveis forneçam parcelas relativamente pequenas da demanda total ou que qualquer escassez possa ser compensada por importações.

Como resultado, muitos países hoje produzem até 15% de toda a eletricidade a partir de fontes intermitentes sem grandes ajustes, e a Dinamarca mostra como um mercado relativamente pequeno e bem interconectado pode ir muito mais longe.[73] Em 2019, 45% de sua eletricidade veio da geração eólica, e essa parcela tão alta consegue ser mantida sem grandes capacidades de reserva doméstica porque quaisquer déficits podem ser prontamente compensados por importações da Suécia (eletricidade hidrelétrica e nuclear) e da Alemanha (eletricidade proveniente de diversas fontes). A Alemanha não poderia fazer o mesmo: sua demanda é mais de vinte vezes o total dinamarquês, e o país precisa manter uma capacidade de reserva suficiente que possa ser ativada quando as novas fontes renováveis estiverem inativas.[74] Também em 2019, a Alemanha gerou 577 terawatts-hora de eletricidade, menos de 5% a mais do que em 2000, mas sua capacidade de geração instalada aumentou cerca de 73% (de 121 para cerca de 209 gigawatts). A razão para essa discrepância é óbvia.

Em 2020, duas décadas após o início da *Energiewende*, seu processo de transição energética intencionalmente acelerado, a Alemanha ainda precisava manter a maior parte de sua capacidade de queima de combustíveis fósseis (89%, na verdade) para atender à demanda em dias nublados e sem ventos. Afinal, na pouco ensolarada Alemanha, a geração fotovoltaica funciona em média por apenas 11% a 12% do tempo, e a queima de combustíveis fósseis ainda produziu quase metade (48%) de toda a eletricidade em 2020. Além disso, à medida que sua participação na geração eólica aumentava, a construção de novas linhas de alta tensão para transmitir essa eletricidade do norte, com seu grande volume de ventos, para as regiões de alta demanda do sul do país ficou para trás. E nos Estados Unidos, onde seriam necessários projetos de transmissão muito maiores para transportar eletricidade eólica das Grandes Planícies e eletricidade solar do sudoeste para áreas costeiras de alta demanda, quase nenhum plano de longo prazo para a construção dessas ligações foi efetivado.[75]

Por mais desafiadoras que sejam essas adaptações, elas contam com soluções tecnicamente maduras, que ainda estão sendo aprimoradas — isto é, células fotovoltaicas mais eficientes, grandes turbinas eólicas no litoral (*onshore*) e em alto-mar (*offshore*), e transmissão em alta tensão, como a corrente contínua de longa distância. Caso os custos, processos de licenciamento e questões territoriais não fossem obstáculos, essas técnicas poderiam ser implantadas com bastante rapidez e economia. Além disso, os problemas de intermitência da geração solar e eólica poderiam ser resolvidos com uma nova abordagem para a geração de eletricidade nuclear. Um renascimento nuclear seria muito útil, caso não seja possível desenvolver rapidamente melhores formas de armazenamento de eletricidade em grande escala.

Precisamos de uma capacidade de armazenamento muito grande (multi-gigawatt-hora) para as grandes e megacidades, mas até agora a única opção viável para atendê-las são as usinas hidrelétricas reversíveis (PHS, sigla para *pumped hydro storage*): elas usam a eletricidade noturna, mais barata, para bombear água de um reservatório de menor altitude para um armazenamento de maior altitude, e sua descarga permite a geração de energia instantânea.[76] Com eletricidade gerada de forma renovável, o bombeamento pode ser feito sempre que houver disponibilidade de capacidade solar ou eólica excedente, mas, claro, as usinas hidrelétricas reversíveis podem funcionar apenas em locais com diferenças de altitude adequadas. Além disso, sua operação consome cerca de um quarto da eletricidade gerada para o bombeamento de água até maiores altitudes. Outros tipos de armazenamento de energia, como baterias, ar comprimido e supercapacitores, ainda contam com capacidades de ordem de magnitude inferiores às necessárias para as grandes cidades, mesmo para um único dia de fornecimento.[77]

Por outro lado, os reatores nucleares modernos, se construídos e operados de maneira adequada, oferecem formas seguras, duradouras e altamente confiáveis de geração de eletricidade. Como já observado, eles são capazes de operar mais de 90% do tempo, e sua vida útil pode ultrapassar os quarenta anos. Ainda assim, o futuro da geração nuclear permanece incerto. Apenas China, Índia e Coreia do Sul estão comprometidas com a expansão de suas capacidades. No Ocidente, a combinação dos altos custos de capital, de grandes atrasos na construção e da disponibilidade de opções menos caras (gás natural nos Estados Unidos, energia eólica e solar na Europa) diminuiu o interesse pelas novas técnicas de fissão. Além disso, nos Estados Unidos, os novos pequenos reatores, modulares e mais seguros (propostos pela primeira vez durante a década de 1980) ainda não foram comercializados, e a Alemanha, com sua decisão de abandonar toda a geração nuclear até 2022, é o exemplo mais óbvio do profundo sentimento antinuclear compartilhado por toda a Europa (para uma análise dos riscos reais da geração nuclear, consulte o Capítulo 5).

Mas isso pode não durar muito: agora até a União Europeia reconhece que jamais chegaria perto de sua ambiciosa e extraordinária meta de descarbonização sem o uso de reatores nucleares. Seus cenários para neutralidade de carbono em 2050 ignoram as décadas de estagnação e negligência com a indústria nuclear e preveem até 20% de todo o consumo de energia proveniente da fissão nuclear.[78] Observe que isso se refere ao consumo total de energia primária, não apenas à eletricidade. A eletricidade representa apenas 18% do consumo final global de energia, e a descarbonização de mais de 80% dos usos finais de energia — por indústrias, residências, comércio e transporte — será ainda mais desafiadora do que a descarbonização da geração de eletricidade. O aumento na geração de eletricidade pode ser usado no aquecimento de ambientes e em muitos processos industriais que hoje dependem de combustíveis fósseis, mas o caminho para a descarbonização do transporte moderno de longa distância permanece uma incógnita.

Quando faremos um voo intercontinental em um jato de grande fuselagem alimentado por baterias? As manchetes nos asseguram que o futuro da aviação é elétrico — ignorando por completo a enorme diferença entre a densidade de energia do querosene queimado pelos turbofans e as melhores baterias de íon de lítio (Li-ion) disponíveis hoje, que estariam a bordo desses aviões hipoteticamente elétricos. Os motores turbofan dos aviões a jato queimam combustível cuja densidade de energia é de 46 megajoules por quilograma (o que corresponde a quase 12.000 watts-hora por quilograma), convertendo energia química em energia térmica e cinética; por outro lado, as melhores baterias de íons de lítio atuais fornecem menos de 300 Wh/kg, uma diferença de mais de quarenta vezes.[79] É certo que os motores elétricos são cerca de duas vezes mais eficientes como conversores de energia do que as turbinas a gás, portanto, a diferença de densidade efetiva é de "apenas" cerca de vinte vezes. Mas, durante os últimos trinta anos, a densidade máxima de energia das baterias quase triplicou e, mesmo se a triplicarmos novamente, a densidade ainda estaria bem abaixo de 3.000 Wh/kg em 2050 — ficando muito longe da possibilidade de voar com um avião de grande fuselagem de Nova York a Tóquio ou de Paris a Singapura, algo que fazemos diariamente há décadas com os Boeings e os Airbus movidos a querosene.[80]

Além disso, como será explicado no Capítulo 3, não temos alternativas viáveis em escala comercial de implantação imediata para fornecer energia à produção dos quatro pilares materiais da civilização moderna apenas pela eletricidade. Isso significa que, mesmo com um fornecimento abundante e confiável de eletricidade renovável, teríamos que desenvolver novos processos em grande escala para produzir aço, amônia, concreto e plásticos.

Não é surpresa que a descarbonização para além da geração de eletricidade progrediu de forma lenta. Em breve, a Alemanha vai gerar metade de sua eletricidade a partir de fontes renováveis, mas, durante as duas décadas do *Energiewende*, a participação dos combustíveis fósseis no fornecimento de energia primária do país só diminuiu de 84% para 78%: os alemães gostam das velocidades ilimitadas nas suas rodovias Autobahn, dos seus frequentes voos intercontinentais, e as indústrias do país seguem a todo vapor com o uso de gás natural e petróleo.[81] Se o país mantiver seu histórico, em 2040 sua dependência em relação aos combustíveis fósseis ainda estará perto de 70%.

E quanto aos países que não tiveram gastos extraordinários para incentivar as energias renováveis? O Japão é o principal exemplo: no ano 2000, 83% de sua energia primária vinha de combustíveis fósseis; em 2019, essa participação, devido à perda de geração nuclear pós-Fukushima e à necessidade de maiores importações de combustível, chegou a 90%![82] E, embora os Estados Unidos tenham reduzido muito sua dependência em relação ao carvão — substituído pelo gás natural na geração de eletricidade —, a parcela de combustíveis fósseis no fornecimento de energia primária ainda era de 80% em 2019. Enquanto isso, a parcela de combustíveis fósseis da China caiu de 93% no ano 2000 para 85% em 2019 —, mas essa redução relativa foi acompanhada por um aumento de quase três vezes na demanda de combustíveis fósseis do país. A ascensão econômica da China foi a principal razão para o consumo global de combustíveis fósseis ter aumentado aproximadamente 45% durante as duas primeiras décadas do século XXI, e o motivo para, apesar do grande e custoso avanço das energias renováveis, a parcela dos combustíveis fósseis no suprimento de energia primária do mundo ter caído apenas marginalmente, de 87% para cerca de 84%.[83]

A demanda global por carbono fóssil está agora um pouco acima de dez bilhões de toneladas por ano — um volume quase cinco vezes maior do que a recente safra anual de todos os grãos básicos que alimentam a humanidade e mais que o dobro da massa total de água consumida anualmente pelos oito bilhões de habitantes do mundo. Deveria ser óbvio que alterar e substituir tal grandeza não vai dar certo só com metas governamentais estipuladas para anos que terminam em zero ou cinco. Tanto a alta participação relativa quanto a escala da nossa dependência em relação ao carbono fóssil tornam impossíveis quaisquer substituições rápidas: essa não é uma opinião pessoal tendenciosa decorrente de uma compreensão equivocada do sistema energético global, e sim uma conclusão realista, baseada nas realidades da economia e da engenharia.

Ao contrário das recentes e apressadas promessas políticas, essas realidades foram reconhecidas por todas as cuidadosas projeções de fornecimento de energia a longo prazo. O Cenário de Políticas Declaradas, publicado pela Agência Internacional de Energia (AIE) em 2020, calcula que a participação de combustíveis fósseis vai cair de 80% da demanda global total em 2019 para 72% até 2040, enquanto o Cenário de Desenvolvimento Sustentável da mesma agência (sua projeção mais agressiva até hoje, apontando para uma descarbonização global bastante acelerada) prevê que os combustíveis fósseis vão suprir 56% da demanda global de energia primária até 2040, o que tornaria bastante improvável que uma parcela tão alta pudesse ser reduzida até se aproximar de zero em apenas uma década.[84]

Com certeza, a parte rica do mundo — dada sua riqueza, capacidade técnica, alto nível de consumo *per capita* e seu nível concomitante de desperdício — pode dar alguns passos importantes e relativamente rápidos para a descarbonização (sendo claro e direto, isso deveria ser feito usando menos energia, seja qual for o tipo). Mas esse não é o caso das mais de cinco bilhões de pessoas cujo consumo de energia é apenas uma fração dos níveis dos países ricos. Essas pessoas precisam de muito mais amônia para aumentar o rendimento de suas colheitas e para alimentar o crescimento de suas populações, além de muito mais aço, cimento e plástico para construir suas infraestruturas básicas. O que precisamos é buscar uma redução constante da nossa dependência em relação às energias que criaram o mundo moderno. Ainda não conhecemos a maioria dos detalhes dessa transição que se aproxima, porém, uma coisa é certa: ela não acontecerá (nem pode acontecer) pelo súbito abandono do carbono fóssil, tampouco pelo seu rápido fim — mas, sim, pelo seu declínio gradual.[85]

2. ENTENDENDO A PRODUÇÃO DE ALIMENTOS:

COMER COMBUSTÍVEIS FÓSSEIS

Garantir alimentos em quantidade e variedade nutricional suficientes é o imperativo existencial para todas as espécies. Durante sua longa evolução, nossos ancestrais hominídeos desenvolveram vantagens físicas importantes — postura ereta, bipedismo e cérebro relativamente grande — que os diferenciavam de seus ancestrais símios. Essa combinação de características possibilitou que eles se tornassem melhores catadores, coletores de plantas e caçadores de pequenos animais.

Os primeiros hominídeos tinham apenas as ferramentas de pedra mais simples (para martelar e cortar), que eram úteis no abate de animais, mas não tinham artefatos para ajudar na caça e na captura. Poderiam facilmente matar animais feridos ou doentes, e mamíferos pequenos e mais lentos, contudo a maior parte da carne de presas grandes vinha de abates feitos por predadores selvagens.[1] O eventual uso de lanças compridas, machados com cabo, arcos e flechas, redes tecidas, cestos e varas de pesca possibilitou a caça e a captura de uma grande variedade de espécies. Alguns grupos, em especial os caçadores de mamutes do Paleolítico Superior (era que terminou há cerca de doze mil anos), dominaram o abate de grandes animais, enquanto muitos moradores da costa se tornaram pescadores habilidosos: alguns até usavam barcos para matar pequenas baleias em migração.

A transição do forrageamento (caça e coleta) para a vida sedentária, baseada na agricultura precoce e na domesticação de várias espécies de mamíferos e aves, resultou em um suprimento alimentar em geral mais previsível, embora ainda não confiável, capaz de sustentar densidades populacionais muito mais altas do que os grupos anteriores — mas isso não significava necessariamente uma nutrição média melhor. O forrageamento em ambientes áridos podia exigir uma área de mais de 100 quilômetros quadrados para sustentar uma única família. Para os londrinos de hoje, essa é aproximadamente a distância do Palácio de Buckingham à Isle of Dogs; para os nova-iorquinos, é como se uma gaivota voasse da ponta de Manhattan até o meio do Central Park: muito terreno a percorrer apenas para conseguir sobreviver.

Em regiões mais produtivas, as densidades populacionais podem chegar a duas ou três pessoas por 100 hectares (equivalente a cerca de 140 campos de futebol padrão).[2] As únicas sociedades forrageiras com altas densidades populacionais foram os grupos costeiros (com destaque para o noroeste do Pacífico), que tinham acesso a migrações anuais de peixes e muitas oportunidades para caçar mamíferos aquáticos: o fornecimento confiável de alimentos ricos em proteínas e gorduras permitiu a alguns deles uma transição para uma vida sedentária em grandes casas comunitárias de madeira e os deixou com tempo livre para esculpir totens impressionantes. Por outro lado, a agricultura primitiva, onde as plantas recém-domesticadas eram colhidas, garantia alimentação para mais de uma pessoa por hectare de terra cultivada.

Ao contrário dos coletores, que podiam juntar dezenas de espécies selvagens, os praticantes da agricultura primitiva tiveram que reduzir a variedade de plantas que cultivavam. Isso porque algumas culturas essenciais (trigo, cevada, arroz, milho, leguminosas, batatas) eram a base das dietas típicas, com predominância dos vegetais, mas essas culturas podiam sustentar densidades populacionais que eram duas ou três ordens de magnitude maiores do que nas sociedades coletoras. No Egito antigo, a densidade aumentou de cerca de 1,3 pessoa por hectare de terra cultivada durante o período pré-dinástico (pré-3150 a.C.) para cerca de 2,5 pessoas por hectare 3.500 anos depois, quando o país era uma província do Império Romano.[3] Isso equivale à necessidade de uma área de 4.000 metros quadrados para alimentar uma pessoa — ou quase exatamente seis quadras de tênis. Mas essa alta densidade de produção era um resultado excepcionalmente bom (devido à confiabilidade das inundações anuais do rio Nilo).

Com o tempo, e de forma muito lenta, as taxas pré-industriais de produção de alimentos aumentaram ainda mais, entretanto, o índice de três pessoas por hectare não foi alcançado até o século XVI e, quando aconteceu, foi apenas em regiões intensamente cultivadas da China da dinastia Ming. Na Europa, o índice permaneceu abaixo de duas pessoas por hectare até o século XVIII. Essa estagnação (ou pelo menos rendimentos muito lentos) na capacidade de alimentação durante o longo curso da história pré-industrial significava que, até algumas gerações atrás, apenas uma pequena parcela das elites bem alimentadas não precisava se preocupar em ter o suficiente para comer. Mesmo durante os anos de eventuais colheitas acima da média, as dietas típicas permaneceram monótonas, e a desnutrição e a subnutrição são comuns. As colheitas podiam fracassar, e as safras muitas vezes eram destruídas em guerras — a fome era recorrente. Como resultado, nenhuma transformação recente, como o aumento da mobilidade pessoal ou uma maior variedade de bens privados, foi tão fundamental para nossa existência quanto a capacidade de produzir, ano após ano, um excedente de alimentos. Hoje, a maioria das pessoas em países ricos e de renda média pensa no que (e quanto) é melhor comer para manter ou melhorar a saúde e prolongar a longevidade, sem preocupação sobre ter o suficiente para sobreviver.

Ainda há um número significativo de crianças, adolescentes e adultos que sofrem com a escassez de alimentos, principalmente nos países da África Subsaariana, mas, ao longo das três últimas gerações, o total caiu de mais da metade para menos de um em cada dez habitantes no mundo. A Organização das Nações Unidas para Alimentação e Agricultura (FAO) estima que a proporção mundial de pessoas subnutridas diminuiu de 65% em 1950 para 25% em 1970 e para 15% no ano 2000. Melhorias contínuas (com oscilações causadas por problemas nacionais ou regionais devido a desastres naturais ou conflitos armados) baixaram o índice para 8,9% em 2019, o que significa que o aumento da produção de alimentos reduziu a taxa de desnutrição de duas em cada três pessoas em 1950 para uma em cada onze pessoas em 2019.[4]

Esse avanço admirável é ainda mais impressionante quando expresso de uma forma que leve em conta o aumento em larga escala da população global no período — de 2,5 bilhões de pessoas em 1950 para 7,7 bilhões em 2019. A forte redução da desnutrição global significa que, em 1950, o mundo era capaz de fornecer alimentos adequadamente para cerca de 890 milhões de pessoas, mas, em 2019, esse número subiu para mais de sete bilhões: um aumento de quase oito vezes em termos absolutos!

O que explica tamanha conquista? Seria óbvio responder que a causa é a maior produtividade das lavouras. Dizer que o aumento foi o efeito combinado de melhores variedades de cultivares, mecanização agrícola, fertilização, irrigação e proteção dos cultivos descreve corretamente as mudanças no caso dos principais insumos, contudo, ainda falta a explicação fundamental. A produção moderna de alimentos, seja no cultivo no campo ou na captura de espécies marinhas selvagens, é um híbrido peculiar, dependente de dois tipos diferentes de energia. O primeiro, e mais óbvio, é o Sol. Mas também precisamos do insumo de combustíveis fósseis, hoje indispensável, e da eletricidade produzida e gerada pelos humanos.

Quando perguntados sobre exemplos da nossa dependência em relação aos combustíveis fósseis, os habitantes das partes mais frias da Europa e da América do Norte pensam imediatamente no gás natural usado para aquecer suas casas. Pessoas de todas as regiões apontam a queima de combustíveis líquidos que alimentam a maior parte do nosso transporte, mas a dependência mais importante — e fundamental para nossa existência — do mundo moderno em relação aos combustíveis fósseis é seu uso direto e indireto na produção dos nossos alimentos. O uso direto inclui combustíveis para alimentar todo o maquinário de campo (principalmente tratores e colheitadeiras), o transporte das safras dos campos para os locais de armazenamento e processamento e as bombas de irrigação. O uso indireto é muito mais amplo, levando em conta os combustíveis e a eletricidade empregados na produção de máquinas agrícolas, fertilizantes e agroquímicos (herbicidas, inseticidas, fungicidas) e outros insumos, que vão desde chapas de vidro e plástico para estufas até dispositivos de geolocalização que permitem a agricultura de precisão.

A conversão fundamental de energia dos nossos alimentos não mudou: como sempre, estamos comendo produtos da fotossíntese — a conversão de energia mais importante da biosfera, alimentada pela radiação solar —, seja diretamente, no caso de alimentos de origem vegetal, ou indiretamente, no caso dos alimentos de origem animal. O que mudou é a intensidade da nossa produção agrícola e animal: não conseguiríamos produzir tamanha abundância, e de maneira tão previsível, sem o uso de combustíveis fósseis e eletricidade como insumos, que seguem crescendo. Sem esses subsídios energéticos antropogênicos, não teríamos suprido 90% da humanidade com nutrição adequada, nem teríamos reduzido a desnutrição global a tal grau, ao mesmo tempo que seguimos diminuindo a quantidade de tempo e a extensão das terras cultivadas necessárias para alimentar uma pessoa.

Seja para o cultivo de alimentos para pessoas ou de ração para animais, a agricultura precisa ser energizada pela radiação solar, especificamente pelas partes azul e vermelha do espectro visível.[5] As clorofilas e os carotenoides, moléculas sensíveis à luz nas células vegetais, absorvem a luz nesses comprimentos de onda e a usam para alimentar a fotossíntese, uma sequência de várias etapas de reações químicas que combinam dióxido de carbono atmosférico e água — bem como pequenas quantidades de elementos, os principais sendo nitrogênio e fósforo — para gerar a massa das plantas em lavouras de grãos, leguminosas, tubérculos, oleaginosas e açucareiras. Parte dessas safras é fornecida aos animais domésticos para produzir carne, leite e ovos, e outros alimentos de origem animal vêm de mamíferos que pastam em gramíneas e de espécies aquáticas cujo crescimento depende, em última instância, do fitoplâncton, a massa vegetal dominante produzida pela fotossíntese aquática.[6]

Isso sempre foi assim, desde os primórdios do cultivo sedentário, há cerca de dez milênios, mas dois séculos atrás a adição de formas não solares de energia começou a afetar a produção agrícola e, mais tarde, a captura de espécies de animais marinhos selvagens. No início, esse impacto foi pequeno, tornando-se evidente apenas nas primeiras décadas do século XX.

Para traçar a evolução dessa mudança histórica, examinaremos a seguir os dois últimos séculos da produção de trigo nos Estados Unidos. No entanto, eu poderia também ter escolhido as safras de trigo inglesas ou francesas, ou as colheitas de arroz chinesas ou japonesas. Embora os avanços agrícolas possam ter ocorrido em momentos diferentes em regiões agrícolas da América do Norte, Europa Ocidental e Ásia Oriental, não há nada de único nessa sequência comparativa baseada em dados dos Estados Unidos.

TRÊS VALES, DOIS SÉCULOS DE DISTÂNCIA

Vamos começar em Genesee Valley, oeste de Nova York, em 1801. A nova república está no 260º ano de sua existência, no entanto, o jeito de os agricultores norte-americanos cultivarem trigo para produzir pão é diferente do jeito de seus ancestrais antes de emigrarem da Inglaterra para a colônia britânica na América do Norte algumas gerações antes, mas não muito diferente do cultivo no Egito antigo há mais de dois milênios.

A história começa com dois bois atrelados a um arado de madeira cuja ponta é calçada com uma chapa de ferro. A semente, guardada da safra do ano anterior, é semeada à mão, e as grades do arado são usadas para cobri-la. O plantio leva cerca de 27 horas de trabalho humano para cada hectare semeado.[7] E as tarefas mais trabalhosas ainda estão por vir. A lavoura é colhida pelo corte das foices; os talos cortados são embrulhados e amarrados manualmente em roldanas, empilhados na vertical (para fazer feixes ou *stooks*) e deixados para secar. Os feixes são então transportados para um celeiro e debulhados em um piso duro conhecido como eira. A palha é empilhada, e o trigo é peneirado (separado do joio), medido e ensacado. Concluir a colheita levava pelo menos 120 horas de trabalho humano por hectare.

Todo o processo de produção demandava cerca de 150 horas de trabalho humano por hectare, além de aproximadamente setenta horas de trabalho do boi. O rendimento era de apenas uma tonelada de grãos por hectare, e pelo menos 10% disso devia ser reservado como semente para a safra do ano seguinte. Ao todo, eram necessários cerca de dez minutos de trabalho humano para produzir um quilo de trigo, e isso, na forma de farinha integral, renderia 1,6 quilo (ou duas unidades) de pão. Era uma agricultura trabalhosa, lenta e de baixo rendimento, mas completamente solar, e nenhuma outra fonte de energia era necessária além da radiação do Sol: as plantações produziam alimentos para pessoas e ração para animais, as árvores produziam madeira para cozinhar e aquecer, e a madeira também era usada para fazer carvão metalúrgico para fundição de minério de ferro e produção de pequenos objetos de metal, como placas de arado, foices, foicinhas, facas e lâminas para cobrir rodas de carroças de madeira. Na linguagem moderna, diríamos que essa agricultura não requeria insumos energéticos não renováveis (combustíveis fósseis) e apenas o mínimo de subsídios materiais não renováveis (componentes de ferro, pedras para moinhos); também diríamos que a produção de culturas e materiais dependia exclusivamente de energias renováveis implantadas através do esforço dos músculos humanos e animais.

Um século depois, em 1901, a maior parte do trigo do país já vinha das Grandes Planícies, e assim vamos para o Vale do Rio Vermelho, no leste da Dakota do Norte. As Grandes Planícies foram colonizadas, e a industrialização fez enormes avanços durante as duas gerações anteriores: embora o cultivo de trigo ainda dependesse de animais de tração, a atividade nas grandes fazendas de Dakota já era altamente mecanizada. Parelhas de quatro potentes cavalos puxavam arados múltiplos e grades de aço, semeadoras mecânicas eram utilizadas para o plantio, colheitadeiras mecânicas cortavam os colmos e amarravam as roldanas, e apenas a estocagem era feita manualmente. Os feixes eram transportados para pilhas e alimentavam debulhadoras movidas a motores a vapor, e os grãos eram transportados para celeiros. O processo completo levava agora menos de 22 horas por hectare, mais ou menos um sétimo do tempo que levava em 1801.[8] Nesse cultivo extensivo, grandes áreas compensavam a baixa produtividade: os rendimentos permaneciam baixos, apenas 1 tonelada por hectare, mas o investimento de trabalho humano era de apenas cerca de 1,5 minutos por quilo de grão (comparado aos dez minutos em 1801), enquanto o uso de animais de tração somava cerca de 37 cavalos-hora por hectare, ou mais de dois minutos por quilo de grão.

Aquele era um novo tipo de agricultura híbrida, pois a indispensável energia solar foi potencializada por energias antropogênicas não renováveis, derivadas sobretudo do carvão. O novo sistema exige mais trabalho animal do que humano, e, como os cavalos de trabalho (e mulas no Sul dos Estados Unidos) precisam de ração de grãos (principalmente aveia), além de grama fresca e feno, seu grande número aumenta muito a demanda na produção agrícola do país: cerca de um quarto de todas as terras agrícolas norte-americanas era dedicado ao cultivo de forragem para animais de tração.[9]

Safras de alta produtividade são possíveis graças à crescente adição de energias fósseis. O carvão é usado para fazer o coque metalúrgico que alimenta os altos-fornos, e o ferro fundido é convertido em aço em fornalhas abertas (ver Capítulo 3). O aço é necessário para as máquinas agrícolas, bem como para a fabricação de motores a vapor, trilhos, vagões, locomotivas e navios. O carvão também aciona motores a vapor e produz o calor e a eletricidade necessários para fabricar arados, furadeiras, ceifadeiras (e também as primeiras colheitadeiras), vagões e silos, e faz operar ferrovias e navios que distribuem o grão para seus consumidores finais. Os fertilizantes inorgânicos tinham seus primeiros usos, com a importação de nitratos chilenos e a aplicação de fosfatos extraídos na Flórida.

Em 2021, o Kansas é o principal estado produtor de trigo do país, por isso, vamos agora para o vale do rio Arkansas. No coração da terra do trigo nos Estados Unidos, as fazendas hoje são geralmente três a quatro vezes maiores do que eram há um século;[10] ainda assim, a maior parte do trabalho de campo é feita por apenas uma ou duas pessoas operando máquinas de grande porte. O Departamento de Agricultura dos Estados Unidos parou de contar animais de tração em 1961, e o trabalho de campo agora é dominado por poderosos tratores — muitos modelos têm mais de 400 cavalos de potência e oito pneus gigantes — puxando grandes implementos como arados de aço (com uma dúzia ou mais de discos), semeadores e aplicadores de fertilizantes.[11]

As sementes vêm de produtores certificados, e as plantas jovens recebem as quantidades ideais de fertilizantes inorgânicos — acima de tudo, bastante nitrogênio aplicado como amônia ou ureia —, além de proteção direcionada contra insetos, fungos e ervas daninhas. A colheita e a debulha simultânea são feitas por grandes colheitadeiras, que transferem os grãos diretamente para caminhões para serem transportados aos silos de armazenamento e vendidos em todo o país, ou enviados para a Ásia e a África. A produção de trigo agora leva menos de duas horas de trabalho humano por hectare (comparado com as 150 horas em 1801) e, com rendimentos de cerca de 3,5 toneladas por hectare, isso se traduz em menos de dois segundos por quilo de grão.[12]

Muitas pessoas hoje em dia citam com admiração os rendimentos de desempenho da computação moderna ("quantos dados!") ou das telecomunicações ("como é barato!") — mas e as safras? Em dois séculos, o trabalho humano para produzir um quilo de trigo nos Estados Unidos foi reduzido de dez minutos para menos de dois segundos. É assim que nosso mundo moderno funciona de verdade. E, como mencionado, eu poderia ter feito retrospectivas igualmente impressionantes de redução da necessidade de mão de obra, aumentos dos rendimentos e elevação da produtividade para o arroz chinês ou indiano. Os prazos seriam diferentes, mas os rendimentos relativos seriam semelhantes.

A maior parte dos avanços técnicos admiráveis e, sem dúvida, impressionantes que transformaram a indústria, o transporte, a comunicação e a vida cotidiana teria sido impossível se mais de 80% de todas as pessoas tivessem que permanecer no campo para produzir seu pão de cada dia (a parcela da população agrícola dos Estados Unidos em 1800 era de 83%) ou sua tigela diária de arroz (no Japão, cerca de 90% das pessoas viviam em aldeias em 1800). O caminho para o mundo moderno começou com arados de aço baratos e fertilizantes inorgânicos, e é necessário um olhar mais atento para explicar esses insumos indispensáveis, que nos fazem pensar que uma civilização bem alimentada é algo garantido.

QUAIS SÃO OS INGREDIENTES?

A agricultura pré-industrial, feita com trabalho humano e animal, além de simples ferramentas de madeira e ferro, tinha o Sol como única fonte de energia. Hoje, como sempre, nenhuma colheita seria possível sem a fotossíntese impulsionada pela luz solar, mas os altos rendimentos produzidos com insumos mínimos de mão de obra — e, portanto, custos baixos a um nível sem precedentes — seriam impossíveis sem infusões diretas e indiretas de combustíveis fósseis. Alguns desses insumos energéticos antropogênicos são provenientes da eletricidade, que pode ser gerada a partir de carvão ou gás natural, ou de fontes renováveis, mas a maior parte deles são hidrocarbonetos líquidos e gasosos, que servem de combustíveis para máquinas e como matérias-primas.

As máquinas consomem energia fóssil de forma direta, caso do diesel ou da gasolina para operações agrícolas (como o bombeamento de água de irrigação de poços), para processamento e secagem das colheitas, para transporte das safras pelo país com caminhões, trens e barcaças e para exportações ao exterior nos porões de grandes navios graneleiros. O uso indireto de energia na fabricação dessas máquinas é muito mais complexo, pois os combustíveis fósseis e a eletricidade são empregados na produção não apenas de aço, borracha, plásticos, vidro e eletrônicos, mas também na montagem desses insumos para fabricar tratores, implementos, colheitadeiras, caminhões, secadores de grãos e silos.[13]

Contudo, a energia necessária para fabricar e abastecer as máquinas agrícolas é pequena em comparação às necessidades energéticas da produção de agroquímicos. A agricultura moderna requer fungicidas e inseticidas para minimizar as perdas nas colheitas e herbicidas para evitar que as ervas daninhas briguem pelos nutrientes e pela água disponíveis para as plantas. Todos esses produtos usam altas quantidades de energia, mas são aplicados em quantidades relativamente pequenas (apenas frações de quilograma por hectare).[14] Por outro lado, os fertilizantes que fornecem os três macronutrientes essenciais das plantas — nitrogênio, fósforo e potássio — requerem menos energia por unidade do produto final, mas são necessários em grandes quantidades para garantir os altos rendimentos das culturas.[15]

O potássio é o menos caro para produzir, pois tudo o que é necessário é a potassa (KCl) vinda das minas de superfície ou subterrâneas. Os fertilizantes fosfatados começam com a escavação de fosfatos, seguida de seu processamento para produzir compostos sintéticos de superfosfato. A amônia é o composto inicial para fazer todos os fertilizantes nitrogenados sintéticos. Cada safra de alto rendimento de trigo e arroz, assim como de muitos outros vegetais, requer mais de 100 (às vezes até 200) quilogramas de nitrogênio por hectare, e essas altas necessidades tornam a síntese de fertilizantes nitrogenados a mais importante entrada de energia indireta para a agricultura moderna.[16]

O nitrogênio é necessário em grandes quantidades porque está em todas as células vivas: está na clorofila, cuja excitação potencializa a fotossíntese; nos ácidos nucleicos DNA e RNA, que armazenam e processam toda a informação genética; e nos aminoácidos, que compõem todas as proteínas necessárias para o crescimento e a manutenção de nossos tecidos. O elemento é abundante: compõe quase 80% da atmosfera, e os organismos vivem submersos nele; ainda assim, é um fator limitante fundamental na produtividade das lavouras, bem como no crescimento humano. Essa é uma das grandes realidades paradoxais da biosfera, mas a explicação é simples: o nitrogênio existe na atmosfera como uma molécula não reativa (N_2), e apenas alguns processos naturais conseguem romper a ligação entre os dois átomos de nitrogênio e tornar o elemento disponível para formar compostos reativos.[17]

O raio consegue fazer isso: produz óxidos de nitrogênio, que se dissolvem na chuva e formam nitratos, e então as florestas, os campos e as pastagens recebem fertilizantes vindos do céu — mas é óbvio que esse insumo natural é muito pouco para produzir safras suficientes para alimentar as oito bilhões de pessoas do mundo. O que o raio pode fazer com temperaturas e pressões altíssimas, uma enzima (nitrogenase) pode fazer em condições normais: ela é produzida por bactérias associadas às raízes de plantas leguminosas (nas vagens, assim como em algumas árvores) ou que vivem livremente no solo ou em plantas. As bactérias aderidas às raízes das leguminosas são responsáveis pela maior parte da fixação natural do nitrogênio, isto é, pela clivagem do N_2 não reativo e pela incorporação do nitrogênio em amônia (NH_3), um composto altamente reativo que é logo convertido em nitratos solúveis e pode suprir as plantas com suas necessidades de nitrogênio em troca de ácidos orgânicos sintetizados pelas plantas.

Como resultado, lavouras de leguminosas, entre elas soja, feijão, ervilha, lentilha e amendoim, são capazes de fornecer (fixar) seu próprio suprimento de nitrogênio, assim como leguminosas de cobertura, tais como alfafa, trevo e ervilhaca. Mas nenhum grão básico, nenhuma cultura oleaginosa (exceto soja e amendoim) e nenhum tubérculo é capaz de fazer isso. A única maneira de se beneficiarem das habilidades de fixação de nitrogênio das leguminosas é fazer a rotação de cultura com alfafa, trevos ou ervilhacas, cultivar esses fixadores de nitrogênio por alguns meses e depois lavrá-los, fazendo com que os solos sejam reabastecidos com nitrogênio reativo para ser utilizado pelo trigo, pelo arroz ou pelas batatas do plantio seguinte.[18] Na agricultura tradicional, a única alternativa para enriquecer os estoques de nitrogênio do solo era coletar e esparramar dejetos humanos e animais. Mas essa é uma maneira por si só trabalhosa e ineficiente de fornecer o nutriente. Esses resíduos têm um teor de nitrogênio muito baixo e estão sujeitos a perdas por volatilização (a conversão de líquidos em gases — e o cheiro de amônia do esterco pode ser insuportável).

No cultivo pré-industrial, os resíduos tinham que ser coletados em aldeias, vilas e cidades, fermentados em pilhas ou poços e, devido ao seu baixo teor de nitrogênio, espalhados pelos campos em grandes quantidades, geralmente 10 toneladas por hectare, mas às vezes até 30 toneladas (massa equivalente a 25 a trinta carros pequenos europeus), a fim de fornecer o nitrogênio necessário. Não é surpresa que essa fosse, em geral, a tarefa mais demorada na agricultura tradicional, exigindo pelo menos um quinto e até um terço de todo o trabalho (humano e animal) no cultivo. Reciclagem de resíduos orgânicos não é um tema muito abordado por romancistas famosos, mas Émile Zola, um grande realista, captou sua importância ao descrever Claude, um jovem pintor parisiense que "tinha um gosto muito grande por estrume". Claude se oferece para jogar na fossa "as lixeiras dos mercados, os refugos que caíram daquela mesa colossal, ficaram cheios de vida e voltaram ao local onde os vegetais haviam brotado anteriormente... Eles ressurgiram em colheitas férteis, e mais uma vez foram se espalhar na praça do mercado. Paris apodreceu tudo e devolveu tudo ao solo, que nunca se cansou de reparar os estragos da morte".[19]

Mas a que custo de trabalho humano! Para chegar a maiores produtividades nas lavouras, essa grande barreira de disponibilidade de nitrogênio foi superada apenas durante o século XIX, com a mineração e exportação de nitratos chilenos, o primeiro fertilizante nitrogenado inorgânico. Tal barreira foi quebrada definitivamente com a invenção da síntese de amônia por Fritz Haber, em 1909, e com sua rápida comercialização (a amônia foi exportada pela primeira vez em 1913), mas a produção cresceu de forma lenta, e a aplicação generalizada de fertilizantes nitrogenados teve que esperar até depois da Segunda Guerra Mundial.[20] Novas variedades de trigo e arroz de alto rendimento apresentadas durante a década de 1960 não poderiam confirmar todo o seu potencial de rendimento sem fertilizantes nitrogenados sintéticos. E a grande transformação da produtividade conhecida como Revolução Verde não poderia ter ocorrido sem essa combinação de melhores cultivos e maiores aplicações de nitrogênio.[21]

Desde a década de 1970, a síntese de fertilizantes nitrogenados tem sido, sem dúvida, o *primus inter pares* entre os subsídios à energia agrícola, mas a escala total dessa dependência só fica clara por meio de análises detalhadas da energia necessária para produzir vários alimentos comuns. Escolhi três deles para usar como exemplo e os selecionei por causa de sua importância nutricional. O pão é o alimento básico da civilização europeia por milênios. Dadas as proibições religiosas sobre o consumo de carne suína e bovina, o frango é a única carne universalmente aceita. E nenhuma outra hortaliça (embora, em termos botânicos, seja uma fruta) supera a produção anual de tomate, hoje cultivado não apenas como cultura de campo, mas cada vez mais em estufas de plástico ou vidro.

Cada um desses alimentos tem um papel nutricional diferente: o pão é consumido por seus carboidratos; o frango, por sua proteína perfeita; o tomate, por seu teor de vitamina C. Porém, nenhum deles poderia ser produzido com tanta abundância, segurança e economia sem a considerável ajuda dos combustíveis fósseis. Em algum momento, nossa produção de alimentos vai mudar, mas, por enquanto e no futuro próximo, não podemos alimentar o mundo sem depender de combustíveis fósseis.

OS CUSTOS ENERGÉTICOS DO PÃO, DO FRANGO E DO TOMATE

Dada a enorme variedade de pães, vou me ater a apenas alguns tipos de pães fermentados comuns nas dietas ocidentais e hoje em dia disponíveis em lugares que vão da África Ocidental (domínio ultramarino da baguete francesa) ao Japão (toda grande loja de departamentos tem uma padaria francesa ou alemã). Temos que começar com o trigo, e felizmente não faltam estudos que tentaram quantificar todos os insumos de combustível e eletricidade e compará-los por área colhida ou por unidade de rendimento para diferentes tipos de grãos.[22] O cultivo de grãos está na base da escala de subsídios de energia, com uso energético relativamente pequeno em comparação a nossos outros alimentos escolhidos, mas, como veremos, ele ainda consome uma quantidade surpreendentemente grande de energia.

A eficiente produção de trigo de sequeiro (alimentado apenas pela chuva) nos vastos campos das Grandes Planícies requer apenas cerca de 4 megajoules por quilograma de grão. Como uma parcela bem grande dessa energia vem na forma de óleo diesel refinado a partir de petróleo bruto, a comparação em termos equivalentes pode ser mais tangível do que em unidades de energia padrão (joules).[23] Além disso, mostrar as necessidades de óleo diesel em termos de volumes por unidade de produto comestível (seja 1 quilo, um pão ou uma refeição) torna esses subsídios energéticos mais fáceis de imaginar.

Com o diesel contendo 36,9 megajoules por litro, o custo energético típico do trigo das Grandes Planícies é quase exatamente 100 mililitros (1 decilitro ou 0,1 litro) de diesel por quilograma, um pouco menos da metade da medida de um copo americano.[24] Usarei equivalentes de volume específico de óleo diesel para comparar cada alimento com a energia incorporada em sua produção.

O pão de fermentação natural básico é o tipo mais simples de pão fermentado, a base da civilização europeia: contém apenas farinha, água e sal, e o fermento é feito, claro, de farinha e água. Um quilo desse pão terá cerca de 580 gramas de farinha, 410 gramas de água e 10 gramas de sal.[25] A moagem — ou seja, a remoção do farelo da semente, a camada externa — reduz a massa de grãos moídos em aproximadamente 25% (com uma taxa de extração de farinha de 72% a 76%).[26] Isso significa que, para obter 580 gramas de farinha, temos que começar com mais ou menos 800 gramas de trigo integral, cuja produção requer energia equivalente a 80 mililitros de óleo diesel.

A moagem do grão precisa de um equivalente a cerca de 50 mL/kg para produzir farinha para pão branco, enquanto dados publicados para panificação em larga escala em indústrias modernas e eficientes — que consomem gás natural e eletricidade — indicam equivalentes de combustível de 100 a 200 mL/kg.[27]

Cultivar o grão, moê-lo e assar um páo de 1 quilograma de massa de fermentação natural requer, portanto, energia equivalente a pelo menos 250 mililitros de diesel, um volume ligeiramente maior que a medida de um copo americano. Para uma baguete padrão (250 gramas), o equivalente de energia incorporada é de cerca de 2 colheres de sopa de óleo diesel; para um grande pão *Bauernbrot* alemão (2 quilos), que é feito de trigo e aveia, seriam aproximadamente 2 xícaras de óleo diesel — um pão de trigo integral gastaria menos que isso.

O verdadeiro custo em energia fóssil é ainda mais alto, pois hoje em dia apenas uma pequena parte dos pães é assada no mesmo local onde é comprada. Mesmo na França, as *boulangeries* de bairro estão desaparecendo, e as baguetes são distribuídas a partir de grandes padarias: a economia de energia da eficiência em escala industrial é perdida pelo aumento dos custos de transporte, e o custo total, desde o cultivo e moagem de grãos até o cozimento em uma grande padaria e distribuição de pão para consumidores distantes, pode levar o consumo de energia equivalente a até 600 mL/kg!

Entretanto, se a proporção típica do pão (aproximadamente 5:1) entre a massa comestível e a massa de energia incorporada (1 quilo de pão comparado a cerca de 210 gramas de diesel) parece muito alta, lembre que os grãos, mesmo após o processamento e a conversão em nossos alimentos favoritos, estão na base da nossa hierarquia de subsídios de energia alimentar. Quais seriam as consequências de seguir uma recomendação de dieta um tanto duvidosa, que hoje em dia alguns sugerem sob o enganoso rótulo de "dieta paleolítica", evitando todos os cereais e mudando para refeições compostas apenas de carne, peixe, legumes e frutas?

Em vez de calcular o custo energético da carne bovina (um alimento que já foi muito difamado), vou quantificar os custos energéticos para a carne produzida com mais eficiência — a de frangos criados em grandes aviários para confinamento conhecidos como CAFOs, sigla em inglês para essas operações centrais de alimentação de animais (*concentrated animal feeding operations*). No caso do frango, isso significa abrigar e alimentar dezenas de milhares de aves em grandes estruturas retangulares, onde são amontoadas em espaços mal iluminados (com luz equivalente a uma noite de luar) e alimentadas por cerca de sete semanas antes de serem levadas para o abate.[28] O Departamento de Agricultura dos Estados Unidos publica estatísticas sobre a eficiência alimentar anual de animais domésticos, e, nas últimas cinco décadas, essas proporções (unidades de ração indicadas em grãos de milho por unidade de peso vivo) não mostram tendências de queda para carne bovina ou suína, mas apresentam rendimentos impressionantes para o frango.[29]

Em 1950, eram necessárias três unidades de ração por unidade de peso de frango vivo; agora esse número é de apenas 1,82, aproximadamente um terço da taxa para suínos e um sétimo da taxa para bovinos.[30] Obviamente, a ave inteira, com penas e ossos, não é consumida, e o ajuste para o peso comestível (cerca de 60% do peso vivo) coloca a menor proporção de ração para carne em 3:1. A produção de um frango nos Estados Unidos (cujo peso médio comestível é de quase exatamente 1 quilograma) precisa de 3 quilos de grãos de milho.[31] O cultivo eficiente de milho sequeiro tem altos rendimentos e custos de energia relativamente baixos — equivalentes a mais ou menos 50 mililitros de óleo diesel por quilo de grão —, mas o custo de energia do milho irrigado pode ser duas vezes maior que o do sequeiro. Além disso, os rendimentos típicos para o milho e a produtividade da ração em todo o mundo são menores do que nos Estados Unidos. Como resultado, os custos de alimentação, por si só, podem variar de 150 a 750 mililitros de óleo diesel por quilo de carne comestível.

Outros custos de energia vêm de um comércio de rações intercontinental e de grande escala: ele é dominado pela remessa de milho e soja dos Estados Unidos e pela venda de soja brasileira. O cultivo brasileiro de soja requer o equivalente a 100 mililitros de óleo diesel por quilo de grão, mas transportar a safra das áreas de produção para os portos e enviá-la para a Europa dobra o custo da energia.[32] A criação de frangos de corte até o peso de abate também requer energia para climatização e manutenção dos aviários, para fornecimento de água e serragem e para remoção e compostagem dos resíduos. Essas necessidades variam muito a depender da localização (principalmente devido ao ar-condicionado no verão e ao aquecedor no inverno), portanto, quando combinadas com o custo de energia da ração fornecida, chegamos a uma grande variação nos volumes: de 50 a 300 mililitros de óleo diesel por quilo de carne comestível.[33]

Dessa forma, a taxa combinada mais conservadora para alimentação e criação das aves seria equivalente a cerca de 200 mililitros de óleo diesel por quilo de carne, mas os valores podem chegar a 1 litro. Adicionando a energia necessária para o abate e processamento das aves (hoje predomina a comercialização da carne de frango em partes, e não de frangos inteiros), o varejo, o armazenamento e a refrigeração doméstica, além do eventual cozimento, fazem com que a necessidade total de energia para colocar um quilo de frango assado no prato fique em pelo menos 300 a 350 mililitros de óleo bruto: um volume igual a quase meia garrafa de vinho (e, para os produtores menos eficientes, mais de um litro).

O mínimo de 300 a 350 mL/kg é um desempenho muito eficiente em comparação às taxas de 210 a 250 mL/kg para o pão, o que se reflete nos preços comparativamente acessíveis do frango: nas grandes cidades norte-americanas, a média do preço de 1 quilo de pão branco é apenas 5% menor do que o preço médio do quilo de frango inteiro (e o pão integral é 35% mais caro!). Na França, 1 quilo de frango padrão inteiro custa apenas 25% a mais do que o preço médio do pão.[34] Isso ajuda a explicar a rápida ascensão do frango até se tornar a carne dominante em todos os países ocidentais (em termos globais, a carne de porco ainda lidera, graças à enorme demanda da China).

Com os veganos enaltecendo o consumo de plantas e a mídia noticiando sem parar o alto custo ambiental da carne, talvez você pense que os ganhos no custo energético do frango foram superados por aqueles no cultivo e comercialização de vegetais. Seria um engano supor isso. Na verdade, ocorre o contrário, e não há melhor exemplo para explicar como tais custos energéticos são surpreendentemente altos do que os tomates. Eles têm tudo: cor atraente, variedade de formas, pele lisa e um interior suculento. Segundo a botânica, o tomate é o fruto da *Lycopersicon esculentum*, uma pequena planta nativa da América Central e do Sul que foi levada ao resto do planeta durante a era das primeiras travessias transatlânticas europeias, porém o interesse de todo o mundo pelo tomate demorou gerações para surgir.[35] Consumido em sopas, recheado, assado, picado, cozido, triturado em molhos e adicionado a inúmeras saladas e pratos cozidos, hoje é querido globalmente, abraçado em países que vão desde seus berços, México e Peru, até Espanha, Itália, Índia e China (hoje seu maior produtor).

Compêndios de nutrição elogiam seu alto teor de vitamina C: de fato, um tomate grande (200 gramas) pode fornecer dois terços da necessidade diária do nutriente recomendada para um adulto.[36] Mas, como acontece com todas as frutas frescas e suculentas, ele não é consumido por seu conteúdo energético. Em sua maior parte, ele é apenas uma fonte de água com formato atraente, pois a água constitui 95% de sua massa. O restante é formado principalmente por carboidratos, um pouco de proteína e uma pequena quantidade de gordura.

Os tomates podem ser cultivados em qualquer lugar com pelo menos noventa dias de clima quente, como o deque de um chalé à beira-mar perto de Estocolmo ou um jardim nas pradarias canadenses (em ambos os casos, a partir de plantas cultivadas inicialmente dentro de casa). No entanto, o cultivo comercial é outra história. Assim como acontece com quase todas as frutas e vegetais consumidos nas sociedades modernas, o cultivo de tomate é altamente especializado, e a maioria das variedades disponíveis nos supermercados norte-americanos e europeus vem de lugares específicos: nos Estados Unidos, da Califórnia; na Europa, da Itália e da Espanha. Para aumentar o rendimento, melhorar a qualidade e reduzir a intensidade dos insumos energéticos, os tomates são cada vez mais cultivados em recintos de um ou vários túneis cobertos de plástico ou em estufas — não apenas no Canadá e na Holanda, mas também no México, na China, na Espanha e na Itália.

Isso nos traz de volta aos combustíveis fósseis e à eletricidade. Os plásticos são uma alternativa menos custosa para a construção de estufas de vidro com vários túneis, e o cultivo de tomates também requer clipes de plástico, cunhas e sistemas de calha. Nas áreas onde as plantas são cultivadas a céu aberto, filmes plásticos são usados para cobrir o solo a fim de reduzir a evaporação da água e evitar ervas daninhas. A síntese de compostos plásticos depende de hidrocarbonetos (petróleo bruto e gás natural) tanto para matérias-primas (insumos) quanto para a energia necessária para produzi-los. As matérias-primas incluem etano e outros líquidos de gás natural e nafta produzida durante o refino de petróleo bruto. O gás natural também é usado para abastecer a produção de plástico e é, como já mencionado, a matéria-prima mais importante — a fonte de hidrogênio — para a síntese de amônia. Outros hidrocarbonetos servem como matérias-primas para a produção de compostos protetores (inseticidas e fungicidas), pois nem mesmo as plantas dentro de estufas de vidro ou plástico são imunes às pragas e infecções.

O cálculo anual dos custos operacionais para o cultivo do tomate é fácil: são somados os gastos com mudas, fertilizantes, agroquímicos, água, aquecimento e mão de obra, e são divididos os custos das estruturas e dispositivos próprios — suportes metálicos, tampas plásticas, vidros, canos, bebedouros, aquecedores —, que seguem em uso por mais de um ano. Mas um cálculo completo do custo de energia não é tão simples. Os insumos diretos de energia são fáceis de quantificar com base nas contas de eletricidade e nas compras de gasolina ou diesel, mas os fluxos indiretos para a produção de materiais exigem uma contabilidade especializada e, geralmente, algumas suposições.

Estudos detalhados quantificaram esses insumos e os multiplicaram pelos seus custos típicos de energia: por exemplo, a síntese, formulação e embalagem de 1 quilo de fertilizante nitrogenado requer o equivalente a cerca de 1,5 litro de óleo diesel. Não é surpresa que esses estudos mostrem várias somas diferentes, mas um deles — talvez o estudo mais meticuloso do cultivo de tomate nas estufas de múltiplos túneis, aquecidos ou não, de Almería, na Espanha — concluiu que a demanda cumulativa de energia da produção líquida é de mais de 500 mililitros de óleo diesel (mais de duas xícaras) por quilograma em estufa aquecida e apenas 150 mL/kg em estufa não aquecida.[37]

Esse alto custo de energia ocorre, em grande parte, porque os tomates de estufa estão entre as culturas mais fertilizadas do mundo: por unidade de área, eles recebem até dez vezes mais nitrogênio (bem como fósforo) do que o usado para produzir milho, a principal cultura agrícola dos Estados Unidos.[38] Também são usados enxofre, magnésio e outros micronutrientes, além de produtos químicos que protegem contra insetos e fungos. O aquecimento é o mais importante uso direto de energia no cultivo em estufa: prolonga a estação de crescimento e melhora a qualidade da produção, mas inevitavelmente se torna o maior consumidor de energia quando implantado em climas mais frios.

As estufas de plástico localizadas no extremo sul da província de Almería são a maior área coberta de cultivo comercial de produtos do mundo: cerca de 40 mil hectares (imagine um quadrado de 20 × 20 quilômetros) facilmente identificáveis em imagens de satélite — procure no Google Earth. Você pode até fazer um passeio no Google Street View, que oferece uma experiência quase sobrenatural dessas estruturas cobertas de plástico em baixa altitude. Sob esse mar de plástico, os produtores espanhóis com seus trabalhadores locais e imigrantes africanos produzem anualmente, em temperaturas muitas vezes superiores a 40°C, cerca de 3 milhões de toneladas de hortaliças precoces e fora de época (tomate, pimentão, feijão-verde, abobrinha, berinjela, melão) e algumas frutas, exportando aproximadamente 80% para países da União Europeia.[39] Um caminhão que transporta uma carga de 13 toneladas de tomates de Almería a Estocolmo percorre 3.745 quilômetros e consome mais ou menos 1.120 litros de óleo diesel.[40] Isso equivale a quase 90 mililitros por quilo de tomate, e o transporte, armazenamento e embalagem nos centros de distribuição regionais, bem como as entregas às lojas, aumentam o número para quase 130 mL/kg.

Isso significa que, quando comprados em um supermercado escandinavo, os tomates das estufas de plástico aquecidas de Almería têm um custo incrivelmente alto de energia incorporada na produção e no transporte. O total equivale a cerca de 650 mL/kg, ou mais de cinco colheres de sopa (cada uma contendo 14,8 mililitros) de óleo diesel por tomate de tamanho médio (125 gramas)! É possível fazer uma demonstração em sua mesa — facilmente e sem desperdício — para ilustrar esse subsídio de combustível fóssil: corte um tomate desse tamanho, o espalhe em um prato e derrame sobre ele cinco ou seis colheres de sopa de um óleo escuro, como óleo de gergelim. Quando já estiver impressionado com a carga de combustível fóssil desse simples alimento, você pode transferir o conteúdo do prato para uma tigela, adicionar mais dois ou três tomates, um pouco de molho de soja, sal, pimenta e sementes de gergelim e desfrutar de uma saborosa salada de tomate. Quantos veganos que apreciam a salada estão cientes de sua grande pegada de combustível fóssil?

O ÓLEO DIESEL POR TRÁS DOS PEIXES E FRUTOS DO MAR

As altas produtividades agrícolas das sociedades modernas tornaram a caça em terra (o abate sazonal de alguns mamíferos e aves selvagens) uma fonte marginal de nutrição em todas as sociedades mais ricas. A carne selvagem, principalmente fruto da caça ilegal, ainda é mais comum em toda a África Subsaariana, mas, com o rápido crescimento das populações, mesmo lá deixou de ser uma importante fonte de proteína animal. Por outro lado, a caça marinha hoje é praticada de forma mais ampla e intensiva do que nunca, com enormes frotas de navios — desde grandes e modernas fábricas flutuantes até pequenos barcos decrépitos — vasculhando os oceanos do mundo em busca de peixes e crustáceos selvagens.[41]

Como se vê, capturar o que os italianos tão poeticamente chamam de *frutti di mare* é o processo de fornecimento de alimentos mais intensivo em uso de energia. É claro que nem todos os peixes e frutos do mar são difíceis de pescar, e a colheita de muitas espécies ainda abundantes não exige longas expedições às áreas remotas do sul do Pacífico. A captura de espécies pelágicas (que vivem perto da superfície) abundantes, como anchovas, sardinhas ou cavalinhas, pode ser feita com um investimento de energia relativamente pequeno — de forma indireta na construção de navios e na confecção de grandes redes, ou direta no combustível diesel usado para motores de navios. Os melhores cálculos mostram gastos de energia de 100 mL/kg para a captura, o equivalente a menos de meia xícara de óleo diesel.[42]

Se você quer comer o peixe selvagem com a menor pegada de carbono fóssil possível, escolha as sardinhas. A média para todos os peixes e frutos do mar é incrivelmente alta — 700 mL/kg, quase uma garrafa de vinho cheia de óleo diesel —, e os máximos para alguns camarões e lagostas selvagens são, incrivelmente, mais de 10 L/kg (incluindo uma grande quantidade de conchas não comestíveis!).[43] Isso significa que dois espetos de camarão selvagem de tamanho médio (peso total de 100 gramas) podem exigir de 0,5 a 1 litro de óleo diesel para serem capturados, o equivalente a 2 a 4 xícaras de combustível.

Mas você pode argumentar que os camarões hoje vêm em sua maioria da aquicultura e que essas operações de tipo industrial em grande escala têm as mesmas vantagens que vimos no caso dos frangos de corte. Será? Infelizmente não, e a razão é a diferença metabólica fundamental do frango. Os frangos de corte são herbívoros, e, quando em confinamento, seu gasto energético na atividade é limitado. Portanto, alimentá-los com matéria vegetal adequada (hoje em dia uma combinação de misturas à base de milho e soja) fará com que cresçam rápido. Lamentavelmente, as espécies marinhas que as pessoas gostam de comer (salmão, robalo, atum) são carnívoras e, para o crescimento adequado, precisam ser alimentadas com farinha de peixe rica em proteínas e óleo de peixe derivado de capturas de espécies selvagens, como anchovas, sardinhas, capelim, arenque e cavalinha.

A expansão da aquicultura está expressa na sua produção global (incluindo peixes de água doce e marinha), que hoje se aproxima dos números totais da captura de peixes selvagens: em 2018, a aquicultura produziu 82 milhões de toneladas, ao passo que 96 milhões de toneladas de espécies foram capturadas na natureza. Ela também aliviou a pressão sobre algumas populações selvagens de peixes carnívoros em risco, mas intensificou a exploração de espécies herbívoras menores cujas colheitas crescentes são necessárias para alimentar o crescimento da aquicultura.[44] Como resultado, os custos de energia do cultivo em gaiolas de robalo do Mediterrâneo (a Grécia e a Turquia são seus principais produtores) costumam ser equivalentes a 2 a 2,5 litros de diesel por quilograma (um volume aproximadamente igual a três garrafas de vinho) — ou seja, da mesma ordem de magnitude que os custos de energia para capturar espécies selvagens de tamanho semelhante.

Como esperado, apenas os peixes herbívoros de aquicultura que se desenvolvem bem consumindo ração à base de plantas — sobretudo diferentes espécies de carpas chinesas, das quais as comuns são as carpas cabeçuda, prata, preta e capim — têm um baixo custo de energia, em geral inferior a 300 mL/kg. Porém, fora as tradicionais ceias de Natal na Áustria, República Tcheca, Alemanha e Polônia, a carpa é uma escolha culinária pouco popular na Europa e quase não é comida na América do Norte, enquanto a demanda por atum, que tem algumas de suas espécies entre os principais carnívoros marinhos ameaçados de extinção, vem crescendo graças à rápida popularização mundial do sushi.

Assim, as evidências são inegáveis: nosso suprimento de alimentos — sejam grãos básicos, aves que cacarejam, vegetais preferidos ou peixes e frutos do mar elogiados por sua qualidade nutritiva — se tornou cada vez mais dependente de combustíveis fósseis. Essa realidade fundamental costuma ser ignorada por aqueles que não tentam entender como o nosso mundo realmente funciona e que agora estão prevendo uma acelerada descarbonização. Essas mesmas pessoas ficariam chocadas ao saber que nossa situação atual não pode ser mudada de forma fácil ou rápida: como vimos no capítulo anterior, a onipresença desses insumos e a escala da dependência deles são muito grandes para que isso ocorra.

COMBUSTÍVEL E ALIMENTOS

Vários estudos já mostraram como os alimentos passaram a depender cada vez mais de insumos energéticos modernos — em sua grande maioria de origem fóssil — para serem produzidos, começando com sua ausência no início do século XIX até chegar às taxas recentes, que vão de menos de 0,25 tonelada de petróleo bruto por hectare na agricultura de grãos a dez vezes mais para o cultivo em estufa aquecida.[45] Talvez a melhor maneira de perceber o aumento e a magnitude dessa dependência global seja comparar o aumento dos subsídios energéticos externos à expansão das terras cultivadas e o crescimento da população mundial. Entre 1900 e 2000, a população global aumentou menos de quatro vezes (3,7 vezes para ser exato), enquanto as terras agrícolas cresceram cerca de 40%, mas meus cálculos mostram que os subsídios antropogênicos à energia na agricultura aumentaram noventa vezes, liderados pela energia incorporada em agroquímicos e em combustíveis consumidos diretamente por máquinas.[46]

Também calculei a carga global relativa dessa dependência. Os insumos de energia antropogênica na agricultura de campo moderna (incluindo o transporte), na pesca e na aquicultura somam apenas cerca de 4% do uso global anual de energia nos últimos anos. Isso pode ser uma parcela surpreendentemente pequena, mas devemos lembrar que o Sol sempre fará a maior parte do trabalho no cultivo de alimentos e que os subsídios externos de energia visam àqueles componentes do sistema alimentar dos quais são esperados retornos maiores com a redução ou remoção das restrições naturais — seja por fertilização, irrigação, proteção contra insetos, fungos e plantas concorrentes, ou pela colheita imediata de culturas maduras. A baixa participação também pode ser mais um exemplo convincente de como pequenas quantidades de insumos podem ter consequências desproporcionalmente grandes, o que não é incomum no comportamento de sistemas complexos: pense no caso de vitaminas e minerais, cuja necessidade diária é de apenas alguns miligramas (vitamina B6 ou cobre) ou microgramas (vitamina D, vitamina B12) para manter em boa forma corpos que pesam dezenas de quilos.

Mas a energia necessária para a produção de alimentos — agricultura de campo, criação de animais e peixes e frutos do mar — é apenas uma parte das necessidades totais de combustível e eletricidade relacionadas aos alimentos, e estimar o uso em todo o sistema alimentar revela percentuais muito maiores da oferta total. Os melhores dados que temos estão disponíveis para os Estados Unidos, onde, graças à prevalência de técnicas modernas e grandes economias de escala, o uso direto de energia na produção de alimentos é hoje da ordem de 1% do total da oferta nacional.[47] Mas, depois de adicionar a energia necessária para o processamento dos alimentos, marketing, embalagem, transporte, serviços de atacado e varejo, armazenamento e preparo dos alimentos em casa, sem contar o marketing e os serviços de alimentação fora de casa, o total geral nos Estados Unidos atingiu quase 16% do abastecimento total de energia do país em 2007 e hoje está se aproximando de 20%.[48] Os fatores que impulsionam o aumento dessas necessidades de energia vão desde maior consolidação da produção — o que aumenta as necessidades de transporte — e a crescente dependência em relação à importação de alimentos até o número maior de refeições feitas fora de casa e de alimentos prontos para o consumo doméstico.[49] Existem muitas razões por que não devemos continuar com diversas das atuais práticas de produção de alimentos. A enorme contribuição da agricultura para a geração de gases de efeito estufa é hoje a principal justificativa para se buscar um caminho diferente. No entanto, o cultivo moderno, a pecuária e a aquicultura têm muitos outros impactos ambientais indesejáveis, que vão desde a perda de biodiversidade até a criação de zonas mortas em águas litorâneas (para saber mais sobre isso, consulte o Capítulo 6), e não há bons motivos para manter nossa produção excessiva de alimentos com seu consequente desperdício. Então, muitas mudanças são claramente desejáveis, mas com que rapidez elas podem de fato acontecer, e quanto das nossas práticas atuais podemos mudar de forma radical?

PODEMOS VOLTAR ATRÁS?

Seria possível reverter pelo menos algumas dessas tendências? O mundo de oito bilhões de pessoas pode se alimentar sem o uso de fertilizantes sintéticos e outros agroquímicos e, ao mesmo tempo, manter ampla variedade de produtos agrícolas e animais e a qualidade das dietas predominantes? Poderíamos retornar ao cultivo puramente orgânico, contando com resíduos orgânicos reciclados e controles naturais de pragas, e produzir sem a irrigação motorizada e as máquinas agrícolas, trazendo de volta o uso dos animais de tração? Sim, poderíamos, mas a agricultura puramente orgânica exigiria que a maioria de nós abandonasse as cidades, retornasse ao campo, desmontasse as operações centrais de alimentação de animais e levasse todos eles de volta às fazendas para usá-los como mão de obra e fontes de esterco.

Todos os dias teríamos que alimentar e dar água aos nossos animais, remover regularmente o seu esterco, fermentá-lo para depois espalhar nos campos e cuidar de manadas e rebanhos no pasto. À medida que as demandas de trabalho sazonal aumentassem e diminuíssem, os homens guiariam os arados atrelados às parelhas de cavalos, mulheres e crianças fariam o plantio e capina das hortas, e todos estariam contribuindo durante a colheita e o abate, empilhando feixes de trigo, desenterrando batatas, ajudando a transformar porcos e gansos recém-abatidos em comida. Eu não imagino as pessoas que postam comentários on-line defendendo as causas orgânica e verde aderindo a essas opções tão cedo. E, mesmo que eles estivessem dispostos a esvaziar as cidades e abraçar a vida orgânica, ainda assim seriam capazes de produzir apenas comida suficiente para sustentar menos da metade da população global de hoje.

Os números para confirmar tudo isso que mencionei não são difíceis de calcular. A redução do trabalho humano necessário para produzir o trigo nos Estados Unidos, descrita anteriormente neste capítulo, é um excelente indicador do impacto geral que a mecanização e os agroquímicos tiveram no tamanho da força de trabalho agrícola do país. Entre 1800 e 2020, reduzimos em mais de 98% a mão de obra necessária para produzir um quilo de grão e diminuímos na mesma proporção a parcela da população norte-americana envolvida na agricultura.[50] Isso serve como uma referência útil para as profundas transformações econômicas que teriam que ocorrer com qualquer recuo da mecanização agrícola e redução do uso de agroquímicos sintéticos.

Quanto maior a redução desses serviços baseados em combustíveis fósseis, maior a necessidade de que a força de trabalho deixe as cidades para produzir alimentos à moda antiga. Durante o pico do número de cavalos e mulas nos Estados Unidos antes de 1920, um quarto das terras agrícolas era dedicado ao cultivo de ração para os mais de 25 milhões de equinos do país — e naquela época as fazendas dos Estados Unidos tinham que alimentar apenas cerca de 105 milhões de pessoas. Obviamente, alimentar as mais de 330 milhões de pessoas de hoje com "apenas" 25 milhões de cavalos seria impossível. E, sem fertilizantes sintéticos, a produção de alimentos e rações dependentes da reciclagem de matéria orgânica seria apenas uma fração da colheita de hoje. O milho, a maior cultura dos Estados Unidos, rendeu menos de 2 toneladas por hectare em 1920, contra 11 toneladas por hectare em 2020.[51] Milhões de animais de tração a mais seriam necessários para cultivar praticamente todas as terras agrícolas disponíveis no país, e seria impossível encontrar matéria orgânica reciclável o bastante (além de personagens que gostam de lidar com estrume, como Claude!) ou cultivar áreas suficientemente grandes de adubos verdes (fazer a rotação do plantio de grãos com alfafa ou trevo) para alcançar os nutrientes fornecidos hoje pelas aplicações de fertilizantes sintéticos.

É mais fácil explicar isso por meio de algumas comparações simples. A reciclagem de matéria orgânica é sempre muito desejável, pois melhora a estrutura do solo, aumenta seu conteúdo orgânico e fornece energia para inúmeros micróbios e invertebrados do solo. Mas o teor muito baixo de nitrogênio da matéria orgânica significa que os agricultores têm que aplicar grandes quantidades de palha ou esterco para fornecer o suficiente desse nutriente essencial para as plantas em busca de uma boa produtividade nas colheitas. O teor de nitrogênio das palhas de cereais (o resíduo agrícola mais abundante) é sempre baixo, em geral de 0,3% a 0,6%; já o teor do estrume misturado com a forragem animal, normalmente palha, fica entre 0,4% e 0,6%; o dos dejetos humanos fermentados (conhecido na China como "solo noturno"), entre 1% e 3%; e o dos estrumes aplicados nos campos raramente passa de 4%.

Em comparação, a ureia, hoje o principal fertilizante sólido nitrogenado no mundo, contém 46% de nitrogênio; o nitrato de amônio tem 33%; e as soluções líquidas mais usadas, entre 28% e 32%, pelo menos uma ordem de magnitude mais rica em nitrogênio do que os resíduos recicláveis.[52] Isso significa que, para fornecer a mesma quantidade do nutriente às culturas em crescimento, um agricultor teria que aplicar em qualquer lugar entre dez e quarenta vezes mais estrume por volume — e, na realidade, seria necessário ainda mais, pois partes significativas de compostos nitrogenados são perdidas por volatilização ou dissolvidas em água e levadas abaixo do nível da raiz, tornando as perdas agregadas de nitrogênio da matéria orgânica quase sempre maiores que as de um líquido ou sólido sintético.

Além disso, haveria uma demanda de mão de obra mais do que proporcional, pois o manuseio, o transporte e a dispersão de esterco são muito mais difíceis do que lidar com grânulos pequenos e de fluxo livre que podem ser facilmente aplicados por espalhadores mecânicos ou simplesmente lançados à mão, como é feito com a ureia em pequenos campos de arroz asiáticos. E, a despeito do esforço que possa ser feito na reciclagem orgânica, a massa total de materiais recicláveis é pequena demais para fornecer o nitrogênio exigido pelas lavouras de hoje.

O estoque global de nitrogênio reativo mostra que seis fluxos principais levam o elemento até as terras agrícolas do mundo: deposição atmosférica, água de irrigação, aração de resíduos agrícolas, espalhamento de esterco animal, nitrogênio deixado no solo por leguminosas e aplicação de fertilizantes sintéticos.[53]

A deposição atmosférica — sobretudo na forma de chuva e neve contendo nitratos dissolvidos — e os resíduos agrícolas reciclados (palhas e talos de plantas que não são removidos dos campos para alimentar os animais ou queimados no local) contribuem cada um com cerca de 20 megatons de nitrogênio por ano. O estrume de animais aplicado nos campos, principalmente de gado, porcos e galinhas, contém quase 30 megatons; um total semelhante é adicionado por culturas de leguminosas (culturas de cobertura de adubo verde, bem como soja, feijão, ervilha e grão-de-bico); e a água de irrigação traz cerca de 5 megatons — para um total de cerca de 105 megatons de nitrogênio por ano. Os fertilizantes sintéticos fornecem 110 megatons de nitrogênio por ano, ou um pouco mais da metade dos 210 a 220 megatons usados no total. Significa que pelo menos metade das recentes safras globais foram produzidas graças à aplicação de compostos nitrogenados sintéticos e que, sem eles, seria impossível produzir os alimentos que hoje dominam a dieta de metade das oito bilhões de pessoas. Embora fosse possível reduzir nossa dependência em relação à amônia sintética comendo menos carne e desperdiçando menos comida, substituir o uso global de cerca de 110 megatons de nitrogênio em compostos sintéticos por fontes orgânicas só poderia ser feito em teoria.

Diversas restrições limitam a reciclagem do esterco produzido por animais em confinamento.[54] Na agricultura mista tradicional, o esterco de gado, porcos e aves de um número relativamente pequeno de animais era reciclado direto nos campos adjacentes. A produção de carne e ovos em operações centrais de alimentação de animais reduzia essa opção: essas unidades geram quantidades tão grandes de resíduos que sua aplicação nos campos sobrecarregaria os solos com nutrientes dentro do raio onde seria rentável espalhá-los; a presença de metais pesados e resíduos de remédios (aditivos alimentares) é outro problema.[55] Restrições semelhantes se aplicam ao uso expandido de lodo de esgoto (biossólidos) vindo de modernas estações de tratamento de dejetos humanos. Os patógenos dos resíduos devem ser destruídos por fermentação e esterilização por alta temperatura, mas esses tratamentos não matam todas as bactérias resistentes a antibióticos e não removem todos os metais pesados.

Animais que pastam produzem três vezes mais estrume do que mamíferos e aves mantidos em confinamento: a FAO estima que eles deixam anualmente cerca de 90 megatons de nitrogênio em resíduos, no entanto, explorar essa grande fonte é algo impraticável.[56] A acessibilidade limitaria qualquer coleta de urina e excrementos de animais a uma fração das centenas de milhões de hectares de pastagens onde esses resíduos são expelidos por bovinos, ovinos e caprinos. Coletar tudo seria tão caro quanto seu transporte para os pontos de tratamento e depois para os campos de cultivo. Além disso, a ocorrência de perdas reduziria ainda mais o teor já muito baixo de nitrogênio desses resíduos antes mesmo que o nutriente pudesse chegar aos campos.[57]

Outra opção é expandir o cultivo de leguminosas para produzir de 50 a 60 megatons de nitrogênio por ano, acima dos cerca de 30 megatons produzidos atualmente — porém, o custo de produção seria considerável. Plantar mais coberturas para leguminosas como alfafa e trevo aumentaria o suprimento de nitrogênio, mas também reduziria a capacidade de usar um campo para produzir duas safras em um mesmo ano, uma opção vital para as populações ainda em expansão nos países de baixa renda.[58] O cultivo de grãos junto ao de leguminosas (feijões, lentilhas, ervilhas) reduziria os rendimentos gerais de energia dos alimentos, pois eles rendem muito menos do que os cereais e, obviamente, isso diminuiria o número de pessoas que poderiam ser sustentadas por uma unidade de terra cultivada.[59] Além disso, o nitrogênio deixado para trás por uma lavoura de soja — em geral entre 40 e 50 quilos de nitrogênio por hectare — seria menor do que as aplicações típicas de fertilizantes nitrogenados nos Estados Unidos, que hoje são cerca de 75 kg N/ha para trigo e 150 kg N/ha para milho em grão.

Outra desvantagem óbvia do aumento das rotações com leguminosas é que em climas mais frios, onde apenas uma única safra pode ser cultivada em um mesmo ano, o cultivo de alfafa ou trevo impediria o plantio anual de uma cultura alimentar, enquanto em regiões mais quentes, onde há cultivo duplo, a frequência de colheita de alimentos seria reduzida.[60] Embora isso seja possível em países com populações pequenas e terras agrícolas abundantes, seria inevitável reduzir a capacidade de produção de alimentos em todos os lugares onde o cultivo duplo é comum, o que inclui grandes partes da Europa e a planície do norte da China, região que produz cerca de metade dos grãos daquele país.

O cultivo de duas safras atualmente é praticado em mais de um terço das terras cultivadas da China, e mais de um terço de todo o arroz vem do duplo cultivo no sul do país.[61] Assim, seria impossível a China alimentar sua população de 1,4 bilhão sem o plantio intensivo, que também requer aplicações de nitrogênio em nível recorde. Mesmo na agricultura tradicional chinesa, famosa por sua alta taxa de reciclagem orgânica e por complexas rotações de culturas, os agricultores nas regiões cultivadas de forma mais intensiva não conseguiam fornecer mais do que 120 a 150 kg N/ha — e isso exigia uma mão de obra extraordinariamente alta, sendo a coleta e aplicação de esterco a atividade mais demorada, como já enfatizado neste capítulo.

Mesmo assim, essas fazendas poderiam produzir apenas uma alimentação predominantemente vegetariana para dez a onze pessoas por hectare. Em comparação, o duplo cultivo mais produtivo da China depende de aplicações de fertilizantes nitrogenados sintéticos com média superior a 400 kg N/ha e pode produzir o suficiente para alimentar de vinte a 22 pessoas cujas dietas contêm cerca de 40% de proteína animal e 60% de proteína vegetal.[62] O cultivo global de safras sustentado apenas pela trabalhosa reciclagem de resíduos orgânicos e por rotações mais simples é concebível para uma população global de três bilhões de pessoas com uma alimentação em grande parte à base de plantas, mas não para oito bilhões de pessoas em dietas mistas: lembre que os fertilizantes sintéticos hoje fornecem mais do que o dobro de nitrogênio do que todos os resíduos de colheita e esterco reciclados (e, dadas as maiores perdas de aplicações orgânicas, esse aumento na prática fica próximo de três vezes!).

FAZENDO COM MENOS... E COM NADA

Mas nada disso significa que seja impossível fazer grandes mudanças na nossa dependência em relação aos subsídios a combustíveis fósseis na produção de alimentos. O mais óbvio é que poderíamos reduzir nossa produção agrícola e animal — e os consequentes subsídios de energia — caso nosso desperdício de comida fosse menor. Em muitos países de baixa renda, o armazenamento deficiente das safras (tornando grãos e tubérculos vulneráveis a roedores, insetos e fungos) e a ausência de refrigeração (acelerando a deterioração de laticínios, peixes e carnes) desperdiçam muitos alimentos antes mesmo que cheguem aos mercados. E, em países ricos, as cadeias alimentares são mais longas, com chances de perdas acidentais de alimentos surgindo a cada etapa.

Mesmo assim, análises bem documentadas mostram que as perdas globais de alimentos têm sido excessivamente altas, sobretudo por causa de uma diferença indefensável entre a produção e as necessidades reais: as necessidades médias diárias *per capita* de adultos em populações ricas e sedentárias não são superiores a 2.000-2.100 quilocalorias, muito abaixo da oferta real de 3.200-4.000 quilocalorias.[63] De acordo com a FAO, o mundo perde quase metade de todas as colheitas de raízes, frutas e vegetais, cerca de um terço de todos os peixes, 30% dos cereais e um quinto de todas as oleaginosas, carnes e laticínios — ou pelo menos um terço da oferta total de alimentos.[64] O Programa de Ação de Resíduos e Recursos do Reino Unido mostrou que o desperdício de alimentos domésticos não comestíveis (como cascas de frutas e vegetais e ossos) é apenas 30% do total, o que significa que 70% dos alimentos desperdiçados eram perfeitamente comestíveis e não foram consumidos porque estavam estragados ou porque eram restos da porção maior que foi servida.[65] Reduzir o desperdício de alimentos pode parecer muito mais fácil do que alterar processos de produção complexos, mas esse caminho mais fácil tem sido difícil de seguir.

Eliminar o desperdício que ocorre na longa e complexa cadeia de produção-processamento-distribuição-atacado-varejo-consumo (dos campos e celeiros até os pratos) é extremamente desafiador. Os balanços alimentares mostram que o percentual nacional de alimentos desperdiçados nos Estados Unidos permaneceu estável durante os últimos quarenta anos, apesar dos constantes apelos por avanços.[66] E os melhores índices de nutrição da China vieram acompanhados de um desperdício maior de comida à medida que o país passou da precária oferta de alimentos que prevaleceu até o início da década de 1980 para taxas médias *per capita* hoje mais altas que as do Japão.[67]

Alimentos com preços mais altos levariam a menos desperdício, mas essa não é uma forma desejável de resolver o problema em países de baixa renda, onde o acesso a alimentos para muitas famílias desfavorecidas continua precário, além de ainda ocupar uma grande parcela dos gastos totais das famílias. Já em nações ricas, onde os alimentos são relativamente baratos, isso exigiria aumentos substanciais de preços, uma medida que não conta com muitos defensores.[68]

Em sociedades mais abastadas, a melhor maneira de reduzir a dependência da agricultura em relação aos subsídios a combustíveis fósseis é apelar para a adoção de alternativas saudáveis e satisfatórias às atuais dietas pesadas demais e compostas por carne em excesso — as escolhas mais fáceis são o consumo moderado de carne e o incentivo às carnes que podem ser produzidas com menor impacto ambiental. A busca pelo veganismo em massa está fadada ao fracasso. Comer carne é um componente tão significativo da nossa herança evolutiva quanto os nossos grandes cérebros (que evoluíram em parte por causa do consumo de carne), o bipedismo e a linguagem simbólica.[69] Todos os nossos ancestrais hominídeos eram onívoros, assim como as duas espécies de chimpanzés (*Pan troglodytes* e *Pan paniscus*), os hominídeos mais próximos de nós em sua composição genética, que complementam sua dieta vegetal caçando (e compartilhando) pequenos macacos, porcos selvagens e tartarugas.[70]

A expressão total do potencial de crescimento humano em uma população só pode ocorrer quando a alimentação na infância e adolescência contém quantidades suficientes de proteína animal, primeiro no leite e depois em outros laticínios, ovos e carnes: o aumento na estatura corporal após 1950 no Japão, na Coreia do Sul e na China, como resultado da ingestão crescente de produtos de origem animal, é prova inconfundível dessa realidade.[71] Por outro lado, a maioria das pessoas que se tornam vegetarianas ou veganas não permanece assim pelo resto de suas vidas. A ideia de que bilhões de humanos — em todo o mundo, e não apenas em cidades ocidentais ricas — deixariam deliberadamente de comer todo produto de origem animal ou de que logo haveria apoio suficiente para imposição pelos governos é ridícula.

Mas nada disso significa que não poderíamos comer muito *menos* carne do que a média dos países ricos nas duas últimas gerações.[72] Quando expressa em termos de peso de carcaça, a oferta anual de carne em muitos países de alta renda tem uma média próxima ou mesmo superior a 100 quilos *per capita*, mas a melhor recomendação nutricional é que não temos que comer mais do que a massa corporal equivalente a um adulto em carne por ano para obter uma quantidade adequada de proteína de alta qualidade.[73]

Se o veganismo é um desperdício de biomassa valiosa (apenas ruminantes — ou seja, bovinos, ovinos e caprinos — são capazes de digerir tecidos vegetais celulósicos como palha e caules), uma dieta altamente carnívora não tem benefícios nutricionais comprovados: com certeza não adiciona nenhum ano à expectativa de vida e é uma fonte de estresse ambiental adicional. O consumo de carne no Japão, país com a maior longevidade do mundo, recentemente ficou abaixo de 30 quilos por ano. Outro fato ignorado é que taxas de consumo igualmente baixas se tornaram bastante comuns na França, uma nação onde o alto consumo de carne é tradicional. Em 2013, quase 40% dos franceses adultos eram *petits consommateurs*, comendo carne apenas em pequenas quantidades, que somavam menos de 39 kg/ano, enquanto os maiores consumidores de carne, com média de aproximadamente 80 kg/ano, representavam menos de 30% dos franceses adultos.[74]

É claro que, se todos os países de alta renda seguissem esses exemplos, seriam capazes de reduzir suas safras, pois a maior parte de suas lavouras de grãos não é destinada diretamente aos alimentos, e sim à ração animal.[75] Mas essa não é uma opção universal. Embora o consumo de carne em muitos países ricos tenha sido reduzido e possa diminuir ainda mais, ele vem aumentando rápido em países em desenvolvimento, como Brasil e Indonésia (onde o consumo mais que dobrou desde 1980) e China (onde quadruplicou desde 1980).[76] Além disso, existem bilhões de pessoas na Ásia e na África cujo consumo de carne permanece mínimo e cuja saúde se beneficiaria de dietas mais carnívoras.

Outras possibilidades para reduzir a dependência em relação aos fertilizantes nitrogenados sintéticos vêm do lado da produção — por exemplo, melhorando a eficiência da absorção de nitrogênio pelas plantas. Mas essas oportunidades também são limitadas. Entre 1961 e 1980, houve uma redução substancial na proporção do nitrogênio aplicado que era realmente incorporado pelas lavouras (de 68% para 45%), então veio uma estabilização em torno de 47%.[77] E na China, o maior consumidor mundial de fertilizantes nitrogenados, apenas um terço do nitrogênio aplicado é de fato usado pelo arroz; o resto é perdido na atmosfera e nas águas subterrâneas e correntes.[78] Considerando que esperamos pelo menos mais dois bilhões de pessoas até 2050 e que mais que o dobro dos habitantes nos países de baixa renda da Ásia e da África deve ter mais ganhos — tanto em quantidade quanto em qualidade — em seu suprimento de alimentos, não há qualquer perspectiva de curto prazo para reduzir substancialmente a dependência global em relação aos fertilizantes nitrogenados sintéticos.

Existem oportunidades óbvias para operar máquinas agrícolas sem o uso de combustíveis fósseis. A irrigação descarbonizada pode se tornar comum com bombas alimentadas por eletricidade gerada por energia solar ou eólica, em vez de motores de combustão. Baterias com densidade de energia aprimorada e custo mais baixo tornariam possível a conversão de mais tratores e caminhões para eletricidade.[79] E, no próximo capítulo, explicarei as alternativas para a síntese de amônia baseada no gás natural comum. Mas nenhuma dessas opções pode ser adotada de forma rápida ou sem investimentos adicionais (e muitas vezes substanciais).

Hoje esses avanços estão muito longe de ser alcançados. Eles dependerão da geração de eletricidade renovável de baixo custo, acompanhada do armazenamento adequado em grande escala, uma combinação que ainda não foi comercializada — e uma alternativa ao grande armazenamento hidrelétrico por bombeamento que ainda não foi inventada (para mais detalhes, consulte o Capítulo 3). Uma solução quase perfeita seria desenvolver culturas de grãos ou oleaginosas com as capacidades comuns às leguminosas, isto é, com suas raízes hospedando bactérias capazes de converter nitrogênio atmosférico inerte em nitratos. Cientistas que estudam plantas sonham com isso há décadas, mas não está previsto nenhum lançamento de variedades comerciais de trigo ou arroz que fixam nitrogênio.[80] Também não é muito provável que todos os países ricos e as economias modernizadas em melhor situação decidam adotar reduções voluntárias e de larga escala na quantidade e variedade de suas dietas típicas, ou que os recursos (combustível, fertilizantes e maquinário) economizados por tais reduções sejam transferidos para melhorar a nutrição ainda precária do continente africano.

Há meio século, Howard Odum observou, em sua análise sistemática sobre energia e meio ambiente, que as sociedades modernas "não entendiam a energia envolvida e os vários meios pelos quais as energias que entram em um sistema complexo são indiretamente realimentadas como subsídios em todas as partes da rede [...] o homem industrial não come mais batatas feitas a partir de energia solar; agora ele come batatas feitas parcialmente a partir de petróleo".[81]

Cinquenta anos depois, ainda não se compreende bem essa dependência existencial — mas os leitores deste livro agora entendem que nossa comida é em parte feita não apenas a partir de petróleo, mas também do carvão que foi usado na produção do coque para fundir o ferro necessário para o maquinário do campo, transporte e processamento de alimentos; do gás natural que serve como matéria-prima e combustível para a síntese de fertilizantes nitrogenados; e da eletricidade gerada pela queima de combustíveis fósseis, que é indispensável para o processamento das safras, manejo dos animais e armazenamento e preparação de alimentos e rações.

Os maiores rendimentos da agricultura moderna são produzidos com apenas uma fração do trabalho que era necessário uma geração atrás, não porque aumentamos a eficiência da fotossíntese, mas porque criamos melhores variedades de culturas, com melhores condições de crescimento, e conseguimos isso fazendo uso adequado de nutrientes e água, reduzindo as ervas daninhas que competem pelos mesmos insumos e protegendo as plantas contra pragas. Ao mesmo tempo, o grande aumento na captura de espécies aquáticas selvagens dependeu da elevação na extensão e na intensidade da pesca, e o crescimento da aquicultura não poderia acontecer sem a oferta adequada dos locais para produção e da ração de alta qualidade.

Todas essas intervenções cruciais exigiram grandes — e crescentes — quantidades de insumos vindos de combustíveis fósseis, e, mesmo tentando mudar o sistema alimentar global o mais rápido possível, nas próximas décadas estaremos comendo combustíveis fósseis, transformados seja em pães ou em peixes.

3. ENTENDENDO O NOSSO MUNDO MATERIAL:

OS QUATRO PILARES DA CIVILIZAÇÃO MODERNA

Colocar em ordem de importância seria impossível — ou, ao menos, desaconselhável. O coração não é mais importante que o cérebro; a vitamina C não é menos indispensável para a saúde humana do que a vitamina D. Alimentação e fornecimento de energia, as duas necessidades existenciais analisadas nos capítulos anteriores, seriam impossíveis sem a mobilização em grande escala de muitos materiais feitos pelo homem — metais, ligas, materiais não metálicos e compostos sintéticos —, e o mesmo vale para todos os nossos edifícios e infraestruturas, assim como para todos os meios de transporte e de comunicação. Claro, você não teria ideia disso se julgasse a importância desses materiais com base na atenção que eles recebem (ou melhor, não recebem) nos noticiários ou nas bem mais enaltecidas previsões e análises econômicas dos acontecimentos importantes.

Todas essas coberturas da mídia tratam predominantemente de fenômenos imateriais e intangíveis, como o crescimento percentual anual do PIB (os economistas ocidentais ficavam abismados diante das taxas de dois dígitos da China!), o crescimento das taxas da dívida pública (sem importância no mundo da Teoria Monetária Moderna, onde a oferta de dinheiro é vista como ilimitada), somas recorde aplicadas em novas ofertas públicas iniciais (para invenções essenciais para nossa existência, como aplicativos de jogos), os benefícios de uma conectividade móvel sem precedentes (tratando as redes 5G como se fossem o retorno de Jesus) ou as promessas da transformação iminente das nossas vidas pela inteligência artificial (a pandemia foi uma excelente demonstração de como tais afirmações são vazias).

Mas vamos começar pelo começo. Poderíamos ter uma civilização bem-sucedida e razoavelmente rica, capaz de fornecer bastante comida, conforto material e acesso à educação e saúde, sem quaisquer semicondutores, microchips ou computadores pessoais: tivemos algo assim até, respectivamente, meados da década de 1950 (primeiras aplicações de transistores), começo dos anos 1970 (primeiros microprocessadores da Intel) e dos anos 1980 (início da popularização dos computadores pessoais).[1] E conseguimos, até a década de 1990, integrar economias, mobilizar investimentos, construir infraestruturas necessárias e conectar o mundo por meio de jatos de fuselagem larga sem smartphones, mídias sociais e aplicativos de jogos. Mas nenhum desses avanços em eletrônica e telecomunicações poderia ter ocorrido sem o fornecimento garantido de energias e materiais necessários para incorporar as invenções em infinitos componentes, dispositivos, montagens e sistemas que consomem eletricidade, desde minúsculos microprocessadores até enormes *data centers*.

O silício (Si), transformado em wafers finos (também conhecidos como "bolachas", muito usados na fabricação de microchips), é o material símbolo da era eletrônica, mas bilhões de pessoas poderiam viver em prosperidade sem ele, pois não seria uma restrição à existência da civilização moderna. A produção de cristais de silício grandes e de alta pureza (99,999999999% puros) que posteriormente são cortados em wafers é um processo complexo, de várias etapas e altamente intensivo em energia: custa duas ordens de magnitude mais energia primária do que produzir alumínio a partir de bauxita, e três ordens de magnitude mais do que fundir ferro e fabricar aço.[2] Mas a matéria-prima é superabundante: o silício é o segundo elemento mais comum na crosta terrestre — quase 28%, só perdendo para o oxigênio, com 49%. Além disso, a produção anual de silício de grau eletrônico (SiGE) — que recentemente ficou na ordem de dez mil toneladas de wafers — é muito pequena se comparada à de outros materiais indispensáveis.[3]

É claro que o consumo anual de um material não é o melhor indicador de quanto ele é indispensável, mas, nesse caso, o veredicto é claro: por mais úteis e transformadores que tenham sido os avanços eletrônicos depois de 1950, eles não constituem fundamentos materiais indispensáveis para a civilização moderna. E, embora não seja possível colocar nossas necessidades materiais em uma ordem indiscutível com base em sua importância alegada, posso oferecer uma classificação plausível levando em conta a necessidade, a onipresença e o tamanho da demanda. Quatro materiais estão no topo dessa escala e formam o que chamo de quatro pilares da civilização moderna: concreto, aço, plásticos e amônia.[4]

Esses quatro materiais se distinguem por uma enorme diversidade de propriedades e funções, entre eles, pelos aspectos físico e químico. Mas, apesar dessas diferenças de atributos e usos específicos, eles compartilham mais do que o fato de serem indispensáveis para o funcionamento das sociedades modernas. E são necessários em quantidades maiores (e ainda crescentes) do que outros insumos essenciais. Em 2019, o mundo consumiu cerca de 4,5 bilhões de toneladas de concreto, 1,8 bilhão de toneladas de aço, 370 milhões de toneladas de plásticos e 150 milhões de toneladas de amônia. Além disso, eles não podem ser facilmente substituídos por outros materiais — com certeza não em um futuro próximo ou em escala global.[5]

Como observado no Capítulo 2, apenas uma (inviável) reciclagem completa de todos os resíduos eliminados por animais de pasto, junto com a reciclagem quase perfeita de todas as outras fontes de nitrogênio orgânico, seria capaz de fornecer a quantidade de nitrogênio aplicada anualmente às lavouras em fertilizantes a base de amônia. Enquanto isso, não há outros materiais que possam rivalizar com a combinação de maleabilidade, durabilidade e leveza oferecida por muitos tipos de plástico. Da mesma forma, ainda que pudéssemos produzir massas idênticas de madeira de construção ou pedra extraída, elas não poderiam igualar a resistência, versatilidade e durabilidade do concreto armado. Seríamos capazes de construir pirâmides e catedrais, mas não os longos e elegantes vãos das pontes em arco, as barragens hidrelétricas gigantes, as estradas de várias faixas ou as longas pistas dos aeroportos. E o aço se tornou tão onipresente que seu uso insubstituível determina nossa capacidade de extrair energia, produzir alimentos e abrigar populações, além de garantir a extensão e a qualidade de todas as infraestruturas essenciais: nenhum metal seria capaz, mesmo remotamente, de substituí-lo.

Outra semelhança fundamental entre esses quatro materiais merece destaque ao contemplarmos o futuro sem carbono fóssil: a produção em massa de todos eles depende em larga escala da queima de combustíveis fósseis, e alguns desses combustíveis também fornecem matérias-primas para a síntese de amônia e para a produção de plásticos.[6] A fundição de minério de ferro em altos-fornos requer coque de carvão (e também gás natural); a energia para a produção de cimento vem principalmente de pó de carvão, coque de petróleo e óleo combustível pesado. A maioria das moléculas simples ligadas em longas cadeias ou ramificações para produção de plásticos é derivada de petróleo bruto e gases naturais. E, na síntese moderna de amônia, o gás natural é fonte do hidrogênio e da energia para seu processamento.

Como resultado, a produção global desses quatro materiais indispensáveis representa cerca de 17% do suprimento de energia primária do mundo e 25% de todas as emissões de CO_2 originadas na queima de combustíveis fósseis — e atualmente não há alternativas viáveis com disponibilidade comercial imediata em grande escala para substituir esses processos consolidados.[7] Embora não faltem propostas e técnicas experimentais para produzir esses materiais sem depender do carbono fóssil — desde novas catálises para síntese de amônia até a siderurgia à base de hidrogênio —, nenhuma delas chegou a ser comercializada, e, mesmo que aconteça uma intensa busca por alternativas ao carbono, é claro que levaria décadas para substituir a capacidade atual, que produz a preços acessíveis, anualmente, entre centenas de milhões e bilhões de toneladas.[8]

Para entender de fato a importância desses materiais, vou explicar suas propriedades e funções básicas, descrever brevemente o histórico de avanços técnicos e invenções que marcaram época e fizeram com que eles se tornassem plenamente disponíveis e acessíveis e descrever a enorme variedade de seus usos modernos. Começarei com a amônia — por seu caráter indispensável na alimentação de uma parcela crescente da população global — e depois avançarei, seguindo a ordem do total de produção anual global, para plásticos, aço e concreto.

AMÔNIA: O GÁS QUE ALIMENTA O MUNDO

Das quatro substâncias, a amônia é a que merece a primeira posição no nosso ranking de materiais mais importantes, apesar de eu não gostar de rankings. Conforme explicado no capítulo anterior, sem o seu uso como principal fertilizante nitrogenado (de forma direta ou como matéria-prima para a síntese de outros compostos nitrogenados), seria impossível alimentar de 40% a 50% dos oito bilhões de pessoas de hoje. Ou seja: em 2020, quase quatro bilhões de pessoas não estariam vivas sem amônia sintética. Tamanha limitação existencial não tem paralelo para os plásticos ou o aço, nem para o cimento necessário para fazer concreto (tampouco, como já observado, para o silício).

A amônia é um composto inorgânico simples de um nitrogênio e três hidrogênios (NH_3), o que significa que o nitrogênio compõe 82% de sua massa.[9] Sob a pressão atmosférica, é um gás invisível com um cheiro forte característico de banheiros químicos ou esterco em decomposição. A inalação em baixas concentrações causa dores de cabeça, náuseas e vômitos; concentrações mais altas irritam os olhos, nariz, boca, garganta e pulmões, e a inalação dessas concentrações pode causar morte súbita. Por outro lado, o amônio (NH_4^+, íon amônio), formado pela dissolução da amônia em água, não é tóxico e não penetra tão facilmente nas membranas celulares.

Sintetizar essa molécula simples foi um surpreendente desafio. A história das invenções tem casos famosos de descobertas acidentais. Neste capítulo sobre materiais, a história do Teflon pode ser o exemplo mais apropriado. Em 1938, Roy Plunkett, químico da DuPont, e seu assistente, Jack Rebok, formularam um novo composto para refrigeração a partir do tetrafluoretileno. Depois de armazená-lo em cilindros refrigerados, eles perceberam que o composto havia sofrido uma polimerização inesperada, transformando-se em politetrafluoretileno, um pó branco, ceroso e escorregadio. Após a Segunda Guerra Mundial, o Teflon tornou-se um dos materiais sintéticos mais conhecidos, e talvez o único que chegou ao jargão político: em inglês, líderes que parecem imunes às críticas ganharam o apelido de presidentes-Teflon, mas não houve nenhum presidente-baquelite — embora tenha existido uma "Dama de Ferro".[10]

A síntese de amônia a partir de seus elementos pertence ao tipo oposto de descobertas: aquelas com um objetivo claramente definido, perseguido por alguns dos cientistas mais qualificados e, enfim, alcançado por um pesquisador perseverante. A necessidade desse avanço era óbvia. Entre 1850 e 1900, a população total dos países industrializados da Europa e da América do Norte cresceu de trezentos milhões para quinhentos milhões, e a rápida urbanização ajudou a promover uma transição alimentar de uma oferta dominada por grãos, pouco adequada para uma ingestão mais alta de energia alimentar, contendo mais alimentos de origem animal e açúcar.[11] Os rendimentos permaneceram estagnados, mas a mudança na alimentação foi sustentada por um crescimento sem precedentes das terras agrícolas: entre 1850 e 1900, cerca de 200 milhões de hectares de pastagens da América do Norte e do Sul, Rússia e Austrália foram convertidos em campos de grãos.[12]

O amadurecimento da ciência agronômica deixou claro que a única maneira de garantir alimentos adequados para as grandes populações do século XX era aumentar a produtividade, ampliando o suprimento de nitrogênio e fósforo, dois macronutrientes essenciais para as plantas. A mineração de fosfatos (primeiro na Carolina do Norte e depois na Flórida) e seu tratamento por ácidos abriram caminho para um suprimento confiável de fertilizantes fosfáticos.[13] Mas não havia fonte de nitrogênio parecida. A mineração de guano (excrementos acumulados de aves, moderadamente ricos em nitrogênio) em ilhas tropicais teve seus maiores depósitos logo esgotados, e as crescentes importações de nitratos chilenos (o país tem extensas camadas de nitrato de sódio em regiões áridas do norte) eram insuficientes para atender a futura demanda global.[14]

O desafio era assegurar que a humanidade seria capaz de garantir nitrogênio suficiente para sustentar seu crescimento. A necessidade foi explicada em 1898 da maneira mais clara possível pelo químico e físico William Crookes à Associação Britânica para o Avanço da Ciência. Em seu discurso presidencial dedicado ao chamado "problema do trigo", ele alertou que "todas as nações civilizadas correm o perigo mortal de não ter o suficiente para comer", mas que via uma saída: a ciência sairia em socorro, aproveitando a massa praticamente ilimitada de nitrogênio na atmosfera (presente na forma da molécula não reativa N_2) e sua conversão em compostos assimiláveis pelas plantas. Ele concluiu, com razão, que esse desafio "difere materialmente de outras descobertas químicas que estão no ar, por assim dizer, mas ainda não amadureceram. A fixação do nitrogênio é vital para o progresso da humanidade civilizada. Outras descobertas contribuem para nosso maior conforto intelectual, luxo ou conveniência; servem para tornar a vida mais fácil, para apressar a aquisição de riqueza ou para poupar tempo, saúde e preocupações. A fixação do nitrogênio é questão para um futuro não muito distante."[15]

A previsão de Crookes foi confirmada apenas dez anos após seu discurso. A síntese da amônia a partir de seus elementos, nitrogênio e hidrogênio, foi perseguida por vários químicos altamente qualificados (entre eles Wilhelm Ostwald, ganhador do Prêmio Nobel de Química em 1909), e o feito foi consumado em 1908 por Fritz Haber — então professor de físico-química e eletroquímica na Technische Hochschule em Karlsruhe — em parceria com seu assistente inglês, Robert Le Rossignol, e com apoio da BASF, principal empresa de produtos químicos da Alemanha e do mundo.[16] Sua solução era baseada no uso de um catalisador de ferro (um composto que aumenta a velocidade de uma reação química sem alterar sua própria composição) e na aplicação de uma pressão de reação até então inédita.

Aumentar a escala do sucesso experimental de Haber para uma empresa comercial também seria um grande desafio. Sob a liderança de Carl Bosch, especialista em engenharia química e metalúrgica que ingressou na BASF em 1899, o sucesso foi alcançado em apenas quatro anos. A primeira planta de síntese de amônia do mundo começou a operar em Oppau em setembro de 1913, e o termo "processo Haber-Bosch" segue sendo usado desde então.[17]

Em um ano, a amônia da fábrica de Oppau foi desviada para a produção do nitrato necessário para gerar explosivos para o Exército alemão. Uma nova fábrica de amônia muito maior foi concluída em 1917 em Leuna, mas não ajudou a evitar a derrota da Alemanha. A expansão pós-guerra da síntese de amônia prosseguiu apesar da crise econômica da década de 1930 e continuou durante a Segunda Guerra Mundial, mas, em 1950, a amônia sintética ainda era muito menos comum do que o uso do esterco animal.[18]

As duas décadas seguintes viram um aumento de oito vezes na produção de amônia para pouco mais de trinta milhões de toneladas por ano, à medida que o fertilizante sintético viabilizou a Revolução Verde na década de 1960 — a adoção de novas variedades superiores de trigo e arroz que, quando abastecidas com nitrogênio adequado, produziam rendimentos sem precedentes. As principais inovações por trás desse aumento foram o uso de gás natural como fonte de hidrogênio e o advento de compressores centrífugos eficientes e catalisadores melhores.[19]

Então, assim como em vários outros exemplos do desenvolvimento industrial moderno, a China pós-Mao assumiu a liderança. Mao foi responsável pela fome mais mortal da história (1958-1961), e, quando ele morreu, em 1976, o suprimento de alimentos *per capita* do país não era melhor do que quando ele proclamou o Estado comunista em 1949.[20] O primeiro grande negócio da China após a viagem do presidente Nixon a Pequim em 1972 foi um pedido de treze das plantas de fabricação de amônia-ureia mais avançadas do mundo, da empresa M. W. Kellogg, do Texas.[21] Em 1984, o país aboliu o racionamento urbano de alimentos, e, no ano 2000, sua oferta média diária *per capita* de comida era maior que a do Japão.[22] A única maneira de fazer isso acontecer foi quebrando a barreira do nitrogênio do país e elevando a safra anual de grãos para mais de 650 milhões de toneladas por ano.

Os números mais confiáveis a respeito do recente fluxo de nitrogênio na agricultura da China mostram que aproximadamente 60% do nutriente usado nas plantações do país vem da amônia sintética; portanto, a alimentação de três em cada cinco pessoas na China depende da síntese desse composto.[23] A média global correspondente é de cerca de 50%. Essa dependência justificaria facilmente a afirmação de que a síntese de amônia de Haber-Bosch é possivelmente o avanço técnico mais importante da história. Outras invenções, como William Crookes julgou corretamente, servem para nosso conforto, conveniência, luxo, riqueza ou produtividade, e outras ainda salvam nossas vidas da morte prematura e de doenças crônicas, mas, sem a síntese de amônia, não poderíamos garantir a sobrevivência de grandes parcelas da população de hoje e do futuro.[24]

Devo acrescentar que a estimativa dos 50% de dependentes de amônia não imutável. Dadas as dietas e práticas agrícolas predominantes, o nitrogênio sintético alimenta metade da humanidade — ou, mantendo as atuais condições, metade da população mundial não poderia ser sustentada sem fertilizantes nitrogenados sintéticos. Mas a participação seria menor se os países ricos se convertessem à dieta indiana, em grande parte sem carne, e seria maior se o mundo inteiro comesse tão bem quanto os chineses comem hoje, sem falar na adoção universal da dieta da população dos Estados Unidos.[25] Também poderíamos reduzir nossa dependência em relação aos fertilizantes nitrogenados diminuindo nosso desperdício de alimentos (como vimos no capítulo anterior) e usando os fertilizantes com mais eficiência.

Mais ou menos 80% da produção global de amônia é usada para fertilizar plantações; o restante, para fazer ácido nítrico, explosivos, propulsores de foguetes, corantes, fibras e limpadores de janelas e pisos.[26] Com as devidas precauções e equipamentos especiais, a amônia pode ser aplicada diretamente nos campos,[27] mas o composto é usado sobretudo como matéria-prima indispensável para a produção de fertilizantes nitrogenados sólidos e líquidos. A ureia, o fertilizante sólido com o maior teor de nitrogênio (46%), predomina.[28] Há pouco tempo, ela foi responsável por cerca de 55% de todo o nitrogênio aplicado aos campos do mundo, sendo amplamente utilizada na Ásia para sustentar as lavouras de arroz e trigo da China e da Índia — as duas nações mais populosas do mundo — e para garantir bons rendimentos em cinco outros países asiáticos com mais de cem milhões de habitantes.[29]

Os fertilizantes nitrogenados menos importantes incluem nitrato de amônio, sulfato de amônio e nitrato de amônio de cálcio, bem como várias soluções líquidas. Uma vez que os fertilizantes nitrogenados são aplicados nos campos, é quase impossível controlar suas perdas naturais devido à volatilização (dos compostos da amônia), à lixiviação (os nitratos são facilmente solúveis em água) e à desnitrificação (a conversão de nitratos novamente em moléculas de nitrogênio do ar, causada por bactérias).[30]

Hoje existem apenas duas soluções diretas eficazes para as perdas de nitrogênio nos campos: a dispersão de compostos de liberação lenta com alto custo; e, mais prática, a agricultura de precisão e aplicação de fertilizantes apenas quando necessário, com base em análises do solo.[31] Como já observado, medidas indiretas — entre elas o aumento dos preços dos alimentos e a redução do consumo de carne — podem ser eficazes, mas não são muito populares. Portanto, é improvável que qualquer combinação concebível e realista dessas soluções seja capaz de causar uma mudança radical no consumo global de fertilizantes nitrogenados. Hoje, mais ou menos 150 megatons de amônia são sintetizados a cada ano, com aproximadamente 80% disso usado como fertilizante. Quase 60% desse fertilizante é aplicado na Ásia, cerca de um quarto na Europa e América do Norte, e menos de 5% na África.[32] Com certeza, a maioria dos países ricos poderia e deveria reduzir suas altas taxas de aplicação (uma vez que sua oferta média de alimentos *per capita* já é muito alta), e a China e a Índia — dois grandes consumidores — têm muitas oportunidades para reduzir seu uso excessivo de fertilizantes.

Mas a África, o continente com a população que mais cresce hoje, continua com falta de nutrientes e é um importante importador de alimentos. Qualquer esperança para sua maior autossuficiência alimentar repousa no aumento do uso de nitrogênio; afinal, o uso recente de amônia no continente tem sido inferior a um terço da média europeia.[33] A melhor (e há muito tempo buscada) solução para aumentar o suprimento de nitrogênio seria criar plantas não leguminosas com capacidade de fixação de nitrogênio, uma promessa que a engenharia genética ainda não cumpriu, enquanto uma opção menos radical — inocular sementes com uma bactéria fixadora de nitrogênio — é uma recente inovação cujo eventual alcance comercial ainda é incerto.

PLÁSTICOS: VARIADOS, ÚTEIS E PROBLEMÁTICOS

Os plásticos são um grande grupo de materiais orgânicos sintéticos (ou semissintéticos) cuja qualidade comum é serem próprios para formagem (moldagem). A síntese de plásticos começa com monômeros, moléculas simples que podem ser ligadas em longas cadeias ou ramificações para formar polímeros. Os dois monômeros principais, etileno e propileno, são produzidos pelo craqueamento a vapor (aquecimento a 750-950°C) de matérias-primas de hidrocarbonetos, e os hidrocarbonetos também energizam as sínteses subsequentes.[34] A maleabilidade dos plásticos torna possível moldá-los por fundição, prensagem ou extrusão, criando formas que variam de filmes finos a tubos reforçados, de garrafas leves a contêineres de lixo imensos e resistentes.

A produção global tem sido dominada por termoplásticos — polímeros que amolecem prontamente quando aquecidos e voltam a endurecer quando resfriados. O polietileno (PE) de baixa e alta densidade hoje responde por mais de 20% dos polímeros plásticos do mundo; o polipropileno (PP), por cerca de 15%; e o cloreto de polivinila (PVC), por mais de 10%.[35] Já os plásticos termofixos, entre eles poliuretanos, poli-imidas, melamina e ureia-formaldeído, resistem ao amolecimento quando aquecidos.

Alguns termoplásticos combinam baixa gravidade específica (peso leve) com dureza bastante alta (durabilidade). O alumínio durável pesa apenas um terço do aço carbono, mas a densidade do PVC é 20% inferior e a do polipropileno, 12% inferior à do aço. E mesmo que o limite de resistência à tração do aço estrutural seja de 400 megapascals, o do poliestireno, com 100 megapascals, é o dobro do da madeira ou do vidro, e apenas 10% menor que o do alumínio.[36]

Essa combinação de baixo peso e alta resistência fez dos termoplásticos a escolha preferida para aplicações como tubos e flanges de serviço pesado, superfícies antiderrapantes e tanques de produtos químicos. Polímeros termoplásticos têm usos generalizados em interiores e exteriores de automóveis (para-choques de polipropileno, painéis de PVC e peças de automóveis, lentes de faróis de policarbonato); termoplásticos leves de alta temperatura ou retardantes de chama (policarbonato, misturas de PVC/

acrílico) dominam o interior das aeronaves modernas; e plásticos reforçados com fibra de carbono (materiais compostos) hoje são usados para construir estruturas de aeronaves.[37] Os primeiros plásticos, principalmente o celuloide feito de nitrato de celulose e cânfora (que depois seria o principal e mais inflamável insumo da indústria cinematográfica, substituído apenas na década de 1950), foram produzidos em pequenas quantidades durante as últimas três décadas do século XIX, mas o primeiro plástico termofixo (moldado a 150-160°C) foi preparado em 1907 por Leo Hendrik Baekeland, um químico belga que trabalhava em Nova York.[38] Fundada em 1910, sua General Bakelite Company foi a primeira fabricante industrial de um plástico que era moldado em peças que iam de isoladores elétricos a telefones pretos com discagem rotativa que, durante a Segunda Guerra Mundial, foi usado para peças de armas leves. Enquanto isso, o celofane foi inventado em 1908 por Jacques Brandenberger.

No período entre as grandes guerras, surgiram as primeiras sínteses em larga escala de PVC, que foi descoberto em 1838, mas nunca havia sido usado fora de um laboratório. DuPont nos Estados Unidos, Imperial Chemical Industries (ICI) no Reino Unido e IG Farben na Alemanha financiaram, com muito sucesso, pesquisas dedicadas à descoberta de novos materiais plásticos.[39] Antes da Segunda Guerra Mundial, o resultado foi a produção comercial de acetato de celulose (hoje presente em panos e lenços absorventes), neoprene (borracha sintética), poliéster (para tecidos e estofados), polimetilmetacrilato (também conhecido como *plexiglass* e hoje ainda mais usado devido ao ressurgimento de divisores e escudos provocado pela pandemia de covid-19). O náilon é produzido desde 1938: meias e cerdas de escova de dentes foram os primeiros produtos comerciais; hoje ele está presente em redes de pesca e até paraquedas, por exemplo. Como já mencionado, o mesmo acontece com o Teflon, um revestimento antiaderente onipresente. A produção acessível de estireno também começou na década de 1930, e o material agora é usado principalmente como poliestireno (PS) em materiais de embalagem e copos e pratos descartáveis.

A IG Farben apresentou os poliuretanos em 1937 (espumas para móveis, isolamento); a ICI usou alta pressão para sintetizar o polietileno (usado em embalagens e isolamentos) e começou a produzir metil metacrilato (para adesivos, revestimentos e tintas) em 1933. O polietileno tereftalato (PET), que desde os anos 1970 é o flagelo do planeta na forma de garrafas de bebida descartáveis, foi patenteado em 1941 e produzido em massa desde o início da década de 1950 (a infernal garrafa PET foi patenteada em 1973).[40] As mais famosas novidades pós-Segunda Guerra Mundial incluem policarbonatos (para lentes de óculos, janelas, tampas rígidas), poli-imida (para tubos usados em hospitais), polímeros de cristal líquido (sobretudo para eletrônicos) e marcas famosas da DuPont como Tyvek® (1955), Lycra® (1959) e Kevlar® (1971).[41] No final do século XX, cinquenta tipos diferentes de plástico estavam no mercado global, e essa nova diversidade, somada à crescente demanda pelos compostos mais usados (poliestireno, polipropileno, PVC e PET), provocou um crescimento exponencial da demanda.

A produção global de plásticos aumentou de apenas cerca de 20 mil toneladas em 1925 para 2 milhões de toneladas em 1950, 150 milhões de toneladas no ano 2000 e aproximadamente 370 milhões de toneladas em 2019.[42] A melhor maneira de apreciar a onipresença dos materiais plásticos na vida diária é observar quantas vezes por dia nossas mãos tocam, nossos olhos veem, nossos corpos descansam e nossos pés pisam em plástico: você pode se surpreender com a frequência! Enquanto digito este texto, as teclas do meu laptop Dell e um mouse sem fio sob a palma da minha mão direita são feitos de acrilonitrila butadieno estireno, estou sentado em uma cadeira giratória estofada com tecido de poliéster e suas rodas de náilon repousam sobre um tapete de proteção de policarbonato que cobre um carpete de poliéster...

Uma indústria que começou fornecendo pequenas peças industriais (um botão de alavanca de câmbio no Rolls-Royce de 1916 foi a primeira aplicação) e vários utensílios domésticos expandiu amplamente esses dois nichos comerciais originais (com destaque para equipamentos eletrônicos de consumo agregando bilhões de novos itens dependentes de plástico a cada ano) e ampliou seu uso em grande escala, de carrocerias de carros e interiores completos de aviões até tubulações de grande diâmetro.

Mas os plásticos encontraram suas funções mais indispensáveis na área de serviços de saúde, em geral, e no tratamento hospitalar de doenças infecciosas, em particular. A vida moderna hoje em dia começa, nas maternidades, e termina, nas UTIs, cercada por itens de plástico.[43] E aquelas pessoas que não tinham conhecimento do papel dos plásticos nos serviços de saúde modernos aprenderam a lição graças à covid-19. A pandemia nos ensinou isso de maneira muitas vezes drástica, à medida que médicos e enfermeiros na América do Norte e na Europa ficaram sem equipamentos de proteção individual (EPIs) — luvas, máscaras, protetores faciais, gorros e toucas, aventais e sapatilhas descartáveis — e os governos disputavam para trazer suprimentos limitados (e altamente superfaturados) por via aérea da China, para onde os produtores ocidentais de EPIs, obcecados por cortar custos, haviam transferido a maioria de suas linhas de produção, criando uma escassez de suprimentos perigosa, mas totalmente evitável.[44]

Os equipamentos de plástico hospitalares são feitos sobretudo de diferentes tipos de PVC: tubos flexíveis (usados para alimentação de pacientes, fornecimento de oxigênio e monitoramento da pressão arterial), cateteres, recipientes de infusão intravenosa, bolsas de sangue, embalagens estéreis, bandejas e bacias variadas, comadres e grades, mantas térmicas e inúmeros utensílios de laboratório. O PVC é hoje o principal componente de mais de um quarto de todos os produtos para a saúde e; nas casas modernas, está presente em mantas impermeabilizantes para paredes e telhados, batentes de janelas, persianas, mangueiras, isolamento de cabos, componentes eletrônicos, uma variedade cada vez maior de materiais de escritório e brinquedos — e nos cartões de crédito usados para comprar todos esses itens.[45]

Nos últimos anos, tem crescido a preocupação com a poluição dos plásticos, principalmente nos oceanos, nas águas litorâneas e nas praias. Voltarei a esse tema no capítulo sobre o meio ambiente, mas esse descarte irresponsável de plásticos não é um argumento contra o uso adequado dos diversos materiais sintéticos que, em muitos casos, são realmente indispensáveis. Além disso, no que diz respeito às microfibras, é errado supor, como muitos fazem, que a maior parte da presença delas na água dos oceanos deriva do desgaste dos tecidos sintéticos. Esses polímeros hoje respondem por dois terços da produção global de fibras, mas um estudo de amostras de água do mar indicou que as fibras oceânicas são principalmente (mais de 90%) de origem natural.[46]

AÇO: ONIPRESENTE E RECICLÁVEL

Os aços (o plural é mais preciso, pois existem mais de 3.500 tipos) são ligas nas quais o ferro (Fe) é o elemento predominante.[47] O ferro gusa ou fundido, o metal quente produzido pelos altos-fornos, geralmente é formado por 95% a 97% de ferro, 1,8% a 4% de carbono e 0,5% a 3% de silício, com poucos vestígios de alguns outros elementos.[48] Seu alto teor de carbono o torna quebradiço, com baixa ductilidade (capacidade de esticar), e sua resistência à tração (ou resistência à ruptura sob tensão) é inferior à do bronze ou do latão. O aço pré-industrial era fabricado na Ásia e na Europa por diferentes métodos artesanais — ou seja, um processo sempre trabalhoso e caro —, portanto, nunca estava disponível para o uso comum.[49]

Os aços modernos são feitos de ferro fundido, reduzindo seu alto teor de carbono para um número entre 0,08% e 2,1% em peso. As propriedades físicas do aço superam com folga as das pedras mais duras, bem como as dos outros dois metais mais comuns. O granito tem uma resistência à compressão semelhante (capacidade de suportar cargas que reduzem o material), mas sua resistência à tração é uma ordem de magnitude menor: as colunas de granito suportam sua carga tão bem quanto o aço, porém as vigas de aço podem suportar cargas quinze a trinta vezes maiores.[50] A resistência à tração típica do aço é cerca de sete vezes a do alumínio e quase quatro vezes a do cobre; sua dureza é, respectivamente, quatro e oito vezes maior. Além disso, ele é resistente ao calor — o alumínio derrete a 660°C, o cobre a 1.085°C e o aço apenas a 1.425°C.

Os aços são divididos em quatro categorias principais.[51] Os aços carbono (90% de todos os aços no mercado têm 0,3% a 0,95% de carbono) estão por toda parte, de pontes a geladeiras, de engrenagens a tesouras. Os aços de liga incluem partes variadas de um ou mais elementos — os mais comuns são manganês, níquel, silício e cromo, mas também alumínio, molibdênio, titânio e vanádio —, adicionados para melhorar suas propriedades físicas (dureza, resistência, ductilidade). O aço inoxidável (10% a 20% de cromo) foi produzido pela primeira vez apenas em 1912 para utensílios de cozinha e hoje é muito utilizado para instrumentos cirúrgicos, motores, peças de máquinas e construção.[52] Os aços de ferramentas têm uma resistência à tração duas a quatro vezes maior do que os melhores aços empregados em construção e são usados para cortar aço e outros metais para matrizes (para marcação ou extrusão de outros metais ou plásticos), bem como para o corte e martelamento manual. E todos os aços, exceto algumas variedades inoxidáveis, são magnéticos e, portanto, adequados para a fabricação de máquinas elétricas.

O aço é o que define a aparência da civilização moderna e permite seu funcionamento mais fundamental. Sendo o metal mais utilizado, ele é parte de inúmeros componentes cruciais, visíveis e invisíveis, do mundo de hoje. Além disso, quase todos os outros produtos metálicos e não metálicos que usamos foram extraídos, processados, moldados, finalizados e distribuídos com ferramentas e máquinas feitas de aço, e nenhum meio de transporte de massa atual poderia funcionar sem ele. O aço é onipresente dentro e fora de nossas casas, em itens pequenos (talheres, facas, panelas, frigideiras, utensílios de cozinha, ferramentas de jardim) e grandes (eletrodomésticos, cortadores de grama, bicicletas, carros).

Antes que os grandes edifícios das maiores cidades sejam erguidos, é possível ver as enormes máquinas de cravação de estacas de aço batendo no aço ou no concreto reforçado com aço para as fundações, para que então o local seja tomado nos meses seguintes por guindastes de aço para a construção. Em 1954, o edifício nova-iorquino Socony-Mobil foi o primeiro arranha-céu todo revestido em aço inoxidável, e, mais recentemente, o Burj Khalifa, em Dubai, com 828 metros de altura, usou painéis texturizados de aço inoxidável e pinos tubulares verticais de aço.[53] O aço é o componente estrutural crucial e também o principal elemento de muitas elegantes pontes em balanço e suspensas:[54] a Golden Gate, em São Francisco, tem seu aço constantemente repintado de laranja;[55] a ponte Akashi Kaikyō, no Japão, tem o maior vão central do mundo, com quase 2 quilômetros de comprimento, e suas torres de aço suportam cabos de aço trançado com 1,12 metros de diâmetro.[56]

As ruas das grandes cidades são revestidas por postes de iluminação regularmente espaçados feitos de aço galvanizado a quente e revestido a pó para resistirem à ferrugem; o aço laminado é usado na sinalização rodoviária e nas estruturas para sinalização aérea; e o aço corrugado é usado nas barreiras de proteção. Torres de aço suportam os grossos fios de aço para levantar milhões de esquiadores e transportar visitantes em teleféricos para pontos os mais altos. Torres de rádio e TV (com mastros estaiados) já quebraram muitos recordes de altura entre as estruturas feitas pelo homem, e as paisagens modernas trazem o que parecem ser repetições infinitas de torres de transmissão de eletricidade de alta tensão. Duas novidades recentes e importantes são as torres estaiadas vertiginosamente altas (para transmitir sinais de telefonia móvel) e as grandes torres de turbinas eólicas, tanto no litoral quanto em alto-mar. Além disso, as maiores instalações de aço no oceano são as enormes plataformas de produção de petróleo e gás.[57]

Em peso, o aço quase sempre representa a maior parte dos equipamentos de transporte. Os aviões a jato são uma grande exceção (predominam as ligas de alumínio e fibras compostas): o aço representa cerca de 10% do peso da aeronave, em motores e trem de pouso.[58] O carro médio contém em torno de 900 quilos de aço.[59] Com mais ou menos 100 milhões de veículos motorizados produzidos por ano, isso se traduz em 90 milhões de toneladas de metal, dos quais aproximadamente 60% são de aço de alta resistência, que torna os veículos 26% a 40% mais leves que os de aço convencional.[60] Embora os trens modernos de alta velocidade, com corpo de alumínio e interior de plástico, sejam apenas cerca de 15% feitos de aço (rodas, eixos, rolamentos e motores), sua operação requer pistas exclusivas, que usam trilhos de um tipo de aço mais pesado que o normal.[61]

Os cascos de navios que carregam petróleo e gás liquefeito e de navios de carga que transportam minérios, grãos ou cimento são feitos dobrando grandes placas de aço de alta resistência nas formas desejadas e as soldando juntas. Mas a maior revolução no transporte marítimo do pós-guerra foi o surgimento dos navios porta-contêineres (para mais detalhes, veja o Capítulo 4). Eles transportam carga em caixas de aço de dimensões padronizadas.[62] Essas caixas de aço têm em média 2,5 metros de altura e largura (o comprimento varia) e são empilhadas dentro dos cascos e bem acima do convés. É provável que tudo o que você veste tenha sido levado até o seu ponto de venda em um contêiner de aço que iniciou sua jornada em uma fábrica na Ásia.

E como todas essas ferramentas e máquinas foram fabricadas? Principalmente com o emprego de outras máquinas e linhas de montagem feitas em grande parte de aço, responsáveis pela fundição, forjamento, laminação, usinagem subtrativa (torneamento, fresamento, recorte e perfuração), dobra, soldagem, afiação e corte, sendo estas últimas operações possíveis graças aos incríveis aços das ferramentas que cortam aços carbono com a mesma facilidade com que uma faca passa pela manteiga macia. E as máquinas que fabricam máquinas são em sua maioria movidas por eletricidade, cuja geração (e, portanto, todo o universo da eletrônica, computação e telecomunicações) é impossível sem o aço: altas caldeiras abarrotadas de tubos de aço e cheias de água pressurizada; reatores nucleares fechados em vasos de pressão espessos; turbinas que giram com a expansão do vapor e cujos eixos longos são usinados a partir de grandes forjas de aço bruto.

O aço que está escondido no subsolo inclui suportes fixos e móveis em minas profundas e milhões de quilômetros de tubos de exploração, revestimento e produção em poços de petróleo bruto e gás natural. A indústria de petróleo e gás também depende do aço enterrado próximo à superfície (1 a 2 metros de profundidade) em dutos de coleta, transmissão e distribuição. As linhas tronco usam tubos com diâmetros de mais de 1 metro, enquanto as linhas de distribuição de gás podem ter apenas 5 centímetros de diâmetro.[63] As refinarias de petróleo bruto são essencialmente florestas de aço, com altas colunas de destilação, *crackers* catalíticos, tubulações extensas e vasos de armazenamento. Por fim, devo lembrar como o aço salva vidas nos hospitais: desde centrífugas e máquinas de diagnóstico a bisturis, ganchos cirúrgicos e afastadores de aço inoxidável. Mas também mata: exércitos e frotas com suas grandes fileiras de armas não passam de enormes repositórios de aço dedicados à destruição.[64]

Podemos garantir o enorme fornecimento de aço necessário? Qual é a importância da produção global do metal? Temos suprimentos adequados de minério de ferro para continuar produzindo aço por muitas gerações? Podemos produzir o suficiente para construir infraestruturas modernas e elevar os padrões de vida em países de baixa renda, onde o consumo médio *per capita* de aço é ainda menor do que era há um século nas economias ricas? A fabricação de aço é ecologicamente correta ou é bastante prejudicial? Podemos produzir o metal sem usar nenhum combustível fóssil?

A resposta à terceira pergunta é sem dúvida positiva. Em massa, o ferro é o principal elemento da Terra, porque é pesado (quase oito vezes mais pesado que a água) e porque forma o núcleo do planeta.[65] Mas também é abundante na crosta terrestre: apenas três elementos (oxigênio, silício e alumínio) são mais comuns; o ferro, com quase 6%, ocupa o quarto lugar.[66] A produção anual de minério de ferro — liderada pela Austrália, pelo Brasil e pela China — hoje é de cerca de 2,5 bilhões de toneladas; os recursos mundiais são superiores a 800 bilhões de toneladas, contendo quase 250 bilhões de toneladas do metal. É uma relação recurso/

produção (R/P) para mais de trezentos anos, muito além de qualquer horizonte de planejamento concebível (a relação R/P para o petróleo bruto é de apenas cinquenta anos).[67] Além disso, o aço é prontamente reciclado quando derretido em um forno elétrico a arco (FEA) — um recipiente cilíndrico maciço resistente ao calor feito de placas de aço pesadas (revestidas com tijolos de magnésio), com uma cúpula removível refrigerada a água através da qual são inseridos três eletrodos maciços de carbono. Depois de inserida a sucata de aço, os eletrodos são abaixados até ela, e a corrente elétrica que passa por eles forma um arco cuja alta temperatura ($1.800°C$) derrete o metal com facilidade.[68] No entanto, a demanda por eletricidade é enorme: mesmo um FEA moderno e altamente eficiente precisa do mesmo volume diário de eletricidade necessário para abastecer uma cidade americana de cerca de 150 mil pessoas.[69]

A reciclagem de veículos é precedida pela drenagem de todos os fluidos, pela remoção de estofados, baterias, servomotores, pneus, rádios e motores, bem como de componentes de plástico, borracha, vidro e alumínio. As máquinas então aplainam a carenagem restante dos carros, preparando para sua trituração. De longe, a operação de reciclagem mais difícil é a desmontagem das grandes embarcações oceânicas, feita principalmente nas praias do Paquistão (Gadani, a noroeste de Karachi), da Índia (Alang, em Gujarat) e de Bangladesh (perto de Chittagong). Os cascos feitos de pesadas chapas de aço devem ser cortados por maçaricos a gás e plasma — trabalho perigoso e poluente feito com muita frequência por homens que trabalham sem equipamento de proteção adequado.[70]

Hoje em dia, as economias ricas reciclam quase toda a sucata automotiva, têm uma taxa também alta (maior que 90%) de reutilização de vigas e placas de aço estrutural, bem como um índice apenas um pouco menor de reciclagem de eletrodomésticos.

Recentemente, os Estados Unidos reciclaram mais de 65% das barras de reforço em concreto, uma taxa semelhante à reciclagem de latas de aço para bebidas e alimentos.[71] A sucata de aço se tornou uma das *commodities* de exportação mais valiosas do mundo, pois países com uma longa história de produção de aço e com muita sucata acumulada vendem o material para produtores em expansão. A União Europeia é o maior exportador, seguida pelo Japão, pela Rússia e pelo Canadá. China, Índia e Turquia são os principais compradores.[72] O aço reciclado corresponde a quase 30% do total da produção anual do metal, com participações nacionais variando de 100% para vários pequenos produtores de aço a quase 70% nos Estados Unidos, cerca de 40% na União Europeia e menos de 12% na China.[73]

Isso significa que a siderurgia primária ainda predomina, com uma produção anual do metal quente maior que o dobro do que é reciclado — quase 1,3 bilhão de toneladas em 2019. O processo começa com altos-fornos (estruturas altas de ferro e aço revestidas com materiais resistentes ao calor), que produzem ferro líquido (fundido ou gusa) pela fundição de minério de ferro, coque e calcário.[74] A segunda etapa — reduzir o alto teor de carbono do ferro fundido e produzir aço — ocorre em um BOF (do inglês *basic oxygen furnace*, "forno básico a oxigênio", em que "básico" se refere às propriedades químicas da "escória", a sobra produzida). O processo foi inventado durante a década de 1940 e rapidamente passou a ser comercializado após meados da década de 1950.[75] Os BOFs de hoje são grandes vasos em forma de pera com um topo aberto, usados para carregar até 300 toneladas de ferro quente, que é soprado de cima e de baixo com oxigênio. A reação reduz o teor de carbono do metal para apenas 0,04% em cerca de trinta minutos. A combinação de um alto-forno e um forno básico a oxigênio é a base da siderurgia integrada moderna. As etapas finais incluem a transferência do aço a quente para máquinas de lingotamento contínuo para produzir placas de aço, tarugos (formas quadradas ou retangulares) e chapas que acabam sendo convertidas em produtos finais de aço.

A fabricação de ferro é altamente intensiva em energia, com cerca de 75% da demanda total utilizada pelos altos-fornos. As melhores práticas de hoje têm uma demanda combinada de apenas 17 a 20 gigajoules por tonelada de produto acabado; operações menos eficientes requerem entre 25 e 30 GJ/t.[76] Obviamente, o custo energético do aço secundário feito em FEAs é muito menor do que o custo da produção integrada: o melhor desempenho hoje em dia fica pouco acima de 2 GJ/t. A isso devem ser somados os custos de energia de laminação do metal (geralmente entre 1,5 e 2 GJ/t), portanto, as taxas globais consideradas para o custo total de energia podem chegar a aproximadamente 25 GJ/t para siderurgia integrada e 5 GJ/t para aço reciclado.[77] A necessidade total de energia da produção global de aço em 2019 foi de cerca de 34 exajoules, ou cerca de 6% do suprimento de energia primária de todo o mundo.

Dada a dependência em relação à indústria do carvão metalúrgico e do gás natural, a siderurgia também tem sido um dos principais responsáveis pela geração antropogênica de gases de efeito estufa. A Associação Mundial do Aço coloca a taxa média global em 500 quilos de carbono por tonelada, com a recente produção de aço primário emitindo cerca de 900 megatons de carbono por ano, ou de 7% a 9% das emissões diretas da queima global de combustíveis fósseis.[78] No entanto, o aço não é o único material importante responsável por uma parcela significativa das emissões de CO_2: o cimento consome muito menos energia, mas, como sua produção global é quase três vezes maior que a do aço, ela é responsável por uma parcela muito parecida (mais ou menos 8%) de todo o carbono emitido.

CONCRETO: UM MUNDO CRIADO PELO CIMENTO

O cimento é o componente indispensável do concreto e é produzido pelo aquecimento (a pelo menos 1.450°C) de calcário moído (uma fonte de cálcio) e argila, xisto ou materiais residuais (fontes de silício, alumínio e ferro) em grandes fornos — longos cilindros de metal inclinados (de 100 a 220 metros).[79] Esse processo de sinterização em alta temperatura produz clínquer (calcário fundido e aluminossilicatos), que é moído para gerar cimento fino em pó.

O concreto consiste em grande parte de agregados (65% a 85%) e também de água (15% a 20%).[80] Agregados mais finos, como areia, produzem um concreto mais forte, mas precisam de mais água na mistura do que agregados mais grossos, que usam diferentes tamanhos de cascalho. A mistura é mantida unida pelo cimento — normalmente compondo de 10% a 15% da massa final do concreto —, cuja reação com a água primeiro fixa a mistura e depois a endurece.

O resultado é o material mais utilizado em grande escala da civilização moderna: duro, pesado e capaz de resistir a décadas de uso intenso, sobretudo quando reforçado com aço. O concreto simples é bastante bom em compressão (e as melhores variedades modernas são cinco vezes mais fortes do que as de duas gerações atrás), mas fraco em tração.[81] O aço estrutural tem resistência à tensão até cem vezes maior, e diferentes tipos de reforço (malha de aço, barras de aço, fibra de vidro ou aço, polipropileno) têm sido usados para diminuir essa enorme diferença.

Desde 2007, a maior parte da humanidade vive em cidades viabilizadas pelo concreto. É claro que existem muitos outros materiais em edifícios urbanos: os arranha-céus têm esqueletos de aço cobertos por vidro ou metal; as casas isoladas nos subúrbios da América do Norte são feitas de madeira (estacas, madeira compensada, aglomerado) e gesso cartonado, e muitas vezes revestidas em tijolo ou pedra; e a madeira compensada hoje é usada para construir apartamentos de muitos andares.[82] Porém, arranha-céus e prédios de apartamentos altos ficam sobre estacas de concreto, e ele entra não apenas em fundações e porões, mas também em muitas paredes e tetos, além de ser onipresente em todas as infraestruturas urbanas — desde redes de engenharia enterradas (grandes tubulações, canais de cabo, esgotos, fundações de metrô, túneis) até a infraestrutura de transporte acima do solo (calçadas, estradas, pontes, cais de embarque, pistas de aeroportos). Cidades modernas são monumentos de concreto: de São Paulo e Hong Kong, com torres de apartamentos de vários andares, a Los Angeles e Pequim, com extensas redes de rodovias.

O cimento romano era uma mistura de gesso, cal viva e areia vulcânica e provou ser um material excelente e durável para grandes estruturas, incluindo grandes abóbadas. O Panteão, intacto depois de quase dois milênios (foi concluído em 126 d.C.) ainda se estende por uma distância maior do que qualquer outra estrutura feita de concreto não armado.[83] Mas a preparação do cimento moderno só foi patenteada em 1824, por Joseph Aspdin, um pedreiro inglês. Sua argamassa hidráulica era feita por queima de calcário e argila em altas temperaturas: cal, sílica e alumina presentes nesses materiais são vitrificados ou transformados em uma substância vítrea, cuja moagem produziu o cimento Portland.[84] Aspdin escolheu esse nome (ainda muito usado hoje), porque, uma vez endurecido, e depois de reagir com a água, o clínquer vítreo tinha uma cor semelhante ao calcário da ilha de Portland, no Canal da Mancha.

Como já observado, o novo material era excelente em compressão, e os melhores concretos de hoje podem suportar pressão de mais de 100 megapascais, que é aproximadamente o peso de um elefante africano equilibrado sobre uma moeda.[85] A tensão é uma questão diferente: uma força de tração de apenas 2 a 5 megapascais (menos do que é necessário para rasgar a pele humana) pode quebrar o concreto. É por isso que a adoção comercial em larga escala do concreto na construção só ocorreu depois que avanços graduais no reforço de aço o tornaram adequado para peças estruturais sujeitas a grande tensão.

Durante as décadas de 1860 e 1870, as primeiras patentes de reforço foram registradas por François Coignet e Joseph Monier, na França (Monier, um jardineiro, começou a usar malha de ferro para reforçar suas jardineiras), mas o verdadeiro avanço veio em 1884, com as barras de aço reforçadas de Ernest Ransome.[86] Os primeiros projetos de fornos rotativos de cimento modernos, onde os minerais são vitrificados a temperaturas de até 1.500°C, surgiram na década de 1890 e possibilitaram o uso de concreto acessível em grandes projetos. O edifício Ingalls, em Cincinnati, se tornou o primeiro arranha-céu de concreto armado do mundo em 1903, com dezesseis andares.[87] Apenas três anos depois, Thomas Edison se convenceu de que o concreto deveria substituir a madeira na construção de casas nos Estados Unidos e começou a projetar e moldar casas de concreto em Nova Jersey. Em 1911, ele tentou reviver o projeto fracassado oferecendo também móveis baratos de concreto, incluindo conjuntos de quarto inteiros, e chegou a produzir um fonógrafo (uma de suas invenções favoritas) de concreto.[88]

Ao mesmo tempo, ao contrário do fracasso de Edison, o engenheiro suíço Robert Maillart foi pioneiro em uma tendência de construção de concreto que ainda segue forte: pontes de concreto armado, começando com as relativamente curtas Zuoz, em 1901, e Tavanasa, em 1906. Seu projeto mais famoso, o arrojado arco Salginatobel, acima de uma ravina alpina, foi concluído em 1930 e hoje é um marco histórico internacional da engenharia civil.[89] Os primeiros projetos de concreto também foram adotados pelos arquitetos Auguste Perret, na França (prédios elegantes e o Théâtre des Champs-Élysées), e Frank Lloyd Wright, nos Estados Unidos. Os mais famosos projetos de concreto de Wright no entreguerras foram o Imperial Hotel, em Tóquio, concluído pouco antes que o terremoto de 1923 atingisse a cidade e danificasse a nova estrutura, e o Fallingwater, na Pensilvânia, concluído em 1939. O nova-iorquino Museu Guggenheim foi seu último projeto de concreto famoso, finalizado em 1959.[90]

A resistência à tração dos vergalhões de aço foi aprimorada com o despejo de concreto em formas cujos fios ou barras são tensionados imediatamente antes da colocação do concreto (protendido com pré-tração, com âncoras nas extremidades que são usadas para tensionar o aço e liberadas uma vez que o concreto esteja ligado ao metal) ou depois dela (pós-tração, com cabos de aço travados dentro de tubos de proteção). O primeiro grande projeto de concreto protendido tracionado — a ponte Plougastel, de Eugène Freyssinet, perto de Brest — foi concluído em 1930.[91] Com design arrojado, branca e semelhante a uma vela, a Ópera de Sydney (construída entre 1959 e 1973), de Jørn Utzon, talvez seja a estrutura de concreto protendido mais famosa do mundo.[92] O pré-tracionamento hoje é comum, e as pontes de concreto armado mais longas não cruzam rios ou ravinas, e sim viadutos ferroviários para trens de alta velocidade. O recorde é da ponte chinesa Danyang-Kunshan (concluída em 2010), de 164,8 quilômetros, parte da ferrovia de alta velocidade Pequim-Xangai.[93]

Hoje em dia, o concreto armado está dentro de todos os grandes edifícios modernos e todas as infraestruturas de transporte, de cais portuários até túneis segmentados instalados por modernas máquinas de perfuração (sob o Canal da Mancha e os Alpes). A configuração-padrão do Sistema Rodoviário Interestadual dos

Estados Unidos é uma camada de cerca de 28 centímetros de concreto não armado sobre uma camada de agregados naturais (pedras, cascalho, areia) duas vezes mais espessa — e todo o sistema de rodovias contém mais ou menos 50 milhões de toneladas de cimento, 1,5 bilhão de toneladas métricas de agregados e apenas cerca de 6 milhões de toneladas de aço (para suporte estrutural e tubos de bueiro).[94] As pistas dos aeroportos (de até 3,5 quilômetros de comprimento) têm fundações de concreto armado, mais profundas (até 1,5 metro) na zona de pouso para lidar com as repetidas pancadas de centenas de milhares de pousos todos os anos por aviões pesando até 380 toneladas, caso do Airbus 380. A pista mais longa do Canadá (4,27 quilômetros, em Calgary), por exemplo, exigiu mais de 85 mil metros cúbicos de concreto e 16 mil toneladas de vergalhões de aço reforçado.[95]

Mas, de longe, as estruturas mais maciças construídas em concreto armado são as maiores barragens do mundo. A era dessas megaestruturas começou na década de 1930, com a construção da barragem Hoover no rio Colorado e da barragem Grand Coulee no rio Columbia. A vertiginosa represa Hoover, localizada em um desfiladeiro a sudeste de Las Vegas, exigiu cerca de 3,4 milhões de metros cúbicos de concreto e 20 mil toneladas de vergalhões de aço reforçado, duas vezes mais chapas e tubos de aço e 8 mil toneladas de aço estrutural.[96] Centenas dessas enormes estruturas foram construídas durante a segunda metade do século XX, e a maior barragem do mundo — a chinesa Sanxia (Três Gargantas), no rio Yangzi, gerando eletricidade desde 2011 — tem seus quase 28 milhões de metros cúbicos de concreto reforçados com 256.500 toneladas de aço.[97]

O consumo anual de cimento nos Estados Unidos aumentou em dez vezes entre 1900 e 1928, quando atingiu 30 milhões de toneladas, e o *boom* da construção no pós-guerra — incluindo a construção do Sistema Rodoviário Interestadual e a expansão dos aeroportos do país — triplicou no final do século. O pico foi atingido em cerca de 128 milhões de toneladas em 2005, e os números recentes estão em torno de 100 milhões de toneladas por ano.[98] Hoje isso é uma pequena fração da demanda anual do maior consumidor de cimento do mundo, a China. Em 1980, no início de seu processo de modernização, o país produziu menos de 80 milhões de toneladas de cimento. Em 1985, ultrapassou os Estados Unidos e se tornou o maior produtor mundial, e, em 2019, sua produção de cerca de 2,2 bilhões de toneladas já ficou pouco acima da metade do total global.[99]

Talvez o resultado mais impressionante desse aumento seja que, em apenas dois anos — 2018 e 2019 —, a China produziu quase tanto cimento (4,4 bilhões de toneladas) quanto os Estados Unidos durante todo o século XX (4,56 bilhões de toneladas). Não chega a surpreender que o país hoje possua os mais extensos sistemas de rodovias, trens rápidos e aeroportos do mundo, bem como o maior número de estações hidrelétricas gigantes e novas metrópoles com milhões de habitantes. Outra estatística surpreendente é que o mundo agora consome em um ano mais cimento do que durante toda a primeira metade do século XX. E, feliz e infelizmente, essas enormes massas de concreto moderno não vão durar tanto quanto a estrutura da cúpula do Panteão.

O concreto de construção comum não é um material tão durável e está sujeito a muitos danos causados pelo ambiente.[100] Superfícies expostas são afetadas por umidade, congelamento, crescimento de bactérias e algas (sobretudo nos trópicos), deposição ácida e vibração. Estruturas de concreto enterradas sofrem pressões que causam rachaduras e danos provocados por compostos reativos, que escoam de cima para baixo. A alta alcalinidade do concreto (o material recém-derramado tem um pH de 12,5) é uma proteção eficaz contra a corrosão do aço dos vergalhões, porém as rachaduras e a erosão expõem o metal à desintegração corrosiva. Os cloretos atacam o concreto submerso na água do mar e o concreto nas regiões onde o sal é usado para descongelar as estradas durante o inverno.

Entre 1990 e 2020, o uso em grande escala no mundo moderno chegou a cerca de 700 bilhões de toneladas desse material duro, mas que se desintegra lentamente. A durabilidade das estruturas de concreto varia muito: embora seja impossível oferecer um valor médio de longevidade, muitas se deteriorarão bastante após apenas duas ou três décadas, enquanto outras seguirão bem por sessenta a cem anos. Isso significa que, durante o século XXI, enfrentaremos níveis inéditos de deterioração, renovação e remoção de concreto (é óbvio, um problema que será grave sobretudo na China), pois as estruturas terão que ser demolidas para serem substituídas ou destruídas, ou então abandonadas. As estruturas de concreto podem ser demolidas aos poucos, os vergalhões de aço podem ser separados, e ambos os materiais podem ser reciclados: não é barato, mas é perfeitamente possível. Após a britagem e o peneiramento, o insumo pode ser incorporado ao novo concreto e os vergalhões podem ser reciclados.[101] Mesmo hoje em dia, concreto novo e para substituição são uma necessidade em todos os lugares.

Em países ricos com baixo crescimento populacional, a principal necessidade é consertar infraestruturas decadentes. O último levantamento dos Estados Unidos mostra notas de ruins a muito ruins para todos os setores onde o concreto predomina, com barragens, estradas e aviação recebendo notas D (sendo A a mais alta), e a média geral ficando em apenas D+.[102] Essa avaliação dá uma ideia do que a China pode enfrentar em termos de escala e custos até 2050. Por outro lado, os países mais pobres precisam de infraestruturas essenciais, e a necessidade mais básica em muitas moradias na África e na Ásia é substituir pisos de barro por pisos de concreto para melhorar a higiene geral e reduzir a incidência de doenças parasitárias em quase 80%.[103]

Com o envelhecimento da população, a migração para as cidades, a globalização econômica e as reduções generalizadas da população em diversas regiões, mais concreto será simplesmente abandonado em todo o mundo. Ruínas de concreto de fábricas de automóveis em Detroit, empresas abandonadas nas antigas regiões industriais da Europa e todos aqueles monumentos e fábricas construídos pelo planejamento central soviético e hoje esquecidos nas planícies russas e na Sibéria são apenas as primeiras ondas dessa tendência.[104] Outras famosas relíquias de concreto são os *bunkers* de defesa com paredes grossas, como os da Normandia e da Linha Maginot, e os enormes silos de concreto que antes abrigavam mísseis nucleares e hoje estão vazios nas Grandes Planícies.

PERSPECTIVAS PARA O USO DE MATERIAIS: TRADIÇÃO E NOVIDADES

Durante a primeira metade do século XXI — com o crescimento populacional mais lento no mundo e com números estagnados ou mesmo em declínio em muitos países ricos —, as economias não devem ter problemas para atender a demanda por aço, concreto, amônia e plásticos, especialmente com a intensificação da reciclagem. Mas é improvável que até 2050 todas essas indústrias eliminem sua dependência em relação aos combustíveis fósseis e deixem de contribuir de forma significativa para as emissões globais de CO_2. Isso é ainda mais improvável nos países de baixa renda que hoje estão em processo de modernização e cujas enormes necessidades de infraestrutura e de consumo exigirão aumentos em larga escala de todos os materiais básicos.

Replicar a experiência chinesa pós-1990 nesses países seria o equivalente a um aumento de quinze vezes na produção de aço, de mais de dez vezes na produção de cimento, de mais que o dobro da síntese de amônia e mais de trinta vezes no volume da síntese de plásticos.[105] Obviamente, mesmo que outros países em modernização acompanhem apenas metade, ou mesmo um quarto, dos avanços materiais recentes da China, essas nações ainda teriam seus consumos atuais desses materiais multiplicados. As exigências de carbono fóssil foram — e continuarão sendo — o preço que pagamos pelos inúmeros benefícios decorrentes da nossa dependência em relação a aço, concreto, amônia e plásticos. E, à medida que continuarmos expandindo as fonte de energia renováveis, precisaremos de volumes ainda maiores de antigos materiais, bem como níveis inéditos de materiais que antes eram necessários apenas em pequenas quantidades.[106]

Dois exemplos importantes mostram esse avanço da nossa dependência material. Nenhuma estrutura é um símbolo mais óbvio de geração de eletricidade "verde" do que as grandes turbinas eólicas, mas essas enormes estruturas de aço, cimento e plásticos também são exemplos do uso de combustíveis fósseis.[107] Suas fundações são de concreto armado, suas torres, nacelas e rotores são de aço (no total de quase 200 toneladas para cada megawatt de capacidade de geração instalada) e suas grandes pás são resinas plásticas — difíceis de reciclar — feitas com grande uso de energia (cada turbina de médio porte pesando cerca de 15 toneladas). Todas essas peças gigantes devem ser levadas para os locais de instalação por caminhões de grandes dimensões, erguidas por enormes guindastes de aço, e as caixas de engrenagens das suas turbinas devem ser lubrificadas repetidamente com óleo. Multiplicar essas necessidades pelos milhões de turbinas que seriam necessárias para eliminar a eletricidade gerada a partir de combustíveis fósseis mostra como são enganosos os debates sobre a desmaterialização das economias verdes.

Os carros elétricos são talvez o melhor exemplo dessas novas e enormes dependências materiais. Uma bateria de carro de lítio comum pesando cerca de 450 quilos contém em torno de 11 quilos de lítio, quase 14 quilos de cobalto, 27 quilos de níquel, mais de 40 quilos de cobre e 50 quilos de grafite, bem como aproximadamente 181 quilos de aço, alumínio e plásticos. O fornecimento desses materiais para um único veículo requer o processamento de mais ou menos 40 toneladas de minérios, e, dada a baixa concentração de muitos elementos em sua forma bruta, é necessário extrair e processar cerca de 225 toneladas de matérias-primas.[108] Mais uma vez, teríamos que multiplicar isso por uns cem milhões de unidades, que é a produção mundial anual de veículos de combustão interna que teriam que ser substituídos por veículos elétricos.

As incertezas sobre as taxas de adoção de veículos elétricos no futuro são grandes, mas uma avaliação detalhada das necessidades materiais, com base em dois cenários (projetando que 25% ou 50% da frota global em 2050 seja de veículos elétricos), encontrou o seguinte: de 2020 a 2050, a demanda por lítio cresceria por fatores de dezoito a vinte vezes; por cobalto, de dezessete a dezenove vezes; por níquel, de 28 a 31 vezes. Além disso, fatores de quinze a vinte vezes se aplicariam à maioria dos outros materiais a partir de 2020.[109] Obviamente, isso exigiria não apenas uma expansão radical da produção de lítio e cobalto (do qual grande parte hoje vem de profundos poços perigosamente escavados à mão no Congo e do uso generalizado de trabalho infantil) e da extração e processamento de níquel, mas também uma ampla busca por novos recursos. E isso não aconteceria sem grandes conversões adicionais de combustíveis fósseis e eletricidade. Criar projeções de um crescimento suave para a futura adoção dos veículos elétricos é uma coisa. Já atender a gigantesca demanda por esses insumos materiais em escala global é outra bem diferente. As economias modernas estarão sempre ligadas a enormes fluxos de materiais, seja os de fertilizantes à base de amônia para alimentar a população global, ainda em crescimento, seja os plásticos, o aço e o concreto necessários para novas ferramentas, máquinas, estruturas e infraestruturas, ou os novos insumos exigidos para produzir células solares, turbinas eólicas, carros elétricos e baterias de armazenamento. E, até que todas as energias usadas para extrair e processar esses materiais venham de fontes de energia renováveis, a civilização moderna vai manter sua dependência fundamental em relação aos combustíveis fósseis usados na produção desses materiais indispensáveis. E nenhuma inteligência artificial, aplicativo ou mensagem eletrônica vai mudar isso.

4. ENTENDENDO A GLOBALIZAÇÃO:

MOTORES, MICROCHIPS E MUITO MAIS

A globalização se manifesta de inúmeras formas no cotidiano. Navios carregados com milhares de contêineres de aço interligados estão levando aparelhos eletrônicos e equipamentos de cozinha, meias e calças, ferramentas de jardinagem e artigos esportivos da Ásia para shoppings na Europa e na América do Norte, bem como para vendedores ambulantes de roupas e utensílios de cozinha baratos na África e na América Latina. Petroleiros gigantes transportam petróleo bruto da Arábia Saudita para refinarias na Índia e no Japão e gás natural liquefeito do Texas para tanques de armazenamento na França e na Coreia do Sul. Grandes navios graneleiros cheios de minério de ferro saem do Brasil para a China e retornam vazios (assim como os petroleiros) aos seus portos de origem. Os iPhones de design norte-americano são montados em uma fábrica sediada em Taiwan (Hon Hai Precision, que usa o nome Foxconn), em Shenzhen, na província chinesa de Guangdong, a partir de peças provenientes de mais de uma dúzia de países, e os telefones são distribuídos globalmente em uma grande coreografia integrada de engenharia e marketing.[1]

As migrações internacionais incluem famílias de Punjab ou do Líbano que chegam a Toronto e Sydney em voos regulares, migrantes arriscando suas vidas em botes de borracha tentando chegar a Lampedusa ou Malta, e jovens em busca de completar o ensino superior em Londres, Paris ou em pequenas faculdades do Iowa e do Kansas.[2] As viagens de lazer atingiram tais níveis que, em muitos casos, o que ficou conhecido antes da pandemia como "overturismo" era um eufemismo para o que estava acontecendo na Piazza San Pietro, em Roma, onde a basílica lotava com os turistas de pacotes de viagem pela Europa empunhando paus de *selfie*, ou em praias asiáticas que ficaram degradadas a ponto de serem fechadas para visitantes.[3] O início da pandemia de covid-19 levou a novas crises agudas de overturismo, já que centenas de idosos ficaram trancados em navios de cruzeiro nas costas do Japão ou de Madagascar no início da primavera de 2020 — e ainda assim antes do final do ano, mesmo com novas ondas de infecção se espalhando rapidamente por todo o mundo, grandes empresas anunciavam novos cruzeiros em meganavios para 2021 (tamanha a inquietação moderna!).

As estatísticas sobre movimentação financeira subestimam muito os fluxos reais (entre eles o grande volume ilegal) de dinheiro. O comércio global de mercadorias hoje está próximo de 20 trilhões de dólares por ano, e o valor anual do comércio mundial de serviços comerciais se aproxima de 6 trilhões de dólares.[4] O investimento estrangeiro direto no mundo dobrou entre 2000 e 2019 e hoje se aproxima de 1,5 trilhão de dólares por ano, enquanto em 2020 o comércio global de moedas totalizou quase 7 trilhões de dólares por dia.[5] Os números que descrevem os fluxos de informações globais são muitas ordens de magnitude maiores do que essas transferências de dinheiro — não apenas em terabytes ou petabytes, mas em exa (1018) e yotta (1024) bytes de dados.[6]

Obviamente, é impossível entender como o mundo moderno de fato funciona sem analisar a evolução, a extensão e as consequências desse processo multifacetado que acarreta, de acordo com o que considero talvez a melhor e mais concisa definição, "a crescente interdependência das economias, culturas e populações do mundo, provocada pelo comércio internacional de bens e serviços, tecnologia e fluxos de investimento, pessoas e informação".[7] Ao contrário de crenças bastante difundidas, tal processo não é novo: a transferência de empregos para países com baixos custos trabalhistas (movimento conhecido como arbitragem de mão de obra) é apenas uma de suas várias causas e incentivos, e não há nada que impeça sua expansão e intensificação no futuro. Talvez o maior equívoco sobre a globalização seja que ela é uma inevitabilidade histórica predeterminada pela evolução econômica e social. Não é assim — a globalização não é, como afirmou um ex-presidente dos Estados Unidos, "o equivalente econômico de uma força da natureza, como o vento ou a água", é apenas mais uma construção humana, e hoje cresce o consenso de que, de certa forma, ela já foi longe demais e precisa ser corrigida.[8]

Neste capítulo, vou mostrar que a globalização é um processo com uma história considerável (embora, no passado, o crescimento dos fluxos de bens, investimentos e pessoas não fosse chamado assim), e a recente atenção ao fenômeno aumentou devido ao seu alcance, e não por ser uma novidade. Os gráficos do sistema Ngram Viewer do Google são excelentes para mostrar as tendências de longo prazo para a atenção dada a qualquer tipo de assunto relevante. O gráfico para o termo "globalização" consiste em uma linha reta quase zerada até meados da década de 1980, depois tem um aumento acentuado de interesse durante as duas décadas seguintes — um crescimento de quarenta vezes na frequência entre 1987 e 2006, quando o interesse atingiu seu pico —, seguido por uma queda de 33% até 2018.

Se os baixos custos trabalhistas fossem a única razão para a instalação de novas fábricas no exterior — como muitas pessoas parecem acreditar, de forma equivocada —, então a África Subsaariana seria a escolha mais óbvia, e a Índia quase sempre seria preferível à China. Mas, durante a segunda década do século XXI, a China teve uma média de 230 bilhões de dólares de investimento estrangeiro direto por ano, em comparação a menos de 50 bilhões de dólares para a Índia e apenas cerca de 40 bilhões de dólares para toda a África Subsaariana, exceto a África do Sul.[9] A China oferecia uma combinação de outros atrativos: acima de tudo, um governo de partido único centralizado que poderia garantir estabilidade política e condições de investimento aceitáveis; uma grande população altamente homogênea e alfabetizada; e um enorme mercado interno — que tornou o país a escolha preferida em relação a Nigéria, Bangladesh e até Índia, levando a um peculiar acordo entre o maior Estado comunista do mundo e quase todo o rol das principais empresas capitalistas do planeta.[10]

A globalização foi associada de forma positiva às vantagens, aos benefícios, à destruição criativa, à modernidade e ao progresso que trouxe para nações inteiras. A China foi de longe sua maior beneficiária, pois a reintegração do país na economia global ajudou a reduzir em 94% o número de pessoas que viviam na extrema pobreza entre 1980 e 2015.[11] Mas esses ganhos e elogios coexistem em vários graus de desaprovação ou mesmo rejeição total do processo, com o descontentamento e a raiva que resultaram da perda de empregos bem remunerados para a relocação das empresas (processo conhecido como *offshoring*, com perdas bastante importantes após o ano 2000 em vários setores da economia dos Estados Unidos), da guerra fiscal, à medida que a arbitragem da mão de obra reduz cada vez mais os salários, e da crescente desigualdade e dos novos tipos de miséria.[12]

Embora haja muito com o que concordar e discordar nessas reações e análises, este capítulo não será uma repetição das narrativas mais recorrentes que preencheram as publicações econômicas das duas últimas gerações, nem vai levantar polêmicas sobre a conveniência do fenômeno. Meu objetivo é explicar como fatores técnicos — sobretudo, novos motores primários (motores e turbinas) e novos meios de comunicação e informação (armazenamento, transmissão e recuperação) — possibilitaram ondas sucessivas de globalização e, em seguida, apontar como esses avanços técnicos dependeram das condições políticas e sociais específicas. Portanto, não existe certeza sobre a continuidade e intensificação do processo, e o significativo recuo que a globalização sofreu ao longo de décadas após 1913, bem como os recentes reveses e preocupações sobre a confiabilidade das cadeias de suprimento, serve como lembrete claro para tal realidade.

AS LONGÍNQUAS ORIGENS DA GLOBALIZAÇÃO

Em seu aspecto físico mais fundamental, a globalização é, e continuará sendo, simplesmente a movimentação de massa — de matérias-primas, alimentos, produtos manufaturados e pessoas — e a transmissão de informações (alertas, orientações, notícias, dados, ideias) e investimentos dentro dos continentes e entre eles, viabilizados por técnicas que possibilitam transferências em grande escala, de forma acessível e confiável. É claro que essas transferências envolvem conversões de energia e, embora a movimentação de massa e a transmissão de informações possam ser feitas por meio de músculos humanos e animais (transportando cargas, enviando mensageiros a cavalo), esses motores primários têm poder, resistência e alcance muito limitados — e, claro, são incapazes de unir os diferentes lados dos oceanos.

As velas, que remontam ao Egito de mais de cinco mil anos atrás, foram os primeiros conversores de energia inanimada a possibilitar tal ligação, mas apenas as máquinas a vapor, auxiliadas por meios de navegação aprimorados, trouxeram o inter-

145

câmbio confiável, de grande escala e a baixo custo — e somente após 1900, com a difusão dos motores de combustão interna (em terra, no oceano e no ar), e após 1955, com a adoção da eletrônica de estado sólido (semicondutores), esse processo aumentou para níveis sem precedentes. Mas essas inovações não criaram a globalização, apenas a intensificaram. O processo (ao contrário do que indica o destaque dado a ele após 1985) não é um fenômeno novo, e neste capítulo vou abordar os movimentos e a extensão de suas ondas passadas, bem como os limites de seu possível alcance e intensidade.

O processo começou há muito tempo, porém suas primeiras manifestações foram limitadas em si mesmas. O comércio de obsidiana ao longo de rotas pré-históricas em partes do Velho Mundo há mais de seis mil anos não é, como foi recentemente defendido, um exemplo de globalização,[13] mas muitos laços antes da "descoberta" europeia da América eram relativamente intensos e, de fato, intercontinentais. Navios navegavam com frequência de Berenike, o porto do mar Vermelho no Egito romano, para a Índia, assim como partiam de Basra: Dião Cássio escreveu em 116 d.C. sobre como o imperador Trajano, durante sua ocupação temporária da Mesopotâmia, estava na costa do Golfo Pérsico observando um navio partindo para a Índia e desejando ser jovem como Alexandre, que havia conduzido seus exércitos para aquele país distante.[14] A seda chinesa chegou até Roma através do Império Parta, assim como carregamentos regulares de grãos e cargas extraordinariamente pesadas de obeliscos antigos do Egito e animais selvagens da Mauritânia Tingitana (norte do atual Marrocos).[15]

Contudo, a ligação dispersa de partes da Europa, Ásia e África está muito longe de um alcance global de verdade. Somente a inclusão do Novo Mundo (a partir de 1492) e a primeira circum-navegação (1519) começaram a satisfazer essa definição, e apenas um século depois as trocas comerciais ligaram os Estados europeus ao interior da Ásia, Índia e Extremo Oriente, bem como às regiões costeiras da África e ambas as Américas — apenas a Austrália tinha sido deixada de lado. Alguns desses vínculos iniciais foram tão duradouros quanto transformadores. A Companhia das Índias Orientais, com sede em Londres e operando entre 1600 e 1874, negociou uma grande variedade de itens, principalmente com o subcontinente indiano — de têxteis e metais a especiarias e ópio. A Vereenigde Oost-Indische Compagnie (Companhia Holandesa das Índias Orientais) importava especiarias, têxteis, pedras preciosas e café, sobretudo do Sudeste Asiático. Seu monopólio ininterrupto no comércio com o Japão foi mantido por dois séculos (entre 1641 e 1858), e a dominação holandesa das Índias Orientais terminou apenas em 1945.[16]

Ao mesmo tempo, as capacidades técnicas colocavam limites claros à frequência e à intensidade dessas primeiras trocas. Para definir as quatro eras distintas da globalização, vou usar como seus principais indicadores a potência e a velocidade máxima dos meios de transporte individuais e a capacidade de comunicação em longas distâncias de forma cada vez mais rápida e confiável.

Uma globalização ainda incipiente acabou conectando o mundo por meio de intercâmbios distantes, mas não muito intensos, possibilitados por navios a vela. As máquinas a vapor tornaram essas ligações mais comuns, mais intensas e muito mais previsíveis, enquanto o telégrafo forneceu o primeiro meio verdadeiramente global de comunicação (quase instantânea). A combinação dos primeiros motores a diesel, da aviação e do rádio promoveu e acelerou esses facilitadores da globalização. E os grandes motores a diesel no transporte, as turbinas na aviação, os contêineres no transporte intermodal e os microchips (permitindo níveis inéditos de controle graças ao volume e à velocidade de manipulação de informações) levaram a globalização ao seu estágio mais avançado.

GLOBALIZAÇÃO MOVIDA A VENTO

Desde o início, é fácil reconhecer os limites da globalização que dependia apenas da força animal. Os músculos humanos e dos animais eram os únicos motores em terra, restringindo o peso das mercadorias que podiam ser transportadas por carregadores (máximo de 40 a 50 quilos) ou por caravanas de animais (cavalos ou camelos podiam carregar cargas de 100 a 150 quilos, cada animal) e limitando seu progresso diário.[17] As caravanas na Rota da Seda (de Tanais no mar Negro via Sarai até Pequim) demoravam um ano, o que implica uma velocidade média de cerca de 25 quilômetros por dia. Os veleiros de madeira que faziam viagens de longa distância estavam longe de ser numerosos, tinham pouca capacidade, viajavam lentamente, não tinham meios precisos de navegação e muitas vezes não conseguiam completar suas viagens.

Registros detalhados de embarques holandeses para a Ásia comprovam esses limites.[18] Eles mostram que a duração média de uma viagem para Batávia (atual Jacarta) era de 238 dias (oito meses) no século XVII, e mais um mês de Batávia para Dejima, pequeno posto avançado holandês no porto de Nagasaki. As velocidades médias durante o século XVIII eram um pouco mais lentas, e as viagens duravam 245 dias. Dada a distância de 15 mil milhas náuticas (27.780 quilômetros) entre Amsterdã e Batávia, isso implica uma velocidade média de 4,7 quilômetros por hora, o equivalente a uma caminhada bastante lenta! Essa média ruim é resultado de algumas velocidades mais ou menos decentes quando se viajava a favor do vento (com este vindo diretamente por trás da embarcação) e outros dias em que os navios eram desacelerados pela calmaria equatorial ou pelos longos períodos de ventos fortes contrários, que exigiam manobras complicadas — ou forçavam os tripulantes a desistir e esperar o vento mudar. Durante os séculos XVII e XVIII, os holandeses construíram somente 1.450 novos navios para o comércio asiático (uma média de sete por ano), com capacidades de apenas 700 a 1.000 toneladas. Isso era bom o suficiente para lucrar com cargas de alto valor como especiarias, chá e porcelana, mas nada vantajoso para qualquer comércio de *commodities* a granel (o valioso cobre japonês foi a principal exceção). E, enquanto as viagens para Batávia eram limitadas pela disponibilidade de navios e pelos riscos do trajeto, as viagens para o Japão eram restritas pelos xoguns Tokugawa, que permitiam apenas de dois a sete navios por ano, e somente uma viagem por ano durante a década de 1790. Como a Companhia Holandesa das Índias Orientais mantinha registros detalhados, também sabemos o número de pessoas que embarcaram nos mais de 4.700 navios com destino à Holanda para as Índias Orientais: quase um milhão de pessoas fizeram essa viagem entre 1595 e 1795, mas isso corresponde a apenas cinco mil por ano, com cerca de 15% morrendo antes de chegar ao Ceilão ou à Batávia.[19]

Mesmo assim, durante o segundo século do início da era moderna (1500-1800), as sociedades na vanguarda dessa onda de globalização, ainda modesta, porém crescente, foram influenciadas por esses intercâmbios de longas distâncias.[20] Não surpreende que, dadas as riquezas recém-adquiridas e o contato com outros continentes, a vida das elites urbanas durante a Idade de Ouro da República Holandesa (1608-1672) talvez ofereça os melhores exemplos dessas novas benesses. Sua crescente gama de bens e experiências foram os claros indicadores dos ganhos derivados do comércio e das trocas materiais e culturais, e muitos pintores famosos nos deixaram um registro fascinante do surgimento de toda essa riqueza.

Obras de Dirck Hals, Gerard ter Borch, Frans van Mieris, Jan Vermeer van Delft e muitos mestres menos conhecidos mostram esses novos lucros transformados em pisos de azulejos, janelas de vidro, móveis bem-feitos, grossas toalhas de mesa e instrumentos musicais.[21] Há quem defenda que tudo isso não deve ser levado em conta, pois tal gênero de pintura retratava um mundo de fantasia que nunca existiu na realidade.[22] Exagero e estilização certamente estavam, sim, presentes, mas, como deixa claro o historiador Jan de Vries, o que ele chama de "Novo Luxo" (gerado pela sociedade urbana) era real: sem buscar grandeza e excesso, mas evidenciado em produtos de bom artesanato — de móveis a tapeçarias, de azulejos de Delft a utensílios de prata —, entre eles cerca de três milhões de pinturas pertencentes a famílias na Holanda na década de 1660.[23]

E havia outras provas, mais diretas, das idas e vindas: a presença de africanos em Amsterdã, a popularidade dos mapas, o lucrativo negócio de compilar e publicar atlas, o consumo de açúcar e frutas exóticas, a importação de especiarias (a colonização holandesa das Índias Orientais começou em 1607, com a aquisição de Ternate, o maior produtor de cravo-da-índia, seguido logo depois pela ocupação das ilhas Banda, onde se cultivava noz-moscada) e o consumo de chá e café.[24]

Mas essas primeiras trocas tiveram pouco impacto econômico, pois nunca alcançaram muito além dos pequenos segmentos de pessoas que se beneficiaram dos novos empreendimentos. Os campos seguiam com suas estruturas tradicionais. Aquela era uma globalização ainda incipiente, seletiva e limitada, sem grandes impactos nacionais, e menos ainda consequências realmente globais. Por exemplo, o economista Angus Maddison estimou que, entre 1698 e 1700, as exportações de *commodities* das Índias

Orientais representavam apenas 1,8% do PIL holandês e que o superávit de exportação indonésio era de somente 1,1% do PIB holandês — e, quase um século mais tarde (1778-1780), ambos os índices ainda eram de apenas 1,7%.[25]

MOTORES A VAPOR E TELÉGRAFO

O primeiro salto quantitativo no processo de globalização veio apenas com a combinação de uma navegação mais confiável, da energia a vapor (resultando em maiores capacidades de navios e velocidades mais rápidas) e do telégrafo — o primeiro meio de comunicação (quase) instantâneo de longa distância. A navegação veio primeiro, em 1765, com o quarto relógio marítimo de alta precisão produzido por John Harrison, um cronômetro que permitia determinar a longitude exata. Mas o salto em velocidades e capacidades teve que esperar até que os motores a vapor substituíssem as velas no transporte intercontinental, quando os parafusos tornaram as rodas de pás obsoletas e quando os navios com casco de aço passaram a predominar.[26]

As primeiras travessias transatlânticas para o oeste movidas a vapor ocorreram em 1838, mas os veleiros permaneceram competitivos por mais quatro décadas. Com o vento como motor principal, o custo de transportar uma unidade de carga por unidade de distância usando um veleiro não dependia da duração da viagem. No caso do navio a vapor, quanto mais longa a viagem, maior a necessidade de carregar a capacidade bruta da embarcação com carvão para abastecer os motores ainda pouco eficientes, deixando menos espaço para a carga. Os postos de abastecimento reduziram essa desvantagem, entretanto não a eliminaram.[27]

Essa longa coexistência de vela e vapor é bem documentada pela transição ocorrida na Alemanha: em 1873, os veleiros perderam a concorrência nas rotas intraeuropeias, enquanto nas rotas intercontinentais as velas tinham a vantagem até 1880, mas esse domínio logo foi perdido com a adoção de motores mais eficientes.[28] Todos os pioneiros navios a vapor que cruzavam o Atlântico tinham sua propulsão por pás, como em rodas d'água, mas a propulsão helicoidal foi apresentada comercialmente durante a década de 1840. Além disso, em 1877, a Lloyd's Register, responsável pela regulação da navegação, aprovou seguros para o aço como material de construção, assim como os novos métodos de produção tornaram o metal abundante e acessível (ver Capítulo 3). Os cascos e parafusos de aço e as grandes máquinas a vapor possibilitavam percorrer de forma confiável 30 e depois 40 km/h em comparação à média de 20 km/h dos veleiros mais rápidos da década de 1850. O transporte de longa distância também ganhou novos mercados com as exportações de gado vivo e, a partir da década de 1870, da carne resfriada (transportada quase exclusivamente por navios de passageiros) e da manteiga dos Estados Unidos, da Austrália e da Nova Zelândia.[29]

O telégrafo funcional foi desenvolvido durante o final da década de 1830 e início da década de 1840. O primeiro cabo transatlântico (que durou pouco tempo) foi lançado em 1858, mas no final do século cabos submarinos já haviam conectado todos os continentes.[30] Pela primeira vez na história, o comércio poderia levar em conta o conhecimento da demanda e dos preços em diferentes partes do mundo — e a disponibilidade de um novo e poderoso tipo de motor poderia traduzir essa informação em transações internacionais lucrativas: por exemplo, quando a carne bovina de Iowa ficou mais barata que a carne britânica, que era de qualidade inferior, e novas técnicas de refrigeração ficaram disponíveis, as exportações de carne congelada dos Estados Unidos aumentaram rapidamente — mais do que quadruplicando entre o final da década de 1870 e o final dos anos 1900.

Durante essa onda de globalização movida a vapor, o papel do telefone — dispositivo muito superior ao telégrafo para comunicação pessoal direta — ainda era limitado.[31] Seu registro de patente e sua primeira demonstração pública em 1876 foram seguidos por uma lenta difusão do serviço mediado por centrais telefônicas manuais. A propriedade de telefones nos Estados Unidos aumentou de menos de cinquenta mil em 1880 para 1,35 milhão em 1900 (um telefone para cada 56 habitantes do país). As distâncias das chamadas aumentaram gradualmente (uma chamada de Nova York para Chicago só pôde ser realizada em 1892); as primeiras chamadas transcontinentais para São Francisco (através de múltiplas centrais) ocorreram em 1915; e uma conversa de três minutos custava cerca de 20 dólares, o equivalente a mais de 500 dólares em 2020. A primeira chamada intercontinental — dos Estados Unidos para o Reino Unido — ocorreu apenas em 1927, e mesmo o serviço doméstico monopolizado permaneceu relativamente caro ao longo das duas gerações seguintes.[32]

Mas os avanços no transporte marítimo intercontinental, combinados com a rápida construção de ferrovias após 1840 — em toda a Europa e América do Norte, bem como na Índia, outras regiões da Ásia e América Latina —, criaram a primeira onda de uma globalização em grande escala. O volume total do comércio global quadruplicou entre 1870 e 1913; a participação do comércio (exportações e importações) no produto econômico mundial aumentou de cerca de 5% em 1850 para 9% em 1870 e para 14% em 1913; e as melhores estimativas para treze países (entre eles Austrália, Canadá, França, Japão, México e Reino Unido) mostram que sua participação combinada aumentou de 30% em 1870 para 50% pouco antes da Primeira Guerra Mundial.[33]

Grandes navios a vapor também passaram a ser capazes de transportar passageiros em uma escala sem precedentes. Durante a era da navegação, as embarcações conhecidas como paquetes transportavam de 250 a setecentos passageiros na terceira classe, enquanto, na primeira década do século XX, um navio a vapor podia transportar mais de dois mil passageiros.[34] As viagens de lazer, uma forma de migração temporária antes reservada apenas às classes privilegiadas, deslancharam em seus diferentes tipos, com trens e navios movidos a vapor. Com a liderança de Thomas Cook em 1841, as agências de viagens ofereciam pacotes turísticos, e as férias em spas e à beira-mar se tornaram moda quando as pessoas visitavam Baden-Baden, Karlsbad e Vichy e viajavam para Capri ou para Trouville, na costa francesa.

Algumas dessas viagens eram transcontinentais: famílias russas mais ricas pegavam trens desde Moscou e São Petersburgo até a Riviera Francesa. Alguns viajantes buscavam desafios físicos (o alpinismo estava na moda), enquanto outros faziam peregrinações religiosas (mais acessíveis).[35] E essa nova mobilidade também teve uma dimensão política importante, com exilados — viajando de trem e navio — em busca de refúgio em países estrangeiros: são famosos os casos de quase todos os futuros líderes bolcheviques importantes (Lenin, Leon Trótski, Nikolai Bukharin, Grigori Zinoviev), que passaram muitos anos no exterior, na Europa e nos Estados Unidos.[36]

Acho bastante razoável o argumento de que a globalização a vapor também ajudou a criar um novo tipo de sensibilidade literária, tendo Joseph Conrad (Józef Korzeniowski) como seu mestre. Os protagonistas de seus três maiores romances se encontram longe de suas casas graças ao grande comércio e às viagens da época (Nostromo na América do Sul, Jim na Ásia, Marlow na África), e suas vidas e infortúnios estavam ligados aos navios a vapor: Nostromo, no romance homônimo, é conhecido como o Capataz dos Estivadores; em *Lord Jim*, a vida do personagem sofre uma guinada trágica enquanto ele ajuda a transportar peregrinos muçulmanos da Ásia para Meca; e, em *Coração das trevas*, a transformação de Marlow não poderia ter ocorrido sem que mercadorias ocidentais fossem trazidas para as entranhas da bacia do Congo.

OS PRIMEIROS MOTORES A DIESEL, A AVIAÇÃO E O RÁDIO

O próximo avanço fundamental em relação aos motores que elevou a capacidade de navegação de longa distância foi a substituição de motores a vapor por motores a diesel — máquinas de eficiência superior e desempenho confiável.[37] Dois processos simultâneos que promoveram uma maior globalização foram a invenção de aviões movidos a motores alternativos a gasolina e a comunicação por rádio. Os primeiros voos curtos dos irmãos Wright, nos Estados Unidos, ocorreram no final de 1903; centenas de aviões voaram em combate durante a Primeira Guerra Mundial; e a primeira companhia aérea, a holandesa KLM, foi criada em 1921.[38] O primeiro sinal de rádio transatlântico foi recebido em dezembro de 1901; o Exército francês implantou os primeiros transmissores portáteis para comunicação ar-terra em 1916; e as primeiras estações de rádio comerciais começaram a transmitir no início da década de 1920.[39]

Rudolf Diesel decidiu deliberadamente projetar um tipo de motor novo e mais eficiente, e em 1897 seu primeiro motor (pesado e fixo) atingiu uma eficiência de 30%, o dobro do desempenho dos melhores motores a vapor.[40] No entanto, o primeiro motor marítimo foi instalado apenas em 1912, no cargueiro dinamarquês *Christian X*. Os navios movidos a diesel carregavam muito menos combustível do que os vapores movidos a carvão, mas podiam percorrer maiores distâncias sem reabastecer porque os novos motores eram quase duas vezes mais eficientes — e porque, por unidade de massa, o óleo diesel contém quase o dobro de energia. Um engenheiro norte-americano que viu a primeira embarcação movida a diesel após sua viagem inaugural a Nova York em 1912 concluiu: "A história marítima está sendo escrita pelo advento do motor a diesel."[41]

Na década de 1930, quando os motores a diesel conquistaram o mercado de navegação, a indústria da aviação que se desenvolvia rapidamente começou a entregar os primeiros aviões capazes de voar por longas distâncias gerando lucro. Em 1936, chegaram as primeiras entregas do Douglas DC-3, uma aeronave bimotor capaz de transportar até 32 passageiros um pouco mais rápido que a velocidade de pouso dos jatos modernos.[42] Três anos depois veio o Boeing 314 Clipper, um hidroavião de longo alcance com a impressionante autonomia de 5.633 quilômetros — ainda insuficiente para cruzar o Pacífico, mas mais do que suficiente para chegar a Honolulu saindo de São Francisco, antes de seguir para Midway, Wake, Guam e Manila até chegar à Ásia.

O Clipper não deixava a desejar em termos de conforto físico para seus 74 passageiros — incluindo camarote e refeitório, vestiários e assentos que se transformavam em beliches —, mas não havia como eliminar o ruído e a vibração dos motores a pistão, e a maior altitude de cruzeiro (5,9 quilômetros) ainda era muito baixa para colocá-lo acima das camadas atmosféricas mais turbulentas. Com três paradas, o voo de Nova York a Los Angeles levava quinze horas e meia, e a primeira conexão de Londres a Singapura em 1934 levou oito dias e 22 escalas, entre elas Atenas, Cairo, Bagdá, Basra, Sharjah, Jodhpur, Calcutá e Rangum.[43] Mas, por mais longa que fosse, era um avanço considerável em relação aos aproximadamente trinta dias necessários para fazer a viagem de navio, partindo de Southampton pelo canal de Suez.

O rádio era de crucial importância para uma melhor navegação marítima e aérea e, em comparação com o telégrafo, também era uma ferramenta superior para a disseminação em massa de informações instantâneas. A comunicação de rádio foi implantada primeiro em transatlânticos: graças à mensagem de socorro do *Titanic* — "CQD Titanic 41,44 N 50,24 W", enviada à 0h15 de 15 de abril de 1912 — setecentas pessoas em botes salva-vidas foram resgatadas pelo navio *Carpathia*.[44] A radionavegação fez grandes avanços durante a década de 1930 com a introdução de estações de alcance: aviões em rota para um aeroporto ouviam um tom de áudio contínuo; aqueles que se desviavam do curso ouviam o N em código Morse (– •) quando à esquerda do caminho e o A (• –) quando à direita da rota correta.[45]

As transmissões por ondas não exigiam cabos submarinos caros, podendo alcançar uma grande cobertura de área e acesso universal (qualquer pessoa com um receptor simples poderia ouvir). Não é de surpreender que a adoção dos receptores de rádio tenha sido rápida: uma década após seu surgimento, 60% das famílias norte-americanas tinham o aparelho — uma taxa de aquisição quase tão rápida quanto a dos televisores em preto e branco (que também se originaram na década de 1920) após a Segunda Guerra Mundial, e uma taxa ainda mais rápida do que a difusão da televisão em cores, que decolou a passos largos nos Estados Unidos durante o início dos anos 1960.[46]

Motores marinhos a diesel e motores a pistão nas aeronaves continuaram sendo os facilitadores técnicos da globalização durante as duas décadas entre as grandes guerras, e sua implantação em larga escala foi uma contribuição decisiva para o resultado da Segunda Guerra Mundial. Ao final do conflito, os Estados Unidos haviam construído cerca de 296 mil aviões, contra cerca de 112 mil da Alemanha e 68 mil do Japão.[47] Em 1945, os Estados

Unidos emergiram como a potência mundial dominante, e a recuperação econômica da Europa Ocidental foi rápida. Com a ajuda do investimento dos Estados Unidos (por meio do Plano Marshall de 1948), todos os países da região superaram seu nível de produção industrial pré-guerra (1934-1938) em 1949, enquanto a recuperação do Japão foi acelerada pela contribuição das indústrias daquele país para a Guerra da Coreia.[48]

Assim foi montado o palco para um período de crescimento e integração sem precedentes, bem como para grandes interações sociais e culturais. As economias comunistas, lideradas pela União Soviética e China, foram as principais exceções: embora registrassem taxas de crescimento econômico impressionantes, eram altamente autárquicas e operavam com muito pouco comércio exterior para fora de seu bloco (além de impedir que seus cidadãos viajassem para o exterior).

GRANDES MOTORES A DIESEL, TURBINAS, CONTÊINERES E MICROCHIPS

Esse claro e intenso período da globalização pós-1950, ainda longe de ser universal — finalizado entre 1973 e 1974 com as duas rodadas de aumentos do preço do petróleo da Opep, seguido por quinze anos de relativa estagnação —, foi possibilitado por uma combinação de quatro avanços técnicos fundamentais. São eles: a rápida adoção de motores a diesel muito mais potentes e eficientes; o surgimento (e a difusão ainda mais rápida) de um novo tipo de motor, a turbina a gás usada para a propulsão de aviões a jato; os projetos aprimorados para transporte marítimo intercontinental (enormes graneleiros para líquidos e sólidos e a conteinerização de outras cargas); e os saltos quânticos na computação e no processamento de informações.

Tais avanços decolaram com os primeiros computadores eletrônicos, que usavam tubos de vácuo volumosos e não muito confiáveis e foram construídos durante e logo após a Segunda Guerra Mundial. O avanço dos equipamentos sofreu uma revolução com o registro de patente (1947-1949) e a comercialização (a partir de 1954) dos primeiros transistores, dispositivos que continuam sendo a base da eletrônica de estado sólido moderna. O passo seguinte, no fim dos anos 1950 e início dos anos 1960, foi colocar um número cada vez maior de transistores em um microchip para criar circuitos integrados, até que, em 1971, a Intel lançou seu 4004, o primeiro microprocessador do mundo. Ele continha 2.300 transistores, formando uma unidade de processamento central para uso geral completa, adequada para muitas aplicações programáveis.

E, apesar das mais recentes percepções a respeito da natureza transformadora das capacidades técnicas implantadas desde o início do século XXI (sobretudo avanços em inteligência artificial e biologia sintética), nosso mundo ainda deve muito a essas conquistas fundamentais dos anos anteriores a 1973. Além disso, como não há alternativas imediatamente disponíveis capazes de ser implantadas para as mesmas tarefas em grande escala, vamos seguir dependendo dessas técnicas pelas próximas décadas — sejam enormes motores marítimos a diesel, navios porta-contêineres e aviões a jato de fuselagem larga ou microprocessadores. Também por isso essas técnicas merecem um olhar mais atento.

A escala da expansão econômica global entre 1950 e 1973 tem como melhores exemplos o aumento na produção dos quatro pilares materiais da civilização moderna (para a avaliação deles, veja o Capítulo 3) e a crescente demanda mundial de energia (veja o Capítulo 1).[49] A produção de aço quase quadruplicou (de cerca de 190 para 698 megatons por ano); a produção de cimento aumentou quase seis vezes (de 133 para 770 megatons); a síntese de amônia, quase oito vezes (de menos de 5 para 37 megatons de nitrogênio); e a produção de plásticos foi mais que 26 vezes maior (de menos de 2 a 45 megatons). A produção de energia primária quase triplicou, e o consumo de petróleo bruto aumentou quase seis vezes à medida que o mundo foi se tornando cada vez mais dependente do petróleo do Oriente Médio. Por isso, não há dúvida sobre qual técnica fez a maior diferença para possibilitar o transporte em grande escala na economia global: sem os motores a diesel, o comércio intercontinental de cargas a granel (de grãos a petróleo bruto) seria apenas uma fração dos recentes volumes embarcados.

Depois da Segunda Guerra Mundial, os navios-petroleiros foram os primeiros a aumentar sua capacidade, pois o rápido crescimento econômico da Europa Ocidental e do Japão coincidiu com a disponibilidade dos enormes campos petrolíferos recém-descobertos no Oriente Médio (Ghawar, na Arábia Saudita, o maior do mundo, foi encontrado em 1948 e começou a produzir em 1951), e as exportações desse combustível barato (até 1971 o petróleo era vendido por menos de 2 dólares o barril) exigiam navios de capacidades cada vez maiores. Os petroleiros comuns anteriores a 1950 tinham capacidade para apenas 16 mil toneladas de porte bruto (a maior parte sendo a carga do navio, mas contando também seu combustível, lastro, provisões e tripulação). O primeiro petroleiro de mais de 50 mil toneladas de porte bruto foi lançado em 1956, e, em meados da década de 1960, os estaleiros japoneses começaram a lançar navios-petroleiros muito grandes (VLCC, do inglês *very large crude carriers*), com capacidades entre 180 mil e 320 mil toneladas de porte bruto. Depois vieram os ultragrandes (ULCC, *ultra large crude carriers*), e sete navios com mais de 500 mil toneladas de porte bruto foram lançados durante a década de 1970, grandes demais para permitir uma rota flexível, pois só podiam ser acomodados nos portos mais

160

profundos.[50] Essa crescente frota possibilitou ampliar os carregamentos de petróleo do Oriente Médio de menos de 50 megatons em 1950 para cerca de 850 megatons em 1972.[51]

Mesmo com o aumento das exportações de petróleo bruto no final dos anos 1950 e início dos anos 1960, não havia como transportar gás natural, um combustível mais limpo que o carvão ou os combustíveis de petróleo refinado, além de adequado tanto para usos industriais e domésticos quanto para uma geração altamente eficiente de eletricidade. Os carregamentos intercontinentais de gás natural se tornaram possíveis com o surgimento dos primeiros navios-tanque de gás natural liquefeito (GNL), que transportavam o combustível a -162°C em contêineres isolados. Esses navios também levaram exportações da Argélia para o Reino Unido a partir de 1964 e do Alasca para o Japão em 1969.[52] Mas, durante décadas, os navios tinham baixa capacidade, e o mercado se limitava a contratos de longo prazo com um pequeno número de compradores.

O comércio intercontinental crescia e exigia novos modos de transporte marítimo especializado. Os graneleiros com grandes compartimentos e enormes escotilhas vedadas foram projetados para transportar carvão, grãos, minérios, cimento e fertilizantes, e podiam ser carregados e descarregados rapidamente. Mas a maior inovação marítima ocorreu em 1957, quando um caminhoneiro da Carolina do Norte, Malcolm McLean, enfim conseguiu transformar em uma realidade comercial sua ideia que era anterior à Segunda Guerra Mundial: transportar carga em caixas de aço de tamanho uniforme, fáceis de erguer com grandes guindastes portuários e capazes de ser descarregadas diretamente em caminhões e trens ou empilhadas temporariamente para distribuição posterior.

Em outubro de 1957, o *Gateway City*, um cargueiro cujo porão foi equipado com compartimentos para acomodar 226 contêineres empilhados, se tornou o primeiro verdadeiro navio porta--contêineres do mundo, e a empresa Sea-Land, de McLean, iniciou um serviço regular de transporte de contêineres para a Europa (de Newark a Roterdã) em abril de 1966 e para o Japão em 1968.[53] Novos navios também foram necessários para expandir as exportações intercontinentais de automóveis. O mercado dos Estados Unidos se abriu primeiro para o Fusca da Volkswagen (o primeiro carro importado já em 1949) e depois para os carros japoneses compactos (o Toyopet desde 1958, o Honda N600 desde 1969 e o Honda Civic desde 1973), e novos cargueiros conhecidos como Ro-Ro (do inglês *roll-on/roll-off*, geralmente com rampas de carregamento retráteis para permitir a subida e descida dos veículos) foram projetados para atender a essas necessidades. Após anos de uma adoção lenta, as vendas da Volkswagen atingiram o pico de 570 mil unidades em 1970, e os carros japoneses continuaram a ganhar participação no mercado norte--americano nas décadas seguintes.[54]

Felizmente, não houve problema em atender às necessidades de propulsão desses novos grandes navios. O tamanho dos maiores motores a diesel anteriores à Segunda Guerra tinha mais do que dobrado no final da década de 1950 — para mais de 10 megawatts — à medida que sua eficiência se aproximava de 50%.[55] A potência máxima desses enormes motores policilíndricos aumentou para 35 megawatts no final dos anos 1960 e para mais de 40 megawatts em 1973. Qualquer motor a diesel classificado acima de 30 megawatts pode alimentar o maior navio cargueiro ULCC, portanto o tamanho dessas embarcações nunca foi limitado pela disponibilidade de motores adequados.

A busca por uma turbina a gás funcional, um motor radicalmente novo no qual o combustível é pulverizado em uma corrente de ar comprimido para gerar um gás de alta temperatura que se expande e sai da máquina em alta velocidade, resultou na primeira turbina estacionária (para geração de eletricidade) em 1938. Do mesmo modo, os primeiros projetos funcionais para motores a jato surgiram — de forma independente e quase ao mesmo tempo — na Inglaterra e na Alemanha pré-guerra.[56] Frank Whittle e Hans von Ohain foram os primeiros engenheiros a testar turbinas eficientes e confiáveis o bastante para serem usadas em aviões militares. Um pequeno número desses jatos foi usado em combate no final de 1944, tarde demais para ter qualquer efeito no desfecho já definido do conflito. Mas, após o fim da guerra, a indústria britânica fez valer sua vantagem e, em 1949, o Comet se tornou o primeiro avião a jato comercial do mundo, movido por quatro motores turbojato do modelo de Havilland Ghost.[57]

Infelizmente, uma série de acidentes fatais, não relacionados aos motores, forçaram a retirada do avião de serviço em 1954, e o Comet que retornou reprojetado em 1958 foi logo ofuscado pelo 707 da Boeing, o primeiro projeto de uma família de aviões a jato que segue em expansão.[58] O segundo da fila era o trimotor Boeing 727, e em 1967 veio o Boeing 737, o menor da série. Em 1966, William Allen, o presidente da empresa, tomou uma decisão ousada para desenvolver o primeiro jato de fuselagem larga, investindo mais do que o dobro do valor da empresa e, portanto, apostando essencialmente seu futuro no sucesso do projeto.

Era esperado que os jatos supersônicos dominassem as rotas intercontinentais — o desenvolvimento do Concorde franco-britânico começou em 1964 —, mas o voo supersônico permaneceu limitado ao caro e barulhento Concorde, e foi o 747 da Boeing que se tornou o projeto de avião mais revolucionário da história.[59] Na verdade, o avião foi concebido como um cargueiro: seu corpo largo comportava dois contêineres padrão navio lado a lado, e a cabine na bolha superior permitia que seu nariz fosse levantado para o carregamento frontal. O protótipo decolou menos de três anos após o pedido da Pan Am de 25 aviões 747, e o primeiro voo comercial partiu de Nova York para Londres em 21 de janeiro de 1970.

O tamanho do avião, cujo peso máximo para decolagem era de 333 toneladas, foi possível graças à implantação de quatro motores turbofan Pratt & Whitney.[60] Ao contrário dos motores turbojato, em que todo o ar comprimido passa pela câmara de combustão, nos turbofans são massas maiores de ar menos comprimido e, portanto, de movimento mais lento, que desviam do combustor e ajudam a gerar maior empuxo durante a decolagem (com menos ruído). Os motores dos 707 tinham uma razão de diluição de 1:1, enquanto no 747 era de 4,8:1, um índice quase cinco vezes maior de ar desviado da turbina.

Em meio século de produção, o número de 747 entregues chegou a 1.548, e a Boeing estima que durante essas cinco décadas os aviões transportaram 5,9 bilhões de pessoas, o equivalente a cerca de 75% da população mundial.[61] Seu design revolucionário mudou as viagens intercontinentais, já que jatos de fuselagem larga transportam centenas de milhões de pessoas para cada vez mais destinos, com custos cada vez menores e segurança cada vez maior.

A integração da economia global esteve diretamente ligada ao surgimento dos jatos de fuselagem larga — do Boeing 747 aos seus concorrentes posteriores da Airbus (A340 e A380). Seus serviços têm sido importantes sobretudo para os exportadores asiáticos, que os utilizam para entregar em curto prazo vários itens muito procurados ou sazonais (as últimas marcas de celulares, presentes de Natal) para os mercados norte-americano e europeu. E os aviões de fuselagem larga permitiram o turismo em massa para destinos que antes raramente eram visitados (hoje há pistas longas o suficiente para acomodar aeronaves 747 de Bali a Tenerife, de Nairóbi ao Taiti), viagens intercontinentais de imigração e intercâmbios educacionais.

É claro que os avanços da globalização estão ligados não apenas ao aumento na capacidade e ao melhor desempenho de poderosos motores, mas também à implacável miniaturização de componentes necessários para computação, processamento de informações e comunicação. O desenvolvimento do rádio e, posteriormente, da televisão e dos primeiros computadores eletrônicos dependeu da implantação de uma variedade de válvulas a vácuo, começando com diodos e triodos durante a primeira década do século XX. Quatro décadas depois, nossa dependência em relação a esses grandes conjuntos de vidro quente limitou o desenvolvimento da computação eletrônica.

O primeiro computador digital eletrônico de uso geral, chamado Eniac, tinha 17.648 tubos de vácuo, um volume perto de 80 m³ (a área ocupada por cerca de duas quadras de badminton), com sua fonte de alimentação e sistema de refrigeração pesando cerca de 30 toneladas. As frequentes interrupções operacionais eram causadas por falhas recorrentes de tubos que exigiam manutenção e substituição quase constantes.[62] Os primeiros transistores de uso prático (dispositivos de estado sólido desempenhando as mesmas funções que os dispositivos envoltos em vidro) se tornaram comercialmente disponíveis no início dos anos 1950, e, antes do final da década, as ideias de vários inventores norte-americanos, como Robert Noyce, Jack Kilby, Jean Hoerni, Kurt Lehovec e Mohamed Atalla, resultaram na produção dos primeiros circuitos integrados, com componentes ativos (transistores) e passivos (capacitores, resistores) construídos e interligados sobre uma fina camada de silício (um material semicondutor). Esses circuitos podiam executar quaisquer funções específicas de computação e foram usados pela primeira vez na prática em foguetes e na exploração espacial.[63]

O próximo passo importante foi dado pela Intel em 1969, quando a empresa começou a projetar o primeiro microprocessador do mundo, colocando mais de dois mil transistores em um único wafer de silício para executar um conjunto completo de funções predeterminadas: no caso do pioneiro Intel 4044, o objetivo era operar uma pequena calculadora eletrônica japonesa.[64] O 4044 deu início ao domínio de décadas da Intel no design de microchips, que levou aos primeiros computadores pessoais — os desktops relativamente caros, lentos e pesados do final dos anos 1970 e início dos anos 1980 — e aos eletrônicos portáteis, desde telefones celulares (os primeiros modelos caros do final dos anos 1980) até laptops, tablets e smartphones.

O período entre 1950 e 1973 foi marcado por um rápido crescimento econômico em quase todas as partes do mundo: a taxa média global de crescimento por ano e os ganhos médios *per capita* foram quase 2,5 vezes maiores do que durante a onda de globalização anterior, de 1850 a 1913. O valor dos bens exportados no produto econômico mundial aumentou de pouco mais de 4% em 1945 para 9,6% em 1950 e cerca de 14% em 1974, igualando a parcela de 1913, mas com volume de comércio quase dez vezes maior.[65] O crescimento econômico foi praticamente universal (os anos da Grande Fome da China, de 1958 a 1961, foram a exceção mais importante), porém os benefícios dessa era de ouro da expansão econômica — a recuperação do pós-guerra, com altas taxas de crescimento ajudando a diminuir a desigualdade econômica — se concentraram de forma desproporcional no Ocidente: em 1973, a América do Norte e os países da Europa Ocidental representavam mais de 60% das exportações globais.[66] À medida que as principais economias da Europa Ocidental (Alemanha, Reino Unido e França) e o Japão se tornaram os exportadores mais dinâmicos da época, a gradual redução da participação dos Estados Unidos no comércio mundial foi inevitável.

Enquanto o comércio estava se expandindo e os consumidores nos países ocidentais desfrutavam de maior acesso a uma ampla variedade de produtos importados, as viagens internacionais — seja para negócios ou lazer — permaneciam relativamente limitadas, assim como a migração internacional e o número de pessoas estudando ou trabalhando temporariamente fora do seu país. Os alemães não voavam até a Tailândia ou o Havaí: eles iam de carro até as praias italianas. A parcela de imigrantes na população dos Estados Unidos, que chegou a quase 15% pouco antes da Primeira Guerra Mundial, atingiu um novo mínimo, menos de 5%, em 1970.[67] E a sugestão de que a China, isolada do mundo pelas convulsões sociais lideradas por Mao, enviaria multidões de estudantes às universidades norte-americanas era vista apenas como uma ficção improvável.

E então, pelas razões explicadas no primeiro capítulo, onde mapeei a dependência da civilização moderna em relação ao petróleo bruto, parecia que o período de globalização — limitada, porém intensa — do pós-guerra havia acabado. Os aumentos dos preços do petróleo impulsionados pela Opep fizeram a globalização tropeçar, enfraquecer e recuar. Mas esse recuo não afetou todos os setores econômicos, e em questão de anos uma combinação de ajustes eficazes lançou as bases para uma nova rodada de globalização, que, graças a novos alinhamentos políticos, progrediram mais do que qualquer uma das ondas anteriores.

CHINA, RÚSSIA E ÍNDIA ENTRAM NO JOGO

Dessa vez, a expansão foi longe — possibilitada, como sempre, por fatores técnicos — porque, pela primeira vez na história moderna, teve condições de ir longe. No final dos anos 1960, as capacidades técnicas estavam no ponto ideal para uma integração global inédita: o suprimento de energia era farto, não faltava dinheiro para investir e bastava estender o processo de globalização às nações que não participaram da primeira onda no pós-guerra. Isso teve início apenas quando os meios técnicos e financeiros foram ampliados e potencializados de forma decisiva por reversões políticas fundamentais e a China, a Rússia e a Índia se tornaram participantes importantes no comércio global, no setor financeiro, nas viagens e no fluxo de talentos.

A abertura gradual da China começou com a visita de Richard Nixon a Pequim em 1972, teve uma guinada importante no final de 1978 (dois anos após a morte de Mao Zedong), com a ascensão de Deng Xiaoping e o lançamento de reformas econômicas há muito esperadas (a privatização da agricultura, a modernização da indústria e a retomada parcial da iniciativa privada), e se acelerou depois que a China ingressou na Organização Mundial do Comércio (OMC) em 2001. Em 1972, a China não tinha relações comerciais com os Estados Unidos. No ano de 1984, os Estados Unidos tiveram um superávit comercial de mercadorias com Pequim pela última vez. Em 2009, a China se tornou o maior exportador mundial de mercadorias, e, em 2018, suas exportações representaram mais de 12% de todas as vendas globais. O superávit comercial chinês com os Estados Unidos atingiu quase 420 bilhões de dólares, antes de cair aproximadamente 18% em 2019 devido ao aumento na tensão entre as duas superpotências econômicas.[68] Mas ainda é muito cedo para prever qualquer recuo de longo prazo no comércio ou o retorno das restrições à integração econômica.

Após décadas de Guerra Fria, a União Soviética começou a se desintegrar no final dos anos 1980. Seus Estados-satélites se separaram primeiro (o Muro de Berlim caiu em 9 de novembro de 1989), e o Estado soviético foi oficialmente dissolvido em 26 de dezembro de 1991.[69] Pela primeira vez na história, a abertura de todas as grandes economias ao investimento estrangeiro se tornou possível (em quase todos os casos a níveis inéditos, ainda que em graus variados), intensificando o comércio internacional. Populações antes proibidas de viajar livremente para o exterior aderiram em massa ao turismo de grande escala e aproveitaram novas oportunidades para emigrar, trabalhar e estudar temporariamente em outros países. A expansão do comércio ocorreu dentro de uma estrutura definida pela OMC e acordada globalmente.[70]

A Índia, com sua confusa política eleitoral multiétnica, não foi capaz de replicar a ascensão da China pós-1990 — que foi impulsionada pelo governo de partido único e sem contestações —, mas o recorde de crescimento do PIB *per capita* durante as duas primeiras décadas do século XXI indica um claro distanciamento do baixo desempenho registrado nas décadas anteriores. Entre 1970 e 1990, o PIB *per capita* da Índia (em moeda constante) realmente caiu em seis anos separados e ficou abaixo de 4% por quatro anos, enquanto, entre 2000 e 2019, por dezoito vezes o crescimento anual ficou acima de 4%.[71] Além disso, desde 2008, o crescimento anual das exportações de mercadorias do país foi de 5,3%, bem pouco abaixo dos 5,7% da China, e o impacto dos engenheiros de software da Índia no Vale do Silício (onde eles têm sido o mais importante contingente de imigrantes qualificados da indústria) tem estado muito acima das contribuições chinesas.[72]

A ascensão da Índia coincidiu com a marginalização do Partido do Congresso, que governou o país por décadas depois de sua independência em 1947, enquanto a Rússia e a China mantiveram muitas características da centralização do controle econômico e social. Ao contrário do que ocorre na nova Rússia nacionalista, o Partido Comunista continua firme no comando da China, mas ambos os países instituíram a liberdade para viajar (com importantes exceções por repressão), o que levou a novas ondas de turistas, cujos destinos favoritos eram, para os russos, os países do Mediterrâneo e, para os chineses, a Tailândia, o Japão e a Europa. Além disso, houve um influxo sem precedentes de estudantes chineses, indianos e sul-coreanos para o Ocidente, sobretudo para os Estados Unidos. A participação do comércio internacional no produto econômico mundial aumentou de cerca de 30% em 1973 para 60% em 2008, enquanto o volume total do comércio (em moeda constante) aumentou quase exatamente seis vezes, com a maior parte do aumento ocorrendo a partir de 1999.[73] A crise financeira de 2008-2009 reduziu o volume total do comércio em um décimo, e sua participação na produção econômica caiu mais ou menos 15% em 2009. Mas já em 2018 o comércio total ficou 35% acima do pico de 2008, e a participação do comércio no produto econômico mundial voltou a ser superior a 59% — os números mudaram pouco em 2019. O investimento estrangeiro direto, medido pelo volume de remessas líquidas por ano, é outro marcador que evidencia a globalização. Em 1973, seu total mundial era inferior a 30 bilhões de dólares (0,7% do produto econômico global). Duas décadas depois, subiu para 256 bilhões de dólares, porém, em 2007, subiu para 3,12 trilhões de dólares (quase 5,5% do produto global), um aumento de doze vezes em apenas catorze anos, com a Ásia e, acima de tudo, a China como principal destino.[74]

A pesquisa de uma equipe russa mediu o progresso da globalização após o ano 2000 combinando todos os marcadores principais, isto é, analisando as mudanças no comércio de bens, no comércio de serviços e nos estoques acumulados de investimento bilateral estrangeiro direto (importante especialmente para a China), além de no número de migrantes (inexistentes na China, mas relevantes para a economia norte-americana).[75] Sem surpresa, os resultados mostram os maiores ganhos para a Rússia, antes isolada, para outras ex-economias comunistas da Europa e para a China, bem como Índia, alguns países africanos e Brasil. Além disso, como resultado dessas mudanças, a conectividade global da China em 2017 era tão alta quanto a do Japão, a da Rússia rivalizava com a da Suécia, e a da Índia poderia ser comparada à de Singapura. Se alguma dessas combinações parecer duvidosa, pense na posição da China como maior fabricante de bens de consumo, nas enormes exportações de energia e minerais da Rússia e no já mencionado contingente de engenheiros de software indianos no Vale do Silício.

A GLOBALIZAÇÃO EM MÚLTIPLOS

Talvez a melhor maneira de compreender os avanços técnicos que permitiram essa globalização em escala verdadeiramente inédita seja expressar seu progresso como múltiplos de suas capacidades, suas classificações, suas eficiências ou seus desempenhos. Como já explicado, as bases técnicas dessa vertiginosa globalização foram lançadas antes de 1973, entretanto sua extensão e intensidade desde então exigiram enormes investimentos em motores (de combustão e elétricos no caso dos transportes) e em infraestruturas essenciais (portos, aeroportos, transporte em contêineres). Como resultado, não apenas temos mais desses itens, mas suas capacidades médias (potência, volume, rendimento) se tornaram maiores, enquanto suas eficiências e confiabilidades se tornaram melhores. Então vejamos os avanços ocorridos no transporte marítimo e aéreo, na navegação, na computação e na comunicação desde o início dos anos 1970.

A globalização pós-1973 mais do que triplicou os números (em massa) do comércio marítimo e fez grandes mudanças em sua composição.[76] Enquanto, em 1973, o tráfego de navios-tanque, dominado por petróleo bruto e produtos refinados, representava mais da metade do total transportado, em 2018 as mercadorias totalizaram cerca de 70%, uma mudança que reflete não apenas a ascensão da Ásia — acima de tudo, da China — como a principal fonte mundial de bens de consumo, mas também o aumento geral na integração e interdependência: montadoras alemãs constroem veículos no Alabama, produtos químicos fabricados no Texas (aproveitando o *boom* na extração de gás natural) fornecem matérias-primas para indústrias da União Europeia, frutas chilenas são exportadas para quatro continentes, e camelos somalis são embarcados para a Arábia Saudita.

Essa multiplicação por três da massa de produtos embarcados entre 1973 e 2019 exigiu (quando medida em toneladas de porte bruto) que a capacidade da frota mercante global fosse quase quadruplicada. A tonelagem de porte bruto dos petroleiros pouco mais que triplicou, a tonelagem dos navios porta-contêineres aumentou 4,5 vezes, e o tamanho da frota global de contêineres cresceu aproximadamente dez vezes em 45 anos, chegando a 5.152 navios em 2019. Esse aumento de ordem de grandeza foi acompanhado por uma enorme mudança da atividade de contêineres em direção à China: em 1975, o país não tinha tráfego de contêineres, e os portos dos Estados Unidos e do Japão representavam quase metade da atividade global. Em 2018, a China (incluindo Hong Kong) detinha uma participação de 32%, enquanto a participação conjunta de Estados Unidos e Japão era inferior a 10%.

Quanto aos tamanhos máximos das embarcações, Malcolm McLean lançou seus maiores navios porta-contêineres em 1972 e 1973, cada um com capacidade para 1.968 contêineres-padrão de aço (quase cinco vezes maiores que seus primeiros navios adaptados em 1957). Em 1996, o navio *Regina Maersk* podia carregar seis mil unidades-padrão; em 2008, o máximo era de 13.800; e, em 2019, a Mediterranean Shipping Company colocou em serviço seis navios gigantes, cada um capaz de transportar 23.756 contêineres-padrão — portanto, um aumento de doze vezes da capacidade máxima dos navios entre 1973 e 2019.[77] Inevitavelmente, essa conversão em grande escala para o transporte de contêineres exigiu a conversão proporcional de transporte por trens de carga e caminhões, e essas cadeias intermodais hoje levam as mercadorias de uma cidade no interior da China até a doca de carregamento de um Walmart no estado do Missouri, nos Estados Unidos.

Quando a carga exige velocidade, os produtos vão de avião, como comidas ou flores caras (atum recém-capturado do Atlântico do Canadá para Tóquio, feijão-verde do Quênia para Londres, rosas do Equador para Nova York) ou eletrônicos de alto valor. O porão de cada avião de passageiros transporta mercadorias, bem como a crescente frota de cargueiros; assim, entre 1973 e 2018, o frete aéreo global, indicado em toneladas-quilômetro, aumentou cerca de doze vezes, enquanto o tráfego regular de passageiros aumentou de mais ou menos meio trilhão para mais de 8,3 trilhões de passageiros-quilômetro, um ganho de quase dezessete vezes.[78] Praticamente dois terços (5,3 trilhões de passageiros-quilômetro) do total mais recente foram em voos internacionais, o equivalente ao transporte de quase meio bilhão de pessoas por ano de Nova York a Londres, ida e volta.

Uma parcela cada vez maior desses voos é feita por turistas internacionais. No início dos anos 1970, seu total global anual (dominado por norte-americanos e europeus ocidentais) estava abaixo de duzentos milhões; já em 2018, o novo recorde atingiu 1,4 bilhão.[79] A Europa continua sendo o principal destino turístico, respondendo por metade do total de chegadas de passageiros, e França, Espanha e Itália são os países mais visitados do continente.

Por gerações, os turistas dos Estados Unidos lideraram o ranking geral de gastos, mas foram superados pelos chineses em 2012, e, cinco anos depois, os turistas chineses já gastavam o dobro dos norte-americanos. A multiplicação repentina de turistas e sua concentração desproporcional em várias cidades grandes (Paris, Veneza e Barcelona) causaram reclamações de seus residentes permanentes e provocaram as primeiras medidas para limitar o número de visitantes por dia ou ano.[80]

O LONGO ALCANCE DA LEI DE MOORE

Os aumentos no transporte de materiais, produtos e pessoas, bem como a necessidade de pronta-entrega de materiais ou componentes para novas indústrias que trabalham sem grandes estoques, foram possíveis (e se tornaram mais confiáveis) graças aos avanços em navegação, rastreamento, computação e comunicação. Também foi necessária uma grande ampliação dessas capacidades para acomodar o dilúvio de fluxos internacionais de dados. Todos esses avanços têm um fundamento técnico básico: nossa capacidade de colocar mais componentes em um circuito integrado, cujo progresso — duplicando aproximadamente a cada dois anos — segue até hoje em conformidade com a previsão feita em 1965 por Gordon Moore, então diretor de pesquisas da Fairchild Semiconductor.[81]

Em 1969, Moore se tornou cofundador da Intel, e, como já vimos, em 1971 a empresa lançou seu primeiro microprocessador (microchip), com 2.300 componentes. A fabricação de microprocessadores acabou avançando da integração em larga escala (LSI, do inglês *large-scale integration*, com até cem mil componentes) para a integração em escala muito alta (VLSI, *very large-scale integration*, com até dez milhões de componentes), culminando na integração em escala ultra (ULSI, *ultra large-scale integration*, com até um bilhão de componentes).[82] A marca de 10^5 (cem mil transistores) foi alcançada em 1982, e em 1996, para comemorar o quinquagésimo aniversário da máquina, um grupo de estudantes da Universidade da Pensilvânia recriou o Eniac colocando 174.569 transistores em um microchip de silício de 7,4 mm × 5,3 mm: a máquina original era mais de cinco milhões de vezes mais pesada, exigia cerca de quarenta mil vezes mais eletricidade, e o chip recriado era quinhentas vezes mais rápido.[83]

E o progresso continuou: a marca de 10^8 foi superada em 2003, a de 10^9 em 2010, e, no final de 2019, a AMD lançou sua CPU Epyc, com 39,5 bilhões de transistores.[84] Isso significa que, entre 1971 e 2019, o poder do microprocessador aumentou sete ordens de grandeza: 17,1 bilhões de vezes, para ser exato. Esses avanços foram mais do que suficientes para acomodar novas demandas por transferências de dados em grande escala (de observação da Terra, satélites de espionagem e comunicação, e entre centros financeiros e armazenamentos de dados), e-mails instantâneos, chamadas de voz e navegação de alta precisão.

Essa última capacidade se beneficiou dos avanços na detecção de radares e da criação e posterior expansão e aperfeiçoamento dos sistemas de posicionamento global (GPS): o primeiro sistema, dos Estados Unidos, estava em pleno funcionamento em 1993, e três outros vieram em seguida — o russo Glonass; o Galileo, da União Europeia; e o chinês BeiDou.[85] O resultado disso é que qualquer pessoa com um computador ou telefone celular hoje pode ver as atividades de navegação e aviação em todo o mundo em tempo real: basta entrar no site MarineTraffic e observar navios cargueiros (em verde) convergindo para Xangai e Hong Kong, fazendo fila para passar entre Bali e Lombok ou subindo o canal da Mancha, navios-tanque (em vermelho) saindo do golfo Pérsico, rebocadores e embarcações especiais (em turquesa) servindo as plataformas de extração de petróleo e gás no mar do Norte, e navios de pesca (em marrom--claro) vagando pelo Pacífico Central — e há muitos outros navios lá e em outros lugares que não aparecem na tela, pois desligam seus transponders quando pescam ilegalmente.[86]

Similar, e não menos fascinante, é a oportunidade de monitorar todos os voos comerciais em um clique.[87] O início da manhã na Europa mostra um longo arco de voos escalonados se aproximando do continente após cruzarem o Atlântico durante a noite das Américas do Norte e do Sul. As noites na América do Norte mostram os longos fluxos de aviões a jato seguindo as melhores rotas de voo para a Europa. Os voos que cruzam o Pacífico até o Japão convergem para Narita e Haneda durante o final da tarde e início da noite, horário de Tóquio. Além disso, o rastreamento de voo torna possível traçar a mudança nas trajetórias de voo que levam em consideração as constantes mudanças nas correntes de ar.[88] Ajustes na trajetória de voo também são causadas, com menos frequência, pelo avanço de grandes ciclones ou pelas nuvens de cinzas emitidas por erupções vulcânicas.[89]

INEVITABILIDADE, RECUOS E EXCESSOS

A história da globalização mostra uma inegável tendência de longo prazo em direção a uma maior integração econômica internacional, que se manifesta por fluxos mais intensos de energias, materiais, pessoas, ideias e informações e é possibilitada pelo aprimoramento das capacidades técnicas. O processo não é novo, mas somente graças a muitas inovações posteriores a 1850 ele foi capaz de alcançar a intensidade e a extensão dos últimos tempos.

Contudo, como alguns contratempos anteriores indicam, esses avanços técnicos não tornam a continuidade do progresso inevitável: como destaque, a primeira metade do século XX viu um recuo significativo da globalização econômica e, consequentemente, do movimento internacional de pessoas. As razões para esse recuo são óbvias, pois as décadas foram marcadas por uma concatenação sem precedentes de tragédias de grande escala e mudanças no destino das nações.

A lista, limitada aos principais eventos, inclui o fim dos Qing, a última dinastia imperial da China (1912); a Primeira Guerra Mundial (1914-1918); o fim da Rússia czarista, quando os bolcheviques tomaram o poder e os anos de guerra civil terminaram com a criação da União das Repúblicas Socialistas Soviéticas (1917-1921); o desmoronamento do Império Otomano, cuja dissolução final se deu em 1923; a instabilidade política na Europa da década de 1920 do pós-guerra; o colapso do mercado de ações no final de outubro de 1929; as subsequentes crises econômicas mundiais, que duraram a maior parte da década de 1930; a invasão da Manchúria pelo Japão (1931), o verdadeiro começo de outra grande guerra; o domínio nazista da Alemanha (1933); a guerra civil espanhola (1936-1939); a Segunda Guerra Mundial (1939-1945); a retomada da guerra civil na China (1945-1949); o início da Guerra Fria (1947); e a proclamação da República Popular da China por Mao (1949). O recuo da globalização econômica foi substancial. A participação do comércio no PIB global caiu de aproximadamente 14% em 1913 para cerca de 6% em 1939, e depois para apenas 4% em 1945.[90]

O ritmo acelerado da globalização após 1990 não dependeu apenas da existência de recursos técnicos superiores: ela não teria sido possível sem grandes transformações políticas e sociais concomitantes, principalmente o retorno da China ao comércio internacional depois de 1980, seguido pelo desmantelamento do império soviético (entre 1989 e 1991). Isso significa que o alto grau de globalização alcançado durante as duas primeiras décadas do século XXI não era inevitável e ainda pode ser enfraquecido por eventos no futuro. Até que ponto — se substancialmente ou apenas marginalmente — e com que rapidez — se rápido devido aos grandes confrontos por poder, ou aos poucos como consequência dos acontecimentos ao longo de uma geração — é impossível prever.

Muito desse cenário parece estar bastante consolidado. Grande parte da globalização acumulada veio para ficar, especialmente várias mudanças que ocorreram durante as duas últimas gerações. Muitos países hoje dependem da importação de alimentos, e a autossuficiência em todas as matérias-primas é impraticável, mesmo para as maiores nações, pois nenhuma tem reservas suficientes de todos os minerais necessários para a própria economia. O Reino Unido e o Japão importam mais alimentos do que produzem, a China não tem todo o minério de ferro de que precisa para seus altos-fornos, os Estados Unidos compram muitos metais entre os minérios de terra-rara (do lantânio ao ítrio), e a Índia tem uma escassez crônica de petróleo bruto.[91] As vantagens inerentes da fabricação em grande escala impedem as empresas de montar telefones celulares em cada uma das cidades onde são comprados. E milhões de pessoas ainda tentarão visitar lugares distantes e icônicos antes de morrer.[92] Além disso, mudanças instantâneas não são fáceis, e disrupções rápidas só podem ocorrer se acompanhadas de altos custos. Por exemplo, o fornecimento global de eletrônicos de consumo teria enormes dificuldades caso a cidade de Shenzhen deixasse repentinamente de funcionar como o centro de fabricação de dispositivos portáteis mais importante do mundo.

No entanto, a história nos lembra que é improvável que a recente conjuntura dure por gerações. A indústria britânica e a dos

Estados Unidos eram líderes globais até o início dos anos 1970. Mas onde estão as fábricas de metalurgia de Birmingham e as fornalhas de aço de Baltimore? Onde estão as grandes fábricas de algodão de Manchester e da Carolina do Sul? Em 1965, as três grandes marcas de Detroit ainda detinham 90% do mercado de automóveis dos Estados Unidos — hoje elas não chegam a 45%. Até 1980, Shenzhen era uma pequena vila de pescadores, quando se tornou a primeira zona econômica especial da China, e agora é uma megacidade com mais de doze milhões de habitantes: que papel ela terá em 2050? Um recuo rápido e em grande escala da situação atual é impossível, mas o sentimento pró-globalização vem ficando mais fraco há algum tempo.

A desindustrialização acelerada de América do Norte, Europa e Japão, com a mudança das fábricas para a Ásia, em geral, e para a China, em particular, tem sido a principal razão para essa reavaliação.[93] Essa mudança das indústrias trouxe transformações que vão do ridículo ao trágico. Na primeira categoria estão transações grotescas, como o Canadá, o país com recursos florestais *per capita* maiores do que qualquer outra nação rica, importando palitos de dente e papel higiênico da China, um país cujos estoques de madeira representam uma pequena fração do enorme patrimônio de floresta boreal do Canadá.[94] Mas a mudança também contribuiu para tragédias, como o aumento da mortalidade entre os homens brancos de meia-idade sem formação universitária nos Estados Unidos. Não há dúvida de que a perda de mais ou menos sete milhões de empregos industriais, antes bem remunerados, nos Estados Unidos após o ano 2000 — a maior parte desse número na conta da globalização, já que a maioria dessa produção foi para a China — foi a principal razão dessas mortes ligadas ao desespero, em grande parte causadas por suicídio, overdose de drogas e doenças hepáticas induzidas por álcool.[95]

Hoje temos uma confirmação quantitativa sólida de que a globalização atingiu um ponto de virada em meados dos anos 2000. Esse fato foi logo ofuscado pela crise financeira de 2008, mas a análise feita pela consultoria McKinsey para 23 cadeias de valor da indústria (atividades interconectadas, do design ao varejo, que fornecem produtos finais), abrangendo 43 países entre 1995 e 2017, mostra que as cadeias de valor produtoras de bens (que ainda crescem aos poucos em termos absolutos) se tornaram significativamente menos intensivas em comércio, com as exportações caindo de 28,1% da produção bruta em 2007 para 22,5% em 2017.[96] O que considero a segunda descoberta mais importante do estudo é que, ao contrário da percepção comum, apenas cerca de 18% do comércio global de mercadorias hoje é impulsionado por custos trabalhistas mais baixos (arbitragem de mão de obra), que em muitas cadeias essa participação diminuiu ao longo da década de 2010 e que as cadeias de valor globais estão se tornando mais intensivas em conhecimento e dependem cada vez mais de mão de obra altamente qualificada. Da mesma forma, um estudo da OCDE revelou que a expansão das cadeias de valor globais parou em 2011 e, desde então, diminuiu ligeiramente: houve menos comércio de bens e serviços intermediários.[97]

Podemos acrescentar a isso os temores (justificados ou exagerados, ponderados ou demagógicos) sobre o impacto da globalização na soberania nacional, nas culturas e nos idiomas, além de na diluição do valor das particularidades no solvente da universalidade comercial (com preocupações que vão desde a onipresença das cadeias de fast-food americanas até o poder incontrolável das mídias sociais). Ainda, ao contrário dos benefícios prometidos, aumentam as preocupações com o papel da globalização na desigualdade econômica e social. Mesmo uma discreta avaliação desses aspectos negativos, reais e percebidos, confirma a existência de desvantagens suficientes para questionar qualquer intensificação futura do processo — sentimentos que, em 2020, foram reforçados pela covid-19.

Argumentos para trazer muitos tipos de indústrias de volta aos seus locais de origem, a fim de obter maior resiliência e reduzir interrupções inesperadas, não são novidade. O progresso da globalização e as ações das empresas multinacionais têm sido questionados e criticados desde a década de 1990, e mais recentemente esses sentimentos se tornaram parte do descontentamento eleitoral em alguns países, sobretudo no Reino Unido e nos Estados Unidos.[98] Mas, à medida que a pandemia de covid-19 se desenrolava, uma notável lista de instituições começou a publicar análises e apelos à reorganização das cadeias de suprimentos globais. A OCDE analisou as opções de políticas para construir redes de produção mais resilientes, que dependessem menos de importações de lugares distantes e que pudessem suportar melhor as interrupções do comércio global. A Conferência das Nações Unidas sobre Comércio e Desenvolvimento avaliou a repatriação de fábricas da Ásia para a América do Norte e a Europa e uma mudança rumo à adoção de cadeias de valor mais curtas e menos fragmentadas — ampliando-as do projeto inicial até a manufatura e distribuição dentro de um único país ou unidade econômica —, capazes de produzir uma maior concentração de valor adicionado. A seguradora Swiss Re produziu um relatório sobre a eliminação de riscos das cadeias de suprimentos globais, reequilibrando-as para fortalecer a resiliência. E a Brookings Institution viu o retorno das fábricas mais avançadas como a melhor maneira de criar bons empregos.[99]

Questionar e criticar a globalização ultrapassou os argumentos estritamente ideológicos, e a pandemia de covid-19 trouxe novos e poderosos argumentos, que se baseiam em preocupações irrefutáveis sobre o papel fundamental do Estado na proteção da vida de seus cidadãos. É difícil manter esse papel quando 70% das luvas de borracha do mundo são feitas em uma única fábrica e quando participações semelhantes ou até maiores tanto de outros EPIs quanto dos principais componentes de remédios e medicamentos comuns (antibióticos, anti-hipertensivos) vêm de um número muito pequeno de fornecedores na China e na Índia.[100] Essa dependência pode ser a realização de um sonho para um economista que busca produção em massa pelo menor custo unitário possível. Ao mesmo tempo, ela torna a governança extremamente irresponsável — se não criminosa — quando médicos e enfermeiros precisam enfrentar uma pandemia sem EPIs adequados, quando os Estados dependentes da produção estrangeira se envolvem em uma terrível competição por suprimentos limitados e quando pacientes em todo o mundo não conseguem dar continuidade ao tratamento médico devido à desaceleração ou ao fechamento de fábricas asiáticas.

E as preocupações com a segurança causadas pela globalização excessiva vão muito além do setor de saúde. O aumento das importações de grandes transformadores chineses pelos Estados Unidos gera preocupações sobre a disponibilidade de peças de reposição e o potencial de futura desestabilização da rede. Nem é preciso relembrar os argumentos sobre a famosa proibição da participação da chinesa Huawei nas redes 5G de algumas nações ocidentais.[101] Não chega a surpreender que o retorno das indústrias possa ser a onda do futuro, tanto na América do Norte quanto na Europa: uma pesquisa de 2020 mostrou que 64% dos fabricantes dos Estados Unidos disseram que esse retorno provavelmente ocorreria após a pandemia.[102]

Esse sentimento vai persistir? Como nunca deixo de enfatizar, não faço previsões e, portanto, não estou oferecendo números específicos sobre o recuo ou a manutenção dos níveis pré-covid da globalização, nem do retorno das unidades industriais aos seus países de origem. Estou apenas tentando avaliar o alcance dos cenários mais prováveis, e, embora nos últimos anos pareça cada vez mais que a maioria dos aspectos da globalização não atingirá novos picos, em 2020 essa ideia se normalizou por completo: podemos ter testemunhado o auge da globalização, e seu recuo talvez dure não apenas anos, mas, sim, décadas.

5. ENTENDENDO OS RISCOS:

DOS VÍRUS ÀS DIETAS E EXPLOSÕES SOLARES

Uma maneira simples e abrangente de descrever os avanços da civilização moderna é vê-los como uma série de missões para reduzir os riscos decorrentes do fato de sermos organismos complexos e frágeis tentando sobreviver a muitas adversidades em um mundo repleto de perigos. Os capítulos anteriores documentaram o quanto nos saímos bem nessa missão. Maiores rendimentos das lavouras melhoraram o abastecimento de alimentos, reduziram seus custos e os riscos de desnutrição, nanismo e doenças infantis decorrentes da subnutrição. Mais importante: a combinação de uma maior produção de alimentos, seu amplo comércio e os auxílios de emergência para alimentação possibilitaram que a recorrência das grandes fomes fosse evitada.[1]

O conforto doméstico aumentou com melhorias na habitação (mais espaço, água corrente e aquecida, aquecimento central), na higiene (nenhuma mais importante do que a oferta de mais sabão e a lavagem das mãos com mais frequência) e nas medidas de saúde pública (desde as vacinações em massa até o monitoramento da segurança alimentar). Essas melhorias também reduziram os riscos de infecções transmitidas por água contaminada e a frequência de patógenos transmitidos por alimentos e ainda eliminaram em grande medida os perigos do envenenamento por monóxido de carbono dos fogões a lenha.[2] Diversos avanços de engenharia e medidas de segurança pública reduziram os acidentes industriais e de transporte. Acidentes de trânsito, com mortes hoje superiores a 1,2 milhão por ano, seriam muito mais letais sem as melhorias no design e nos recursos de proteção do carro que diminuíram os riscos de colisões e lesões graves: barras anti--intrusão protegendo contra impactos laterais, cintos de segurança, airbags, luzes de freio na altura dos olhos do motorista e, cada vez mais, frenagem automática e correção de saída da pista.[3] Tratados internacionais estabelecem regras de transparência que promovem a confiabilidade e a segurança, como a redução dos riscos de importação de produtos contaminados, e que tornam eventos adversos passíveis de ações judiciais (perseguir um pai que raptou uma criança e a levou para outro país, por exemplo).[4] Além disso, apesar da impressão criada pela mídia, a frequência de conflitos violentos no mundo e o número total de vítimas vêm diminuindo há décadas.[5] Mas, dada a complexidade de nossos corpos, a enormidade e a imprevisibilidade dos processos naturais e a impossibilidade de erradicar todos os erros humanos cometidos ao projetar e operar máquinas complexas, não é de surpreender que os riscos continuem numerosos no mundo moderno.

Mesmo as pessoas que não tomam medidas específicas para se manter bem-informadas recebem notícias sobre os perigos causados pelo homem e pela natureza e sobre os riscos de determinadas dietas, doenças e atividades cotidianas. A primeira categoria varia dos temidos ataques terroristas a diferentes manifestações de quimiofobia (o temor de exposição a resíduos químicos, de pesticidas em alimentos a substâncias cancerígenas em brinquedos ou tapetes), e do amianto escondido nas paredes e nos talcos para bebês a notícias do planeta sendo arruinado pelo aquecimento global antropogênico.[6] Os noticiários não deixam passar nenhuma catástrofe natural, como furacões, tornados, inundações, secas e nuvens de gafanhotos, e sempre existe a preocupação a respeito de cânceres incuráveis e vírus imprevisíveis, com os recentes alertas sobre o SARS-CoV-1 e o ebola, que serviram apenas como uma leve prévia da angústia gerada pela pandemia de covid-19 (SARS-CoV-2).[7]

Podemos ampliar a lista de preocupações: doença da vaca louca (encefalopatia espongiforme bovina), *Salmonella* ou *Escherichia coli*, exposição a micróbios hospitalares (infecções nosocomiais), radiação não ionizante de telefones celulares, segurança cibernética e roubo de dados, projetos de inteligência artificial ou organismos geneticamente modificados fora de controle, lançamento acidental de mísseis nucleares e um asteroide perdido e não observado que venha a atingir o planeta. Com tantas opções, é fácil concluir que hoje estamos expostos a mais riscos do que nunca — ou, por outro lado, que as incessantes (e exageradas) notícias sobre tais eventos ou possibilidades apenas nos tornaram mais conscientes de sua existência e que uma percepção adequada do risco traria uma perspectiva mais tranquila. E é exatamente isso que farei neste capítulo. Sim, o mundo está cheio de riscos constantes ou episódicos, mas também de percepções equivocadas e avaliações de risco irracionais. Há muitas razões para esses equívocos e erros de cálculo, e os profissionais da análise de risco publicaram algumas descobertas reveladoras sobre suas origens, predominância e continuidade.[8]

Contudo, antes de avançarmos para as análises, quantificações e comparações de riscos naturais e artificiais, vou começar com o básico. O que devemos comer para alcançar uma vida longa? Dado o verdadeiro campo minado de argumentos e contra-argumentos sobre as dietas modernas, essa pode parecer uma questão impossível, ou pelo menos muito difícil, de responder. Como pesar os respectivos méritos e deméritos de dietas que vão desde o carnivorismo desenfreado até o mais puro veganismo? A primeira delas, promovida como uma suposta dieta paleolítica, fornece mais de um terço de toda a energia alimentar a partir da proteína da carne; a segunda vai além de nunca engolir nem um micrograma de matéria animal até abolir o uso de sapatos de couro, suéteres de lã tricotada ou blusas de seda. A primeira apela para uma ideia caricata de algumas das nossas raízes evolutivas distantes; a segunda oferece o caminho mais seguro para a preservação da sofrida biosfera, porque as pobres plantas — ao contrário da destruição causada pela domesticação dos animais — causariam uma depredação mais suave do meio ambiente.[9]

Minha abordagem para encontrar as dietas menos arriscadas (aquelas associadas a expectativas de vida acima de oitenta anos) vai ignorar não apenas todas as alegações duvidosas sobre alimentação promovidas pela mídia, mas também — o que talvez seja mais surpreendente — dezenas de publicações em revistas científicas. Em particular, aquelas pesquisas que examinaram as ligações entre dietas, doenças e longevidade acompanhando grupos de vários tamanhos e idades por períodos mais curtos ou mais longos, em geral confiando na memória dos participantes a respeito de todos os alimentos que haviam ingerido. Também vou desconsiderar os metaestudos de tais pesquisas. A simples listagem dessas publicações posteriores a 1950 — da análise de doenças cardíacas coronárias relacionadas a gorduras saturadas e colesterol até os riscos de comer carne e beber leite — daria um pequeno livro, e boa parte dessas pesquisas serviu para expor a falibilidade da memória humana (o que você comeu na semana passada? Aposto que você não consegue lembrar, ou pelo menos não com grande precisão), bem como detalhar outras deficiências metodológicas ou analíticas, de modo que esse campo está repleto de conclusões consideradas inválidas.[10]

Não é de admirar a dificuldade que a maioria das pessoas tem em responder à pergunta "O que devemos comer?". Esses estudos e seus metaestudos falharam repetidamente em produzir resultados claros e consistentes, e novas pesquisas muitas vezes derrubaram descobertas anteriores.[11] Existe uma saída melhor para esses enigmas da dieta, que duram gerações e seguem existindo? De fato, é bastante simples. Podemos ver quais populações vivem mais e como se alimentam.

COMO SE COME EM KYOTO — OU EM BARCELONA

Entre as mais de duzentas nações e territórios do mundo, o Japão tem a maior longevidade média desde o início dos anos 1980, quando sua expectativa de vida combinada (masculina e feminina) ao nascer ultrapassou os 77 anos.[12] O número seguiu crescendo, e em 2020 a expectativa era de 84,6 anos. As mulheres vivem mais em todas as sociedades, e, no mesmo ano, sua expectativa de vida no Japão era de 87,7 anos, à frente dos 86,2 anos da segunda colocada, a Espanha. A longevidade média é resultado de fatores genéticos, nutricionais e de estilo de vida complexos e interligados. Tentar descobrir até que ponto isso é determinado apenas pela dieta é impossível, mas, se há características únicas na alimentação de uma nação, elas sem dúvida merecem um exame mais detalhado.

Existe algo verdadeiramente especial acerca do consumo de alimentos no Japão que seja capaz de fornecer uma explicação sobre a contribuição dessa dieta para a longevidade recorde do país? Há apenas uma diferença sutil entre todos os ingredientes tradicionais consumidos em quantidades substanciais no Japão em relação ao que é comido ou bebido em abundância nas nações asiáticas vizinhas. Os chineses e os japoneses consomem variedades diferentes, porém equivalentes em termos nutricionais, da mesma subespécie de arroz (*Oryza sativa japonica*). Os chineses tradicionalmente fazem a coagulação de sua soja (*dòufu*) com sulfato de cálcio (*shígāo*), enquanto a versão japonesa (*tōfu*) usa o sulfato de magnésio (*nigari*), mas o grão de leguminosa moído tem o mesmo teor de proteínas. E, ao contrário do chá verde japonês não fermentado (*ocha*), o chá verde chinês (*lùchá*) é parcialmente fermentado. Essas não são diferenças de qualidade nutricional, apenas questões de aparência, cor e sabor. A alimentação japonesa passou por uma enorme transformação nos últimos 150 anos. A dieta tradicional, consumida pela maior parte dos habitantes do país antes de 1900, era insuficiente para sustentar o potencial de crescimento da população, resultando em baixas estaturas tanto em mulheres quanto em homens. Os lentos avanços anteriores à Segunda Guerra Mundial foram acelerados depois que o país superou a escassez de alimentos após a derrota em 1945.[13] O consumo de leite, a princípio incluído na merenda escolar para evitar a desnutrição, começou a aumentar, e o arroz branco se tornou abundante. A oferta de frutos do mar cresceu rápido à medida que o Japão construiu a maior frota pesqueira (e baleeira) do mundo. A carne passou a integrar os pratos japoneses comuns, e muitos produtos de panificação caíram nas graças da cultura local, que tradicionalmente não assava seus alimentos. A elevação da renda e a hibridização dos sabores provocaram aumentos nos níveis médios de colesterol no sangue, pressão sanguínea e peso corporal; mesmo assim, as doenças cardíacas não dispararam e a longevidade aumentou.[14]

As pesquisas mais recentes surpreenderam ao mostrar que o Japão e os Estados Unidos estão bem próximos no total de energia alimentar consumida por dia. Os números dos Estados Unidos em 2015-2016 mostram que os homens consumiram apenas 11% a mais, e as mulheres, nem mesmo 4% a mais de energia alimentar por dia do que os homens e as mulheres japoneses em

2017. Os dois países divergiram moderadamente no total de carboidratos (o Japão estava à frente por menos de 10%) e consumo de proteína (com os Estados Unidos menos de 14% à frente), e ambas as nações estavam bem acima do mínimo de proteína necessário. Mas há uma grande diferença em termos de ingestão média de gordura, com os homens dos Estados Unidos consumindo aproximadamente 45% a mais, e as mulheres, 30% a mais do que no Japão. A maior disparidade está na ingestão de açúcar: entre os adultos dos Estados Unidos, ela é cerca de 70% maior. Quando recalculado em termos de diferenças médias nos anos recentes, os adultos dos Estados Unidos consumiram em torno de 8 quilos a mais de gordura e 16 quilos a mais de açúcar do que o adulto médio no Japão, em todos os anos.[15]

A grande disponibilidade de ingredientes e o fácil acesso a dicas de culinária e receitas na internet significam que é possível também minimizar o risco de mortalidade prematura e começar a comer *à la japonaise* — seja a culinária tradicional do país, *washoku*, ou suas adaptações de refeições estrangeiras (Wienerschnitzel como *tonkatsu* pré-fatiado; curry e arroz transformados no pegajoso *kare raisu*).[16] Mas, antes de começar a tomar sopa de missô (*miso shiru*) no café da manhã, almoçar *onigiri* frio (bolinhos de arroz envoltos em *nori*, algas secas) e jantar *sukiyaki* (ensopado de carne e vegetais), uma segunda opinião pode ser necessária: qual seria o melhor exemplo europeu de dieta e longevidade?

As mulheres espanholas são vice-campeãs no recorde mundial de expectativa de vida, e o país segue tradicionalmente a chamada dieta mediterrânea, com alta ingestão de vegetais, frutas e grãos integrais, complementados por feijão, nozes, sementes e azeite. Mas, à medida que a renda média na Espanha foi aumentando, esses hábitos logo mudaram, em um nível surpreendentemente alto.[17] Até o final da década de 1950, a empobrecida Espanha de Franco continuava tendo uma alimentação muito frugal. As dietas típicas eram dominadas por amidos (o consumo anual de cereais e batatas somava cerca de 250 quilos *per capita*) e vegetais; a oferta de carne (pelo peso de carcaça) permaneceu abaixo de 20 quilos *per capita*, e o consumo real era inferior a 12 quilos (dos quais um terço era carne de carneiro e cabra); o *aceite de oliva* era o óleo vegetal mais importante (cerca de 10 litros por ano); e apenas o consumo de açúcar (mais ou menos 16 quilos em 1960) era elevado em relação a outros alimentos.

As mudanças na dieta aceleraram depois que a Espanha ingressou na União Europeia, em 1986, e no ano 2000 ela se tornou a principal nação consumidora de carne na Europa, após mais do que quintuplicar a oferta média *per capita* para pouco mais de 110 quilos por ano. Uma ligeira queda em seguida reduziu a taxa (pelo peso da carcaça) para cerca de 100 quilos *per capita* em 2020, mas isso ainda é o dobro da média japonesa! E, com produtos lácteos e queijos adicionados à carne fresca e à enorme quantidade e variedade de *jamones* (presuntos curados com sal e secagem prolongada), não é de surpreender que a oferta espanhola de gordura animal seja quatro vezes a taxa japonesa.[18] Os espanhóis hoje consomem quase o dobro do volume de óleos vegetais que os japoneses, mas seu consumo de azeite de oliva é aproximadamente 25% menor do que em 1960.

A elevação da renda aumentou ainda mais a preferência tradicional por comidas açucaradas, e a adoção dos refrigerantes fez o restante: desde 1960, o consumo *per capita* de açúcar dobrou e hoje está em torno de 40% acima do nível japonês. Ao mesmo tempo, o consumo de vinho na Espanha tem diminuído de forma implacável — de cerca de 45 litros *per capita* em 1960 para apenas 11 litros em 2020 —, e a cerveja se tornou de longe a bebida alcoólica mais consumida no país. A maneira como a Espanha come hoje é muito diferente de como o Japão se alimenta, e, sendo o país mais carnívoro do continente europeu, definitivamente essa dieta tem pouco a ver com a lendária dieta mediterrânea frugal, quase vegetariana, conhecida por prolongar a vida.

Mas, apesar de uma dieta com mais carne, gordura e açúcar (e apesar também do rápido abandono do consumo de seus vinhos, que supostamente fazem bem ao coração), a mortalidade cardiovascular na Espanha continuou diminuindo, e a expectativa de vida aumentou. Desde 1960, a mortalidade por doenças cardiovasculares (DCV) na Espanha vem caindo em um ritmo mais acelerado do que a média nas economias ricas e, em 2011, estava cerca de um terço abaixo da média. Desde 1960, a Espanha acrescentou mais de treze anos à sua perspectiva de longevidade combinada (masculina e feminina), elevando-a de setenta para mais de 83 anos em 2020.[19] Isso é só um ano a menos do que no Japão: será que vale a pena substituir metade da carne que você come por tofu para ganhar esse ano a mais de vida — com grandes chances de que ele seja gasto com saúde física ou mental precárias, ou ambas?

Pense no que pode estar perdendo: aquelas fatias finas de *jamón ibérico*; aquele porco bem assado (mesmo que não seja o do famoso Sobrino de Botín, que fica a uma curta caminhada ao sul da Plaza Mayor, onde é preparado há quase trezentos anos); aquele *polpo galego* bem cozido, polvo ensopado com batata, azeite e páprica. Essas são verdadeiras decisões existenciais a serem tomadas, mas a conclusão é mais ou menos óbvia. Se a aposta for pela longevidade (acompanhada de uma vida saudável e ativa) apenas com base na dieta predominante — que, por mais importante que seja, é apenas um elemento de um contexto maior, que inclui fatores como os genes herdados e o ambiente —, a alimentação japonesa tem uma ligeira vantagem, porém um resultado apenas um pouco inferior pode ser obtido comendo como os habitantes de Valência.

Essa é uma avaliação de risco que traz consequências importantes, mas que é relativamente simples: uma escolha baseada em dados convincentes pode ser satisfatória para as décadas seguintes. Outras avaliações de risco são sempre mais complicadas, com métricas bem menos simples que os anos de vida. Os riscos de atividades específicas mudam com o tempo — em geral andar de carro nos Estados Unidos hoje é muito mais seguro do que era meio século atrás; contudo, depois de cinquenta anos dirigindo, suas habilidades podem ter se perdido e você passa a representar um risco maior para si mesmo e para os outros quando está atrás do volante. E, caso queira saber se um voo intercontinental (que você pode fazer com pouca frequência) é mais arriscado do que o esqui alpino (que você pode ter praticado por muitos anos), é preciso ter um critério comparativo bem preciso. E como comparar os riscos em diferentes nações — digamos, dirigir nos Estados Unidos, ser atingido por um raio durante uma caminhada nos Alpes e ser morto por um terremoto no Japão? Na verdade, é possível fazer algumas avaliações comparativas bastante precisas de todos esses riscos.

PERCEPÇÃO E TOLERÂNCIA AOS RISCOS

Em sua pioneira análise de riscos produzida em 1969, Chauncey Starr, na época reitor da Escola de Engenharia e Ciências Aplicadas da Universidade da Califórnia, em Los Angeles, enfatizou a principal diferença na tolerância ao risco entre atividades voluntárias e involuntárias.[20] Quando pensam que estão no controle (uma percepção que pode estar incorreta, mas que se baseia em experiências anteriores e, portanto, na crença de que podem prever o resultado provável), as pessoas se envolvem em atividades como escalada, paraquedismo, touradas, cujos riscos de lesões graves ou fatalidades podem ser mil vezes maiores do que o risco associado a uma temida exposição involuntária, como um ataque terrorista em uma grande cidade do Ocidente. E a maioria das pessoas não tem problemas em se envolver todo dia e repetidas vezes em atividades que aumentam temporariamente seu risco por margens significativas: centenas de milhões de pessoas dirigem todos os dias (e muitas aparentam gostar disso), e um risco ainda maior é tolerado por uma população ainda maior de fumantes[21] — em países ricos, décadas de educação reduziram seu número, mas em todo o mundo ainda existem mais de um bilhão de fumantes.

Em alguns casos, essa disparidade entre tolerar riscos voluntários e tentar evitar riscos de exposições involuntárias percebidos erroneamente fica bastante grotesca, pois as pessoas se recusam a vacinar os filhos (expondo-os voluntariamente a diversos riscos de doenças evitáveis) porque consideram as exigências do governo para proteger as crianças (uma imposição involuntária) inaceitavelmente arriscadas — e fazem isso com base em "evidências" constantemente desmentidas (sobretudo as que relacionam a vacinação a uma incidência maior de autismo) ou em boatos sobre perigos, como a implantação de microchips.[22] A pandemia de covid-19 elevou esses medos irracionais a um novo patamar. A maior esperança da humanidade para acabar com a pandemia era a vacinação em massa, mas, muito antes que as primeiras vacinas fossem aprovadas para distribuição, grandes parcelas da população diziam aos pesquisadores que não se vacinariam.[23]

O temor generalizado contra a geração de eletricidade nuclear é outro excelente exemplo de percepção errônea de risco. Muitas pessoas fumam, dirigem e comem em excesso, mas têm ressalvas quando se trata de morar perto de uma usina nuclear, e pesquisas mostraram uma desconfiança contínua e generalizada quanto a essa forma de geração de eletricidade, apesar de ela ter evitado um grande número de mortes relacionadas à poluição do ar associada à queima de combustíveis fósseis — em 2020, quase três quintos da eletricidade mundial vieram de combustíveis fósseis e apenas 10%, da fissão nuclear. E a comparação entre os riscos gerais da geração de eletricidade nuclear e a partir de combustíveis fósseis não se altera mesmo incluindo as melhores estimativas de todas as fatalidades causadas pelos dois principais acidentes (Chernobyl em 1985 e Fukushima em 2011).[24]

Talvez o contraste mais impressionante entre percepções sobre os riscos da energia nuclear seja visto quando comparamos a França e a Alemanha. A França obtém mais de 70% de sua eletricidade com a fissão nuclear desde a década de 1980, e quase sessenta reatores se misturam às paisagens do país, resfriados pela água de muitos rios franceses, incluindo o Sena, Reno, Garonne e Loire.[25] No entanto, a longevidade da população francesa (perdendo apenas para a Espanha na União Europeia) é a melhor prova de que essas usinas nucleares não têm sido uma fonte perceptível de problemas de saúde ou de mortes prematuras. Porém, do outro lado do Reno, não apenas alemães do Partido Verde, mas porções muito maiores da sociedade acreditam que a energia nuclear é uma invenção terrível, que deve ser eliminada o mais rápido possível.[26]

É por isso que muitos pesquisadores argumentam que não há "risco objetivo" esperando para ser medido, pois nossas percepções de risco são inerentemente subjetivas, dependendo de nossa compreensão de perigos específicos (riscos conhecidos *versus* riscos novos) e de circunstâncias culturais.[27] Estudos psicométricos mostraram que perigos específicos têm padrões únicos de qualidades altamente correlacionadas: riscos involuntários em geral são associados ao medo de perigos novos, incontroláveis e desconhecidos; perigos voluntários têm maior probabilidade de serem percebidos como controláveis e conhecidos pela ciência.

A geração de eletricidade nuclear é amplamente percebida como insegura, enquanto os riscos do uso de raios X são vistos como toleráveis.

A sensação de medo cumpre um enorme papel na percepção de risco. Os ataques terroristas talvez sejam o melhor exemplo dessa tolerância diferenciada, pois o medo toma conta e afasta avaliações racionais e imediatas com base em evidências incontestáveis. Como seu momento, local e escala são imprevisíveis, os ataques terroristas estão no topo da escala psicométrica do medo, e esses medos foram intensamente explorados por pseudoanálises bastante exageradas feitas por comentaristas em canais de notícias 24 horas por dia, sete dias por semana: durante as duas últimas décadas, eles especularam sobre tudo — de bombas nucleares do tamanho de malas sendo detonadas no meio de Manhattan ao envenenamento de reservatórios usados para fornecer água potável nas grandes cidades e à pulverização de vírus produzidos para matar.

Em comparação a esses temidos ataques, dirigir apresenta na maior parte do tempo riscos voluntários, bastante recorrentes e muito familiares, e as mortes acidentais envolvem, em sua grande maioria (mais de 90% dos casos), apenas uma pessoa por colisão fatal. Como consequência, as sociedades toleram o número global superior a 1,2 milhão de mortes por ano, algo com que nunca concordariam se elas fossem resultado de acidentes recorrentes em plantas industriais ou do colapso de estruturas (pontes, edifícios) dentro ou perto de grandes cidades, mesmo com o número anual combinado de mortes de tais desastres sendo uma ordem de magnitude menor — "apenas" na casa das centenas de milhares de fatalidades.[28]

Grandes diferenças na tolerância individual ao risco são mais bem exemplificadas pelo fato de que muitos indivíduos se envolvem — voluntária e repetidamente — em atividades que outras pessoas podem considerar muito arriscadas, mas também que sem dúvida poderiam ser categorizadas como desejo de morrer. O *base jumping* (saltos partindo de locais fixos) é um excelente exemplo, pois o menor atraso na abertura do paraquedas pode custar uma vida — um corpo em queda livre atinge uma velocidade fatal em questão de segundos.[29] E algumas tolerâncias ao risco são justificadas por crenças fatalistas: doenças ou acidentes são predestinados e inevitáveis, portanto não faria sentido tentar melhorar a saúde ou prevenir contratempos por meio de ações pessoais apropriadas.[30]

Pessoas fatalistas também subestimam os riscos para evitar o esforço necessário para analisá-los e tirar conclusões práticas, e porque se sentem totalmente incapazes de lidar com eles.[31] O fatalismo no trânsito já foi particularmente bem estudado. Os motoristas fatalistas subestimam situações perigosas ao volante, são menos propensos a praticar direção defensiva (evitando distrações, mantendo uma distância segura de fuga, sem excesso de velocidade) e são menos propensos a prender seus filhos com cintos de segurança ou reportar quando se envolvem em acidentes de trânsito. O preocupante é que estudos em alguns países constataram que o fatalismo no trânsito é prevalente entre motoristas de táxi e generalizado entre motoristas de micro-ônibus.[32]

Há pouca coisa a fazer para transformar o comportamento das pessoas que praticam *base jumping* em modelos de aversão ao risco ou para convencer taxistas de que seus acidentes não são predestinados. No entanto, podemos usar o melhor conhecimento disponível sobre riscos, tanto os da vida cotidiana quanto os muito incomuns, mas potencialmente letais, para quantificar suas consequências e, assim, comparar seus impactos. Não é uma tarefa fácil, pois temos que lidar com uma grande variedade de eventos e processos. Além disso, não existe métrica perfeita para isso, tampouco um padrão universal para comparar os riscos onipresentes enfrentados todos os dias por bilhões de indivíduos com eventos extraordinariamente raros, que podem ocorrer apenas uma vez em cem, mil ou mesmo dez mil anos, mas com consequências globais catastróficas. De qualquer forma, é isso que tentarei fazer.

QUANTIFICANDO OS RISCOS DA VIDA COTIDIANA

Para pessoas mais velhas, o perigo começa antes mesmo de acordar: ataques cardíacos (infartos agudos do miocárdio) são mais comuns e mais graves durante o período de transição da escuridão para a claridade.[33] Ao acordarem, uma das formas mais comuns de lesões dos idosos são as quedas. Nos Estados Unidos, milhões de quedas acidentais ocorrem todos os anos, causando hematomas ou fraturas — e mais de 36 mil mortes, na grande maioria entre pessoas com mais de setenta anos, muitas vezes não por subirem ou descerem escadas, mas por simplesmente perderem o equilíbrio ou tropeçarem na ponta de um tapete.[34] E, uma vez que você chega à sua cozinha, há riscos associados aos alimentos, desde *Salmonella* em ovos malcozidos até resíduos de pesticidas no chá (uma exposição minúscula, mas diária, para quem bebe chá não orgânico).[35]

Um deslocamento de carro pela manhã pode acontecer em uma estrada coberta de gelo, ou um motorista embriagado pode avançar um sinal vermelho. As paredes do seu escritório podem ocultar um velho isolamento de amianto, e o ar-condicionado defeituoso pode espalhar a bactéria *Legionella*. Seus colegas de trabalho podem infectá-lo com uma gripe sazonal ou, como aconteceu em 2020-2021, 2009, 1968 e 1957, com um novo vírus pandêmico. Você pode ter uma reação alérgica grave a uma noz acidentalmente misturada em uma barra de chocolate sem nozes.

No caso da temporada de tornados no Texas ou em Oklahoma, você pode voltar do trabalho e encontrar sua casa transformada em uma pilha de escombros. Se mora em Baltimore, não pode deixar de se preocupar com a taxa de homicídios da cidade, que é uma ordem de grandeza maior do que a de Los Angeles, cidade famosa por suas gangues.[36] E, como quase nenhum medicamento genérico é feito dentro do país, e sim importado principalmente da China e da Índia, sua farmácia pode não conseguir atender a sua receita porque um lote contaminado teve a distribuição suspensa.[37]

Dados detalhados sobre taxas de mortalidade específicas por idade e sexo mostram como as razões para adoecer e morrer (e as preocupações quanto a isso) mudam à medida que as pessoas envelhecem. As estatísticas mais recentes demonstram que, entre os homens na Inglaterra e no País de Gales, as doenças cardíacas dominam desde o início dos cinquenta anos até o final dos setenta, e, para as mulheres, o câncer de mama se torna a doença mais temida por volta dos trinta anos e permanece assim até meados dos sessenta. Depois, o câncer de pulmão é a maior causa de morte entre as mulheres, e a demência e a doença de Alzheimer recentemente substituíram a doença isquêmica do coração como a principal causa de morte para ambos os sexos com mais de oitenta anos de idade.[38]

Quantificar riscos comuns parece uma tarefa assustadora. Como comparar os riscos de morrer devido a uma epidemia de gripe sazonal excepcionalmente grave ao risco de uma lesão mortal resultante de passeios ocasionais de caiaque ou *snowmobile* nos fins de semana? Ou o risco de sobrevoar o Pacífico com frequência frente ao risco do hábito de comer alface cultivada na Califórnia, que muitas vezes pode estar contaminada com *Escherichia coli*? E como descrever os riscos fatais? Por número--padrão de pessoas (a cada mil ou um milhão) dentro de uma população afetada? Por unidade de substância perigosa, por unidade de tempo de exposição ou por unidade de concentração no ambiente?

Uma métrica uniforme capaz de incluir fatalidades e lesões ou perdas econômicas (cujos totais podem diferir em ordens de magnitude entre as sociedades) e dor crônica (algo que segue impossível de ser quantificado) é claramente um objetivo impossível. Mas a certeza da morte oferece um numerador universal, definitivo e incontestavelmente quantificável, que pode ser usado para a avaliação comparativa de riscos. A maneira mais simples e óbvia de fazer algumas comparações úteis é usar um denominador-padrão e comparar as frequências anuais das causas de morte por cem mil pessoas. Ao usar as estatísticas dos Estados Unidos (o último detalhamento publicado é de 2017), isso fornece alguns resultados surpreendentes.[39]

Homicídios ceifam quase tantas vidas quanto a leucemia (seis contra 7,2 a cada cem mil), uma dupla comprovação dos avanços no tratamento para essa malignidade e da extraordinária violência da sociedade norte-americana. As quedas acidentais matam quase tantas pessoas quanto o temido câncer de pâncreas, com sua curta sobrevida pós-diagnóstico (11,2 contra 13,5). Acidentes com veículos motorizados levam o dobro de vidas (e, além disso, muito mais jovens) em relação ao diabetes (52,2 contra 25,7), e o envenenamento acidental e uso de substâncias nocivas geram um número maior de mortes do que o câncer de mama (19,9 contra 13,1). Contudo, essas comparações usam o mesmo denominador (cem mil pessoas) sem levar em conta o tempo de exposição a uma determinada causa de morte. Homicídios podem ocorrer, e ocorrem, em ambientes públicos e privados e a qualquer hora do dia ou da noite, e a exposição a esse risco é, portanto, ininterrupta — mas acidentes com veículos motorizados (incluindo aqueles que matam pedestres) só podem acontecer quando alguém está dirigindo, e a maioria das pessoas nos Estados Unidos passa apenas cerca de uma hora ao volante todos os dias.

Uma métrica mais inteligente seria usar o tempo durante o qual as pessoas são afetadas por um determinado risco como denominador comum e fazer as comparações em termos de fatalidades por pessoa por hora de exposição — ou seja, o período em que um indivíduo está sujeito, involuntária ou voluntariamente, a um risco específico. Essa abordagem foi apresentada em 1969 por Chauncey Starr em sua avaliação de benefícios sociais e riscos tecnológicos, e ainda a considero preferível a outra métrica geral, conhecida como "micromorte".[40] Essa unidade define uma microprobabilidade, uma chance em um milhão de morte por exposição específica, expressada por ano, por dia, por cirurgia, por voo ou por distância percorrida — e esses denominadores não uniformes não ajudam em comparações gerais.

As taxas gerais de mortalidade (por mil pessoas) são bem monitoradas em todo o mundo, tanto para populações em geral quanto para cada sexo e por faixa etária específica.[41] A mortalidade geral depende muito da idade média da população. Em 2019, a média global foi de 7,6/1.000, enquanto a mortalidade no Quênia, apesar de um padrão mais baixo de nutrição e assistência médica, foi menos da metade da taxa alemã (5,4 contra 11,3), porque a idade média do Quênia de apenas vinte anos é menos da metade dos 47 anos da Alemanha. Dados sobre mortes por doenças específicas também costumam estar disponíveis — as doenças cardiovasculares representam um quarto do total nos Estados Unidos (2,5/1.000) e cânceres, um quinto (2/1.000) —, assim como as informações sobre mortes devido a lesões (variando de cerca de 1,4 para quedas e 1,1 para acidentes de transporte, até 0,7 para encontros com animais e apenas 0,03 para envenenamentos acidentais) e desastres naturais.[42]

O ano inteiro (8.766 horas quando corrigidas considerando os anos bissextos) é o denominador para a mortalidade geral, para doenças crônicas e para desastres naturais como terremotos ou erupções vulcânicas, que podem ocorrer a qualquer momento. Entretanto, para calcular os riscos de atividades cotidianas como dirigir ou voar, temos primeiro que verificar os totais das populações específicas envolvidas nessas atividades e, em seguida, estimar a média de horas de exposição anual. A mesma sequência se aplica à quantificação dos riscos de morrer em um furacão ou tornado: esses ciclones não ocorrem todos os dias do ano e não afetam a totalidade dos grandes países.

É fácil calcular a linha de base, o risco médio de mortalidade geral em toda a população ou específico por sexo e idade. Em 2019, a mortalidade geral (taxa bruta de mortalidade) dos países ricos (desenvolvidos) ficou em torno de 10/1.000, com taxas reais variando de 8,7 na América do Norte a 10,7 no Japão e 11,1 na Europa. Essa mortalidade anual de 10/1.000 (com mil pessoas sujeitas a morrer por 8.766 × 1.000 horas) corresponde a 0,000001 (ou 1×10^{-6}) por pessoa por hora de exposição. As doenças cardiovasculares são a principal causa de mortalidade em todos os países ricos e representam quase um quarto desse total (3×10^{-7}). A gripe sazonal apresenta um risco uma ordem de magnitude menor (geralmente cerca de 2×10^{-8}, e podendo chegar até 3×10^{-8}), e mesmo nos Estados Unidos, país propenso à violência, recentemente o risco de homicídio ficou em apenas 7×10^{-9} por hora de exposição, metade do risco de morte que pode ser atribuído a quedas ($1,4 \times 10^{-8}$). Mas, como já observado, a frequência de morte acidental por queda é altamente distorcida, com pessoas com mais de 85 anos de idade tendo um risco de 3×10^{-7}, contrastando com o de apenas 9×10^{-10} para pessoas de 25 a 34 anos.[43]

Para inverter a conclusão sobre a mortalidade geral, em países ricos o risco geral de morte natural é de uma pessoa entre um milhão morrendo a cada hora. A cada hora, uma pessoa entre cerca de três milhões morre de doença cardíaca, e uma entre aproximadamente setenta milhões morre de queda acidental. Essas probabilidades são baixas o suficiente para não preocupar um cidadão médio de qualquer país rico. Números específicos por sexo e idade são inevitavelmente diferentes. Enquanto a mortalidade geral do Canadá para ambos os sexos é de 7,7/1.000, para homens jovens (20-24 anos) é de apenas 0,8/1.000, mas para homens da minha idade (75-79 anos) é de 35/1.000, e o risco deste grupo é de 4×10^{-6} por pessoa a cada hora de vida, quatro vezes a taxa média da população.[44]

Antes de começar a quantificar os riscos das atividades voluntárias, devo esclarecer os perigos associados às internações hospitalares. Elas são inevitáveis devido a muitos problemas de saúde (e, em muitos países, são cada vez mais comuns por causa das cirurgias estéticas eletivas), e o alto fluxo de pacientes torna mais provável a ocorrência de erros médicos. Em 1999, o primeiro estudo sobre erros médicos evitáveis constatou que entre 44 mil e 98 mil erros médicos são cometidos nos Estados Unidos todos os anos.[45] Trata-se de um número preocupantemente alto — e, em 2016, um novo estudo constatou um aumento no total para 251.454 casos em 2013 (com possivelmente até quatrocentas mil mortes), tornando-se a terceira maior causa de mortalidade nos Estados Unidos naquele ano, atrás de doenças cardíacas (611 mil) e cânceres (585 mil) e à frente de doenças respiratórias crônicas (149 mil).[46] Esses resultados foram bastante divulgados pela imprensa e indicam que de 35% a 58% de todas as mortes hospitalares no país a cada ano são causadas por erros médicos.

Quando colocadas dessa forma, fica mais claro como tais afirmações são improváveis: erros por descuido médico e omissões lamentáveis certamente acontecem, porém dizer que eles somam entre mais de um terço e quase três quintos de todas as mortes em hospitais seria considerar que a medicina moderna é uma atividade extraordinariamente inepta, se não completamente criminosa. Ainda bem que essas altas mortalidades não são resultado de negligência, mas, sim, de erros na manipulação dos dados.[47] O mais recente estudo de mortalidade associada aos efeitos adversos do tratamento médico corrige esses números: foram 123.063 dessas mortes entre 1990 e 2016 (a maioria devido a erros cirúrgicos e perioperatórios), ou 1,15 mortes para cada cem mil pessoas, uma redução de 21,4%.[48]

Homens e mulheres tiveram taxas semelhantes, entretanto os estados mostraram diferenças importantes, como no caso da Califórnia, com apenas 0,84 mortes por efeitos adversos de tratamento médico para cada cem mil habitantes. Em termos absolutos, a média é de 4.750 mortes por ano, menos de 2% da menor estimativa publicada em 2016.[49] Traduzindo para uma métrica de risco comparativo, isso resulta em cerca de $1,2 \times 10^{-6}$ mortes por hora de exposição, o que significa que qualquer idoso que está lendo este livro (e cujo risco geral de mortalidade está entre 3×10^{-6} e 5×10^{-6}) aumentará seu risco de morrer por efeitos adversos de tratamento médico em não mais do que 20% a 30% durante poucos dias de uma internação média em um hospital dos Estados Unidos — e isso, eu diria, é uma ótima descoberta no que diz respeito a riscos!

RISCOS VOLUNTÁRIOS E INVOLUNTÁRIOS

O quanto nós aumentamos esses riscos médios, ou os riscos associados a eventos inevitáveis, como operações de emergência ou internações hospitalares curtas para avaliações médicas, devido a exposições voluntárias ao participar de diferentes atividades mais ou menos arriscadas? E quanto devemos nos preocupar com riscos involuntários inevitáveis, resultantes de desastres naturais que vão de terremotos a inundações?

Como já observado, essas são categorias úteis para a avaliação de risco, mas a distinção entre exposições voluntárias e involuntárias nem sempre é óbvia. Existem atividades voluntárias bem definidas (das arriscadas até as muito arriscadas), como fumar ou praticar esportes radicais. E obviamente existem os inevitáveis riscos involuntários, tanto no plano individual (incluindo o perigo extremamente baixo de ser atingido por um meteorito) quanto em experiências coletivas, que englobam todo o planeta (a colisão de um asteroide com a Terra é o principal exemplo).

No entanto, muitas exposições ao risco não podem ser tão facilmente classificadas, pois não há uma dicotomia clara entre riscos voluntários e involuntários: dirigir até o trabalho pode ser uma questão de escolha para uma família que construiu a casa dos sonhos na periferia, mas é uma questão de necessidade inevitável para milhões de pessoas na América do Norte com sistemas de transporte de massa reconhecidamente precários. E, se um jovem quer ficar na ilha canadense de Newfoundland, não há muitas opções além de se tornar pescador ou trabalhar em uma enorme plataforma de produção de petróleo, ambas ocupações muito mais arriscadas do que se mudar para Toronto, aprender linguagens de programação e desenvolver aplicativos em um escritório envidraçado bem longe de uma ilha no meio do Atlântico Norte.

Tendo essas complicações em mente, vou explicar primeiro os riscos associados a andar de automóvel e voar, atividades que envolvem globalmente centenas de milhões de motoristas e passageiros e, em números recentes, mais de dez milhões de passageiros pagantes todos os dias. Para ambas as atividades, devemos começar contando o número exato de mortes e, em seguida, fazer as suposições necessárias para definir as populações afetadas e seu tempo acumulado de exposição a um determinado risco.

Os números relacionados a andar de carro obviamente envolvem o tempo gasto ao volante (ou como passageiro). Para os Estados Unidos, temos totais de distâncias percorridas todos os anos por todos os veículos motorizados e por meios de transporte de massa (recentemente, o total geral foi de 5,2 trilhões de quilômetros anuais), e, depois de cair por muitos anos, as mortes no trânsito aumentaram ligeiramente para mais ou menos quarenta mil por ano.[50] Para estimar o tempo gasto dirigindo, temos que dividir a distância percorrida pela velocidade média — obviamente, esse número é apenas uma tentativa aproximada, não uma taxa precisa. As velocidades intermunicipais apresentam menos variação, mas as velocidades urbanas tendem a cair até 40% durante os horários de pico recorrentes. Levando em conta uma velocidade média combinada de 65 km/h, temos anualmente em torno de 80 bilhões de horas em deslocamento de carro nos Estados Unidos, e com quarenta mil mortes isso se traduz em exatamente 5×10^{-7} (0,0000005) óbitos por hora de exposição. Nem o fato de que as fatalidades no trânsito também incluem pedestres e transeuntes mortos por veículos nem a aplicação de outras velocidades médias plausíveis (digamos, 50 ou 70 km/h) mudaria a ordem de grandeza. Andar de carro é uma ordem de magnitude mais perigoso do que voar, e, durante o tempo em que uma pessoa anda de carro, a chance média de morrer aumenta mais ou menos 50% se comparado a ficar em casa ou cuidar do jardim (desde que isso não inclua subir em uma escada alta ou trabalhar com uma motosserra grande).

Para os homens da minha faixa etária, o risco de andar de carro fica apenas 12% acima do risco geral de morrer. Nos Estados Unidos, o risco de andar de carro também apresenta diferenças significativas conforme gênero e grupos populacionais. O risco vitalício de morrer em um acidente de veículo motorizado é de apenas 0,34% para mulheres ásio-americanas (um em 291), porém de 1,75% (um em cada 57) para homens nativos norte--americanos, enquanto o risco para todos os indivíduos é de 0,92% (um em cada 109).[51] Claro, em países onde as pessoas andam de carro muito menos que nos Estados Unidos e no Canadá, mas com taxas de acidentes bem maiores (cerca de duas vezes mais no Brasil, três vezes mais na África Subsaariana), os riscos chegam a ser uma ordem de magnitude maiores.[52]

Os voos comerciais regulares, uma atividade de baixíssimo risco já no final do século passado, tornaram-se ainda mais seguros nas duas primeiras décadas do século XXI. Essa conclusão se mantém, apesar de algumas perturbadoras tragédias recentes, como o desaparecimento (ainda não resolvido, e que provavelmente nunca será explicado) do voo 370 da Malaysia Airlines em algum lugar sobre o oceano Índico em março de 2014, seguido pela queda do voo 17 da Malaysia Airlines sobre o leste da Ucrânia em julho de 2014, e as duas quedas do novo Boeing 737 MAX — o voo 610 da Lion Air no mar de Java (29 de outubro de 2018) e o voo 302 da Ethiopian Airlines perto de Adis Abeba (10 de março de 2019).[53]

Talvez a melhor maneira de comparar as fatalidades do setor aéreo seja por cem bilhões de passageiros-quilômetros voados. Essa taxa foi de 14,3 em 2010, atingiu um recorde de baixa de 0,65 em 2017, mas aumentou para 2,75 em 2019. Voar em 2019 foi, portanto, mais de cinco vezes mais seguro do que em 2010 e mais de duzentas vezes mais seguro do que no início da era dos aviões a jato, no final dos anos 1950.[54] Calcular essas fatalidades em termos de riscos por hora de exposição é bastante simples. O total médio de mortes acidentais entre 2015 e 2019 foi de 292. As médias de 68 trilhões de passageiros-quilômetros voados e de 4,2 bilhões de passageiros significam que em média os passageiros voaram em torno de 1.900 quilômetros e gastaram aproximadamente 2,5 horas em voo. O total de cerca de 10,5 bilhões de passageiros-hora gastos no ar e de 292 fatalidades se traduz em $2,8 \times 10^{-8}$ (0,000000028) fatalidades por pessoa por hora de voo. Isso é apenas 3% do risco geral de mortalidade no ar, e, no caso de um homem septuagenário, o risco no ar aumenta somente 1%. Qualquer passageiro racional (e ainda mais um idoso) que voe com frequência deveria se preocupar mais com os atrasos imprevistos e com as etapas de segurança dos aeroportos, além de suportar o tédio dos voos de longa distância e de lidar com os efeitos debilitantes do *jetlag*.

No extremo oposto do espectro de risco voluntário estão as atividades cuja curta duração acarreta uma alta probabilidade de morte. Nenhuma delas é mais arriscada do que o *base jumping* partindo de penhascos, torres, pontes e edifícios. O estudo mais confiável sobre essa loucura de "pedir pra morrer" analisou um período de onze anos de salto do maciço de Kjerag, na Noruega, onde um em cada 2.317 saltos (nove no total) resultou em morte,[55] com um risco de exposição médio de 4×10^{-2} (0,04). Para fins de comparação, no paraquedismo, um acidente fatal costumava ocorrer aproximadamente uma vez a cada cem mil saltos, mas os dados mais recentes dos Estados Unidos mostram uma fatalidade para cada 250 mil saltos. Com uma descida típica que dura cinco minutos, o risco de exposição é apenas cerca de 5×10^{-5}, ainda cinquenta vezes maior do que apenas sentar em uma cadeira por esses cinco minutos — contudo, é apenas cerca de 1/1.000 do risco associado ao *base jumping*.[56] Repito: pouquíssimas pessoas estão cientes desses números específicos, mas quase todas (exceto as poucas que toleram o risco) se comportam como se os tivessem assimilado.

Em 2020, mais ou menos 230 milhões de pessoas tinham carteira de motorista nos Estados Unidos (o risco de exposição ao volante é de 5×10^{-7} por pessoa por hora); aproximadamente doze milhões eram esquiadores alpinos (risco de 2×10^{-7} durante uma descida da montanha); a Associação de Paraquedismo dos Estados Unidos tem por volta de 35 mil membros (risco de 5×10^{-5} no ar); a Associação de Asa Delta e Parapente do país tem cerca de três mil membros, e o que eles fazem, dependendo da duração dos voos (de vinte minutos a algumas horas), acarreta um risco de fatalidade de 10^{-4} a 10^{-3}. E, embora o *base jumping* tenha crescido em popularidade, sobretudo na Noruega e na Suíça, a prática nos Estados Unidos ainda está restrita a algumas centenas de pessoas, principalmente homens que desafiam o destino, cujo risco de morrer durante as rápidas quedas é de 4×10^{-2}.[57] A forte relação inversa entre o risco e a participação geral em uma atividade é óbvia: um grande número de pessoas se dispõe a arriscar ter um ombro deslocado ou um tornozelo torcido ao esquiar ladeira abaixo em uma pista de neve aplainada por máquinas, mas muito poucas se lançam no vazio saltando de precipícios.

Por fim, alguns números importantes sobre uma das mais temidas exposições involuntárias modernas: o risco de terrorismo. Entre 1995 e 2017, 3.516 pessoas morreram em ataques terroristas nos Estados Unidos, 2.996 mortes (ou 85% desse total) somente em 11 de setembro de 2001.[58] O risco de exposição individual em todo o país foi em média 6×10^{-11} durante esses 22 anos, e para Manhattan foi duas ordens de magnitude maior, o que aumenta o risco de vida em apenas 0,1%, uma quantidade que é muito pequena para ser assimilada de forma significativa. Em países com menos sorte, o número recente de ataques terroristas foi muito maior: no Iraque em 2017 (com mais de 4.300 mortes) o risco subiu para $1,3 \times 10^{-8}$ e no Afeganistão em 2018 (com 7.379 mortes), para $2,3 \times 10^{-8}$, mas mesmo essa taxa aumenta o risco de vida em apenas alguns por cento e permanece menor do que o risco que as pessoas assumem voluntariamente ao andar de carro (particularmente em locais sem faixas e regras de trânsito adequadas).[59] Por mais corretas que sejam, essas comparações também mostram as limitações que acompanham a tentativa imparcial de quantificação. A maioria das pessoas que vão para o trabalho de carro faz isso em horários específicos, raramente gasta mais de uma hora ou uma hora e meia por dia na estrada, segue trajetos conhecidos e, exceto em caso de mau tempo ou engarrafamento inesperado, tem grande sensação de controle da situação. Por outro lado, durante os períodos de pico do terrorismo, os atentados a bomba ou tiroteios em Cabul ou Bagdá ocorreram em horários e intervalos imprevisíveis, em muitos locais públicos, de mesquitas a mercados, e não há maneira confiável de evitar essas ameaças por completo enquanto se vive em uma cidade. Por isso, taxas mais baixas de exposição a ameaças terroristas carregam um temor impossível de ser quantificado, que é qualitativamente muito diferente da preocupação com estradas que podem estar escorregadias durante um trajeto que se faz todas as manhãs.

RISCOS NATURAIS: MENORES DO QUE PARECEM NA TELEVISÃO

E como os recorrentes perigos mortais dos desastres naturais se comparam ao risco que se corre só de estar vivo e aos riscos dos esportes radicais? Alguns países estão constantemente (mas não com muita frequência) sujeitos a apenas um ou dois tipos de eventos catastróficos — inundações e ventos extremamente fortes no caso do Reino Unido —, enquanto os Estados Unidos têm que lidar todos os anos com inúmeros tornados e grandes inundações, muitas vezes com furacões (desde o ano 2000, quase dois furacões por ano atingem a costa do país) e fortes nevascas, e seus estados na margem do Pacífico estão sempre correndo o risco de sofrer com um grande terremoto e possíveis tsunamis.[60] Os tornados matam pessoas e destroem casas todos os anos, e estatísticas históricas detalhadas permitem calcular com precisão os riscos de exposição. Entre 1984 e 2017, 1.994 pessoas foram mortas nos 21 estados que apresentam a maior frequência desses ciclones destrutivos (a região entre Dakota do Norte, Texas, Geórgia e Michigan, com mais ou menos 120 milhões de habitantes), e aproximadamente 80% dessas mortes ocorreram nos seis meses do ano entre março e agosto.[61]

Isso se traduz em cerca de 3×10^{-9} (0,000000003) mortes por hora de exposição, um risco que é três ordens de magnitude menor do que o risco existente só de se estar vivo. Pouquíssimos habitantes dos estados atingidos por tornados estão cientes dessa taxa, mas eles reconhecem, assim como as pessoas em outras áreas sujeitas a catástrofes naturais recorrentes, que a probabilidade de ser morto por um tornado é bastante pequena e, portanto, o risco de continuar vivendo em tais regiões permanece aceitável. As muitas imagens da destruição deixada por tornados poderosos fazem com que os espectadores que vivem em regiões com clima menos violento se perguntem por que as pessoas dizem que vão reconstruir suas casas no mesmo local. Mas tais decisões não são irracionais nem imprudentes, e por isso milhões de indivíduos continuam vivendo no chamado "Corredor de Tornados", região que se estende do Texas à Dakota do Sul.

É interessante notar que os cálculos dos riscos de exposição a outros desastres naturais normalmente encontrados em todo o mundo convergem na mesma ordem de grandeza (10^{-9}) ou resultam em taxas ainda mais baixas. Mais uma vez, essas baixas taxas médias de exposição à fatalidade ajudam a explicar por que países inteiros aceitam os riscos de terremotos, que estão sempre presentes. Entre 1945 e 2020, os terremotos japoneses (que podem afetar todas as partes do país, formado por ilhas) mataram em torno de 33 mil pessoas, mais da metade resultado do terremoto e tsunami de Tōhoku de 11 de março de 2011 (15.899 mortes e 2.529 desaparecidos).[62] Mas, para uma população que cresceu de 71 milhões em 1945 para quase 127 milhões em 2020, isso equivale a cerca de 5×10^{-10} (0,0000000005) mortes por hora de exposição, quatro ordens de magnitude abaixo da taxa de mortalidade geral do país: obviamente somar 0,0001 a 1 não se torna um fator decisivo para mudar a avaliação geral dos riscos de vida.

As inundações e os terremotos na maior parte do mundo costumam apresentar riscos de exposição na ordem de 1×10^{-10} e 5×10^{-10}, e a taxa pós-1960 para furacões nos Estados Unidos (afetando potencialmente cinquenta milhões de pessoas nos estados costeiros do Texas ao Maine e matando, em média, por volta de cinquenta pessoas por ano) foi de cerca de 8×10^{-11}.[63] Essa é uma taxa bastante baixa — muito semelhante ou talvez até menor do que o que a maioria das pessoas consideraria ser um risco de desastre natural excepcionalmente baixo: ser morto por um raio. Nos últimos anos, os raios mataram menos de trinta pessoas por ano nos Estados Unidos, e quando presumimos que o perigo se aplica apenas ao ar livre (média de quatro horas por dia) e durante os seis meses de abril a setembro (quando mais ou menos 90% de todos os relâmpagos ocorrem) o risco é igual a cerca de 1×10^{-10}, enquanto estender o período de exposição para dez meses reduz o risco para 7×10^{-11} (0,00000000007).[64]

O fato de que os furacões nos Estados Unidos hoje apresentam um risco de fatalidade menor que o de um raio mostra o quanto as perdas foram reduzidas com o uso de satélites, avisos públicos e evacuações. Ao mesmo tempo, há motivos para preocupação, pois tanto a frequência mundial anual de desastres naturais quanto seu custo econômico vêm aumentando. Podemos dizer isso com um alto grau de segurança porque as maiores resseguradoras do mundo, cujos lucros e perdas dependem da ocorrência imprevisível de terremotos, furacões, inundações e incêndios, monitoram cuidadosamente essas tendências há décadas.

O seguro é uma prática antiga de oferecer diferentes graus de compensação para uma série de riscos. Embora o seguro de vida se baseie em taxas de sobrevivência altamente previsíveis, seguros contra grandes riscos naturais imprevisíveis forçam as seguradoras a compartilhar o risco associado a tais desastres contratando seguros para seus próprios seguros. Como resultado, as maiores resseguradoras do mundo (a suíça Swiss Re, as alemãs Munich Re e Hannover Rueck, a francesa SCOR, a norte-americana Berkshire Hathaway e a britânica Lloyd's) são as mais interessadas no estudo das catástrofes naturais, pois sua própria existência depende de fazer projeções adequadas: para evitarem o aumento de perdas seguradas, elas não podem definir seus prêmios de seguro com base em números desatualizados que subestimam os riscos futuros.

Os números de todas as catástrofes naturais registradas pela Munich Re mostram flutuações esperadas ano a ano, mas a tendência ascendente tem sido nítida: um aumento lento entre 1950 e 1980, uma duplicação da frequência anual entre 1980 e 2005 e um aumento de cerca de 60% entre 2005 e 2019.[65] As perdas econômicas globais (refletindo os ônus excepcionais decorrentes de grandes desastres) mostram flutuações anuais ainda maiores e uma tendência de aumento ainda mais acentuada. Quando medido em moeda constante de 2019, o recorde anterior a 1990 foi de mais ou menos 100 bilhões de dólares, enquanto 2011 estabeleceu um recorde histórico de pouco mais de 350 bilhões de dólares, e esse total foi quase igualado em 2017.

As perdas seguradas variaram em geral entre 30% e 50% do total de perdas, com o recorde de 2017 chegando a quase 150 bilhões de dólares.

Até a década de 1980, o aumento do número de desastres era atribuído principalmente a uma exposição maior, causada pelo crescimento das populações e das economias. Embora essa tendência continue — há mais pessoas com mais propriedades seguradas vivendo em regiões propensas a desastres —, nas últimas décadas presenciamos mudanças nos próprios perigos de desastres naturais: uma atmosfera mais quente retém mais vapor d'água, aumentando as chances de precipitação extrema; secas prolongadas em algumas regiões causam incêndios recorrentes de duração e intensidade excepcionais. Muitos modelos agora preveem maior intensificação dessas tendências, mas também sabemos que diversas medidas eficazes podem ser tomadas para reduzir seus impactos: desde a criação de zonas de exclusão e a restauração de zonas úmidas até a promulgação de códigos de construção adequados.

Para obter números ainda menores de exposição a riscos naturais ou causados pelo homem, é preciso procurar eventos realmente excepcionais, como mortos pela queda de um meteorito ou por detritos de um número crescente de satélites em órbita. Um relatório do Conselho Nacional de Pesquisa dos Estados Unidos estimou que, dada a quantidade de detritos espaciais atingindo a Terra, deveria haver 91 mortes por ano, o que implicaria cerca de 1×10^{-12} mortes por hora de exposição para a população mundial, então de 7,75 bilhões. Na verdade, não há registros de mortes desde 1900, e só recentemente foi descoberta a primeira prova por escrito de que um meteorito matou um homem (e deixou outro paralisado) entre os manuscritos da Direção-Geral dos Arquivos do Estado do Império Otomano: o evento ocorreu em 22 de agosto de 1888, onde hoje é Sulaymaniyah, no Iraque.[66]

Mas, mesmo se uma pessoa fosse morta a cada ano, a taxa seria apenas de 10-14, ou oito ordens de magnitude menor (1/100.000.000) do que o risco só por estar vivo, então claramente não é motivo para se preocupar.[67] Quanto ao lixo espacial em órbita, em 2019 havia aproximadamente 34 mil peças maiores que 10 centímetros e mais de 25 vezes mais peças medindo 1-10 centímetros. Todas essas peças se dissolvem ao reentrar na atmosfera, mas até mesmo peças pequenas apresentam riscos de colisão no espaço, cada vez mais congestionado na nossa órbita principal.[68]

O FIM DA NOSSA CIVILIZAÇÃO

Quando pensamos em riscos raros, mas de fato extraordinários, com efeitos globais, e ainda mais quando consideramos eventos catastróficos que podem prejudicar gravemente ou mesmo acabar com a civilização moderna, fazemos isso em um plano mental completamente diferente: esses riscos reais, embora muito pequenos, pertencem a uma categoria de percepção bastante diferente. Como todo evento que pode ocorrer em um futuro possivelmente muito distante, negligenciamos grande parte de seu impacto e, como mais uma vez demonstrado pela pandemia de 2020, estamos cronicamente despreparados para lidar até com aqueles riscos cuja recorrência é medida em décadas, não em séculos ou milênios.

Os riscos com impactos verdadeiramente globais se enquadram em duas categorias bem diferentes: pandemias virais mais ou menos frequentes, que podem cobrar um preço considerável em questão de meses ou poucos anos; e catástrofes naturais muito raras, mas extraordinariamente letais, que podem ocorrer em períodos curtos, de alguns dias, horas ou segundos, mas cujas consequências podem durar não apenas séculos, mas milhões de anos, muito além de qualquer horizonte civilizacional. Se uma supernova próxima explodisse e inundasse a Terra com doses letais de radiação de raios cósmicos, teríamos tempo suficiente (entre a chegada da luz e da radiação) para improvisar abrigos para a maioria da população mundial?[69] E, afinal, deveríamos estar preocupados com isso?

Uma explosão capaz de danificar a camada de ozônio da Terra deve ocorrer a menos de 50 anos-luz de distância, mas todas as nossas estrelas "próximas" que podem explodir estão muito mais longe do que isso, e, embora uma explosão de raios gama seja capaz de afetar a Terra à distância de 10 mil anos-luz uma vez a cada quinze milhões de anos, a explosão mais próxima já registrada foi a 1,3 bilhão de anos-luz de distância.[70] Evidentemente, esse risco pertence a uma categoria um tanto acadêmica — em vez de adivinhar quando isso pode acontecer, devemos, dada a frequência de tais eventos, fazer a seguinte pergunta: alguma civilização terrestre estará por aí, digamos, daqui a 150 mil ou meio milhão de anos? Embora seja um evento comparativamente mais provável, calcular o risco de uma futura colisão inevitável da Terra com um asteroide é outro exercício de incertezas e suposições cujas particularidades podem fazer uma enorme diferença. Encontros com asteroides ou grandes cometas aconteceram no passado e acontecerão no futuro — mas devemos presumir que um grande encontro desse tipo vai ocorrer uma vez a cada cem mil anos ou uma vez a cada dois milhões de anos?[71]

Esses são períodos relativamente curtos em uma escala de tempo geológico, porém longos demais para serem usados em qualquer cálculo útil acerca dos prováveis riscos por ano (para não falar em horas) de exposição. Além disso, se tal objeto atingisse o oceano Pacífico perto da Antártida, as consequências globais seriam muito diferentes do que se atingisse a Europa Ocidental ou o leste da China. No primeiro caso, grande parte do dano viria de um tsunami monstruoso, mas, dependendo do tamanho do asteroide, pode haver pouca poeira entrando na atmosfera. No segundo e no terceiro casos, o impacto obliteraria instantaneamente grandes concentrações da população e da atividade industrial e lançaria enormes massas de pó de rocha na atmosfera, criando um intenso resfriamento planetário.

Os habitantes dos Estados Unidos não precisam se preocupar nem com supernovas nem com asteroides, mas, se quiserem se assustar pensando em uma catástrofe natural inevitável (partindo de um dos lugares mais queridos do país), então deveriam pensar sobre outra megaerupção do supervulcão de Yellowstone.[72] Evidências geológicas mostram nove erupções durante os últimos quinze milhões de anos, tendo as últimas três erupções conhecidas ocorrido 2,1 milhões, 1,3 milhão e 640 mil anos atrás. Claro, a datação de apenas três eventos não serve de base para prever qualquer periodicidade; mesmo assim, surge um pensamento: tomando o intervalo médio de 730 mil anos entre as erupções, ainda teríamos noventa mil anos de espera, mas, se o primeiro intervalo fosse de oitocentos mil anos e o segundo de 660 mil anos, então um encurtamento semelhante indicaria que o próximo período seria de cerca de 520 mil anos — e uma nova erupção já estaria mais de cem mil anos atrasada!

E, seja qual for o intervalo, as consequências dependeriam da magnitude da erupção, de sua duração e dos ventos predominantes. A última erupção liberou em torno de 1.000 km^3 de cinzas vulcânicas, e os ventos predominantes de noroeste levariam a nuvem para acima dos estados de Wyoming (onde as cinzas poderiam chegar a cobrir vários metros de profundidade), Utah e Colorado e para as Grandes Planícies, afetando os estados da Dakota do Sul até o Texas, o que deixaria algumas das terras agrícolas mais produtivas do país soterradas debaixo de 10 a 50 centímetros de cinzas. A combinação de alerta antecipado (devido ao monitoramento sísmico constante) e uma erupção mais fraca e prolongada pode possibilitar a evacuação em grande escala, e a perda de moradias, infraestrutura e terras cultiváveis seria muito maior do que quaisquer fatalidades imediatas.

Uma fina cobertura de cinzas vulcânicas poderia ser arada no solo (e até melhorar sua produtividade), mas camadas mais espessas seriam incontroláveis e representariam perigos maiores, uma vez espalhadas pelas chuvas e pelo derretimento da neve, resultando em assoreamento, inundações e criando problemas pelas décadas seguintes.

Talvez o melhor exemplo de um risco natural que não mataria ninguém diretamente, porém causaria enormes perturbações em todo o planeta, resultando em um grande número de mortes indiretas, seja a possibilidade de uma tempestade geomagnética catastrófica causada por uma ejeção de massa coronal.[73] A coroa é a camada mais externa da atmosfera do Sol (pode ser vista sem instrumentos especiais apenas durante um eclipse solar total) e é, paradoxalmente, centenas de vezes mais quente que a superfície do Sol. As ejeções de massa coronal são expulsões enormes (de bilhões de toneladas) de um material explosivo acelerado, que carrega consigo um campo magnético cuja força supera em muito a do vento solar de fundo e a do campo magnético interplanetário. As ejeções de massa coronal começam com a torção e reconfiguração do campo magnético na parte inferior da camada, que produzem explosões solares e podem viajar (expandindo-se à medida que avançam) a velocidades de no mínimo 250 km/s (chegando à Terra em quase sete dias) até quase 3 mil km/s, chegando à Terra em apenas quinze horas.

A maior ejeção de massa coronal registrada começou na manhã de 1º de setembro de 1859, enquanto Richard Carrington, um astrônomo britânico, observava e desenhava uma grande mancha solar que emitia uma explosão branca considerável no formato de um rim.[74] Isso foi quase duas décadas antes dos primeiros telefones (1877) e mais de duas décadas antes da primeira geração comercial centralizada de eletricidade (1882), portanto os efeitos percebidos foram apenas intensas auroras e interrupções da rede telegráfica que se expandia na época, cuja instalação começara na década de 1840: faíscas nos fios, mensagens interrompidas ou retomadas com estranhas formas truncadas, operadores levando choques elétricos e alguns incêndios iniciados acidentalmente.

Alguns dos eventos posteriores mais fortes ocorreram em 31 de outubro e 1º de novembro de 1903, e de 13 a 15 de maio de 1921, quando a abrangência das ligações telefônicas com fio e das redes elétricas ainda era bastante limitada, mesmo na Europa e na América do Norte, e muito pequena nas demais regiões. Mas em março de 1989 tivemos uma prévia do que uma grande ejeção de massa coronal poderia fazer hoje quando um evento muito menor (diferentemente do observado por Carrington) derrubou toda a rede elétrica de Quebec, atingindo seis milhões de pessoas ao longo de nove horas.[75] Mais de três décadas depois, nos tornamos muito mais vulneráveis: basta pensar em tudo que é eletrônico, de telefones celulares a e-mails, bancos internacionais e navegação guiada por GPS em todas as embarcações e em todos os aviões e agora também em dezenas de milhões de carros.

Nós tomaríamos conhecimento antes que o evento nos atingisse: nosso levantamento constante da atividade do Sol detectaria instantaneamente qualquer ejeção de massa e forneceria pelo menos de doze a quinze horas de aviso antes do choque. Mas apenas quando a ejeção atingir o ponto onde instalamos o Observatório Solar e Heliosférico (Soho), a aproximadamente 1,5 milhão de quilômetros da Terra, poderemos medir sua intensidade —, e então o tempo para reagir seria reduzido para menos de uma hora, talvez até apenas quinze minutos.[76] Mesmo danos limitados significariam horas ou dias de comunicações e operações de rede interrompidas, e uma enorme tempestade geomagnética cortaria todas essas conexões em escala global, deixando-nos sem eletricidade, sem informação, sem transporte, sem a capacidade de fazer pagamentos com cartão de crédito e sacar dinheiro em bancos.

O que faríamos se a restauração completa de todas essas infraestruturas vitais, mas gravemente danificadas, levasse anos, talvez até uma década, para ser concluída? As estimativas de danos globais diferem em uma ordem de magnitude, de 2 trilhões de dólares a 20 trilhões de dólares,[77] mas isso se refere apenas a gastos, não ao valor de vidas perdidas durante períodos prolongados sem comunicação, luzes, ar-condicionado, equipamentos hospitalares, refrigeração e produção industrial (e, portanto, também sem insumos adequados para o cultivo das lavouras).

No entanto, há boas notícias. Um estudo de 2012 estimou uma probabilidade de 12% de outro Evento Carrington nos próximos dez anos — ou uma chance em oito — e enfatizou que a raridade desses eventos extremos torna difícil estimar sua taxa de ocorrência e que "prever uma ocorrência específica de um futuro evento é virtualmente impossível".[78] Dada essa incerteza, não surpreende o fato de que em 2019 um grupo de cientistas em Barcelona calculou que o risco não seria maior que 0,46% a 1,88% durante a década de 2020 e, portanto, mesmo a taxa mais alta traria chances médias de 1 em 53, uma probabilidade bem mais tranquilizadora.[79] E, em 2020, uma equipe da Universidade Carnegie Mellon apresentou uma estimativa ainda menor, colocando uma probabilidade decadal (dez anos) entre 1% e 9% para um evento no mínimo do mesmo tamanho do grande evento de 2012, e entre 0,02% e 1,6% para um tamanho semelhante ao do Evento Carrington de 1859.[80] Embora muitos especialistas estejam bem cientes dessas probabilidades e da enormidade das possíveis consequências, está claro que esse é um daqueles riscos (muito parecido com o de uma pandemia) para os quais nunca podemos estar preparados da forma adequada: só temos que esperar que a próxima grande ejeção de massa coronal não seja igual ou maior que a do Evento Carrington.

Apesar de não ser o que o mundo quer ouvir neste momento, é uma triste verdade o fato de que as pandemias sem dúvida vão reaparecer com uma frequência relativamente alta, e, embora compartilhem inevitáveis semelhanças, seus impactos específicos são imprevisíveis. No início de 2020, o mundo tinha cerca de um bilhão de pessoas com mais de 62 anos, e todas elas haviam passado por três pandemias virais em uma única vida: 1957-1959 (H2N2), 1968-1970 (H3N2) e 2009 (H1N1).[81] A projeção mais confiável sobre a mortalidade total para a pandemia de 1957-1959 indica 38/100.000 (1,1 milhão de mortes para uma população global de 2,87 bilhões), a pandemia de 1968-1970 teve uma mortalidade de 28/100.000 (um milhão de mortes para uma população global de 3,55 bilhões), enquanto o evento de 2009 teve baixa virulência e mortalidade não superior a 3/100.000 (aproximadamente duzentas mil mortes para uma população global de 6,87 bilhões).[82]

A chegada do próximo evento pandêmico era apenas uma questão de tempo, mas, como já foi dito, nunca estamos preparados para essas ameaças de (relativamente) baixa frequência. O ranking dos principais riscos globais do Fórum Econômico Mundial, elaborado todos os anos entre 2007 e 2015, trouxe oito vezes em primeiro lugar o colapso de preços de ativos, crises financeiras e grandes falhas sistêmicas no sistema financeiro (obviamente refletindo a crise de 2008). A crise hídrica liderou o ranking uma vez, enquanto uma ameaça pandêmica não apareceu entre os três principais riscos nenhuma vez.[83] Que grande capacidade coletiva de previsão os tomadores de decisão do mundo mostraram ter! E, quando a covid-19 (causada pelo SARS--CoV-2) chegou, a OMS esperou até 11 de março de 2020 para declarar uma pandemia global, e sua orientação inicial, repetida por muitos governos, foi contra a suspensão de voos internacionais e contra o uso de máscaras.[84]

Obviamente, só poderemos quantificar a mortalidade total por covid-19 após o fim desta última pandemia. Enquanto isso, a melhor maneira de avaliar a carga pandêmica recorrente é compará-la à mortalidade global por causas respiratórias associada à influenza sazonal. A avaliação mais detalhada para os anos de 2002 a 2011 encontrou uma média de 389 mil mortes (variando entre 294 mil e 518 mil) após excluir a temporada pandêmica de 2009.[85] Isso significa que a gripe sazonal é responsável por cerca de 2% de todas as mortes por causas respiratórias anuais e que sua taxa de mortalidade é, em média, de 6/100.000 — ou 15% a 20% das taxas de mortalidade registradas nas duas pandemias do final do século XX (1957-1959 e 1968-1970). Pelo cálculo inverso, a primeira pandemia vitimou um número relativo de pessoas mais de seis vezes maior do que a influenza sazonal e a segunda, quase cinco vezes maior.

Além disso, há uma diferença importante na mortalidade específica por idade. A mortalidade por gripe sazonal é, quase sem exceção, muito mais alta entre os idosos, e 67% de todas as mortes ocorrem entre pessoas com mais de 65 anos. Por outro lado, a infame segunda onda da pandemia de 1918-1920 atingiu de modo desproporcional pessoas na faixa dos trinta anos; já a pandemia de 1957-1959 teve uma frequência de mortalidade em forma de U, afetando mais as idades de zero a quatro anos e acima de sessenta anos; e a mortalidade por covid-19 tem sido, assim como a gripe sazonal, altamente concentrada no grupo de mais de 65 anos, sobretudo entre aqueles com comorbidades significativas, enquanto as crianças foram pouco afetadas.[86]

Sabemos que muito da mortalidade excessiva entre os idosos não pode ser evitado: faz parte do preço que devemos pagar por nossos esforços muito bem-sucedidos para aumentar a expectativa de vida — em muitos países ricos, ela cresceu mais de quinze anos desde a década de 1950.[87] Um atestado de óbito pode dizer covid-19 ou pneumonia viral, mas isso indica apenas um rótulo aproximado, a verdadeira causa é que a maioria de nós não foi projetada para viver sem problemas de saúde, pois continuamos ultrapassando os limites da expectativa de vida. Os dados provisórios de covid-19 dos Centros de Controle e Prevenção de Doenças (CDCs) deixam isso claro: durante a semana do pico de mortalidade por covid-19 nos Estados Unidos (que terminou em 18 de abril de 2020), as pessoas com mais de 65 anos representaram 81% de todas as mortes e as com menos de 35 anos, apenas 0,1%.[88] Essa situação é bem diferente da pandemia de 1918-1920, quando até cinquenta milhões de pessoas morreram. Agora sabemos que a maioria dessas mortes foi causada por pneumonia bacteriana: cerca de 80% das culturas retiradas de amostras de tecido pulmonar preservado continham bactérias que causavam infecção pulmonar secundária. Naquela época, quase um quarto de século antes da disponibilidade de antibióticos, não tínhamos qualquer tratamento para essa doença.[89]

Além disso, as pessoas com tuberculose eram mais propensas do que outras a morrer de gripe, e essa ligação também ajuda a explicar a incomum mortalidade entre a população de meia-idade na pandemia de 1918-1920, bem como sua evidente predominância masculina devido à incidência diferencial de tuberculose.[90] Como a tuberculose foi essencialmente erradicada em todos os países ricos e a pneumonia é tratável com antibióticos, conseguimos evitar a repetição de altas taxas de mortalidade, mas, mesmo com campanhas anuais de vacinação contra influenza, não é possível evitar uma mortalidade sazonal significativa, e a sobrevivência dos grupos mais idosos será desafiada toda vez que houver uma pandemia global. Esse é um risco em grande parte causado por nós mesmos, como contrapartida por desfrutarmos de uma expectativa de vida mais longa. Podemos minimizar tal risco isolando os indivíduos mais vulneráveis e desenvolvendo melhores vacinas, mas não podemos acabar com ele.

ATITUDES QUE PERSISTEM

No que diz respeito aos riscos, muitas obviedades parecem não mudar nunca. Enquanto indivíduos, podemos ter algum controle sobre as coisas. Muitas pessoas não acham difícil se abster de fumar, consumir álcool e drogas e preferem ficar em casa para não compartilhar um navio de cruzeiro com cinco mil passageiros e três mil tripulantes em meio a um surto de coronavírus ou norovírus. Outros desejam todos esses itens, e é surpreendente quantas pessoas não reduzem nem mesmo os riscos mais fáceis e baratos de ser minimizados. Sempre usar o cinto de segurança, não andar em alta velocidade, praticar direção defensiva e instalar detectores de fumaça, de monóxido de carbono e de gás natural nas residências são formas gratuitas ou muito baratas de reduzir os riscos de andar de carro e de morar em estruturas aquecidas pela queima de combustíveis fósseis.

Além disso, a maioria das pessoas e a maioria dos governos têm dificuldade para lidar de forma adequada com eventos de baixa probabilidade, mas de alto impacto (com muitas perdas). Comprar um seguro residencial básico é uma coisa (e muitas vezes é obrigatório), porém investir em estruturas resistentes a terremotos — seja no plano individual ou como sociedade — para minimizar o impacto do que provavelmente será um evento único no século é outra questão. A Califórnia tem um programa de subsídio para modernização sísmica das casas construídas antes de 1980, fixando ou reforçando a fundação das residências em conformidade com o código de construção de 2016, mas a maioria das regiões que enfrenta riscos sísmicos semelhantes não conta com algo parecido.[91]

Mas é difícil, se não impossível, evitar tantas exposições, pois, como já observado, em alguns casos não há dicotomia clara entre riscos voluntários e involuntários, e a maioria dos riscos está fora do nosso controle. Não podemos escolher nossos pais e, portanto, evitar uma predisposição genética para um grande número de doenças comuns e raras, entre elas alguns tipos de câncer, diabetes, problemas cardiovasculares, asma e vários distúrbios autossômicos recessivos, como fibrose cística, anemia falciforme e doença de Tay-Sachs.[92] Para reduzir muito os riscos de todos os desastres naturais locais ou regionais, teríamos que evitar assentamentos humanos em grandes áreas do planeta, sobretudo as regiões sujeitas recorrentemente a megaterremotos e erupções vulcânicas (como o Círculo de Fogo do Pacífico), ventos ciclônicos destrutivos e grandes inundações.[93]

Como isso é obviamente impossível em um planeta cada vez mais populoso, a única maneira de melhorar as chances de sobrevivência nessas condições é tomar precauções — edifícios à prova de terremotos (reforçados com aço) não vão soterrar pessoas quando as estruturas ao redor desabarem; abrigos contra tornados podem salvar as famílias para que possam reconstruir suas casas. Implementar sistemas eficazes de alerta precoce e planos de evacuação em grande escala pode reduzir a perda de vidas causada por ciclones, inundações e erupções vulcânicas. Embora essas medidas tenham potencial para salvar não apenas centenas, mas centenas de milhares de vidas, temos defesas limitadas ou somos totalmente impotentes contra muitas catástrofes de grande escala, desde um enorme tsunami desencadeado por terremotos até megaerupções vulcânicas, secas regionais prolongadas e a colisão de asteroides ou cometas com a Terra.

Outro conjunto de obviedades se aplica à nossa avaliação de risco. Geralmente, subestimamos os riscos voluntários e conhecidos e exageramos as exposições involuntárias e desconhecidas a riscos. Temos o costume de superestimar os riscos derivados de experiências recentes que foram chocantes e subestimar o risco dos eventos quando eles ficam para trás em nossa memória coletiva e institucional.[94] Como já comentei, mais ou menos um bilhão de pessoas passaram por três pandemias, mas, quando a covid-19 surgiu, a pandemia de 1918-1920 serviu como referência para a esmagadora maioria, enquanto as três outras mais recentes (e menos letais) não deixaram impressões tão profundas — ao contrário do medo da poliomielite durante a década de 1950 ou da aids na década de 1980, bastante lembrados.[95]

Existem explicações óbvias para essa amnésia. A pandemia de 2009 era difícil de ser diferenciada de uma gripe sazonal, e, nos eventos de 1957-1959 e 1968-1970, tampouco foram feitas quarentenas nacionais ou continentais quase totais. As estatísticas ajustadas à inflação do produto econômico global e dos Estados Unidos não mostram nenhuma reversão drástica das taxas de crescimento de longo prazo durante nenhuma das duas pandemias do final do século XX.[96] Além disso, esse último episódio coincidiu com uma expansão significativa das viagens aéreas internacionais: o primeiro jato de fuselagem larga, o Boeing 747, voou pela primeira vez em 1969.[97] E, talvez o mais importante, não tínhamos noticiários de TV a cabo 24 horas por dia, sete dias por semana, com seu apego mórbido em anunciar a contagem contínua de mortes, tampouco uma internet repleta de explicações ridículas sobre causas, curas, teorias da conspiração e, portanto, nenhuma forma anti-histórica, e sim histérica, de difusão moderna de notícias.

Como a covid-19 demonstrou mais uma vez (e em uma escala que deve ter surpreendido mesmo quem não esperava boas notícias), somos constantemente pegos desprevenidos e incapazes de lidar com riscos recorrentes de alto impacto, porém de frequência relativamente baixa, como pandemias virais que ocorrem uma vez a cada década, uma vez a cada geração ou uma vez a cada século. Como lidaríamos, então, sem levar em conta todos os estudos e análises, com outro Evento Carrington? Ou com um asteroide atingindo o oceano perto dos Açores e causando um enorme tsunami por todas as costas do Atlântico, da mesma magnitude que o causado pelo terremoto de Tōhoku em 2011 — isto é, com até 40 metros de altura, adentrando as áreas costeiras em até 10 quilômetros?[98]

As lições que aprendemos após grandes eventos catastróficos certamente não são racionais. Exageramos a probabilidade de que voltem a ocorrer e condenamos qualquer lembrança de que (deixando o choque de lado) o impacto humano e econômico real foi comparável às consequências de muitos riscos cujas perdas acumuladas não nos causam grandes preocupações. Como consequência, o medo de outro ataque terrorista de grandes proporções levou os Estados Unidos a tomar medidas extraordinárias para evitá-lo. Entre essas medidas, guerras que custaram vários trilhões de dólares no Afeganistão e no Iraque, atendendo ao desejo de Osama bin Laden de atrair o país para conflitos incrivelmente assimétricos que causariam seu enfraquecimento no longo prazo.[99]

A reação do público aos riscos é guiada mais pelo medo do que é estranho, desconhecido ou pouco compreendido do que por qualquer avaliação comparativa das consequências reais. Quando fortes reações emocionais estão envolvidas, as pessoas se concentram excessivamente na possibilidade de um resultado temido (morte por um ataque terrorista ou por uma pandemia viral), em vez de tentar manter em mente a real probabilidade de tal desfecho.[100] Os terroristas sempre exploraram essa realidade, forçando os governos a tomar medidas de custos extraordinários para evitar novos ataques ao mesmo tempo que continuam negligenciando a adoção de medidas que poderiam salvar mais vidas a um custo muito menor por fatalidade evitada.

Não há melhor exemplo de medidas de baixo custo negligenciadas para salvar vidas do que a atitude dos Estados Unidos em relação à violência por armas de fogo: nem mesmo a repetição dos conhecidos e chocantes assassinatos em massa (sempre penso nas 26 pessoas, entre elas vinte crianças de seis e sete anos, baleadas em 2012 em Newtown, Connecticut) conseguiram mudar as leis, e durante a segunda década do século XXI cerca de 125 mil norte-americanos foram mortos por armas de fogo (total de homicídios, excluindo suicídios). Isso equivale à população de Topeka, no Kansas, ou Atenas, na Geórgia, ou Simi Valley, na Califórnia — ou Göttingen, na Alemanha.[101] Por outro lado, 170 habitantes dos Estados Unidos morreram em todos os ataques terroristas no país durante a segunda década do século XXI, uma diferença de quase três ordens de magnitude.[102] Quando comparamos isso a acidentes de trânsito, a distribuição do número de vítimas é ainda mais desigual: como vimos anteriormente, em comparação às mulheres ásio-americanas, os homens nativos norte-americanos têm cinco vezes mais chances de morrer em seus carros, mas os homens afro-americanos têm trinta vezes mais chances de serem mortos por armas de fogo.[103]

Tenho alguma ideia capaz de ajudar na conclusão desse assunto? Talvez, se reconhecermos estas realidades básicas: uma existência livre de riscos é totalmente impossível, porém a busca por minimizar os riscos continua sendo a principal motivação para o progresso humano.

6. ENTENDENDO O MEIO AMBIENTE:

A ÚNICA BIOSFERA QUE TEMOS

O subtítulo deste capítulo é proposital. Recuso-me a considerar qualquer possibilidade a curto prazo de deixarmos a Terra para estabelecer uma civilização em outro planeta. Digo isso porque, neste mundo pós-factual, ideias sobre encontrar em breve uma nova morada celestial, com destaque principal para a "terraformação" de Marte,[1] já foram apresentadas como opções possíveis para resolver os problemas do terceiro planeta que orbita o Sol. Esse é mais um tópico favorito do gênero da ficção científica que vai seguir limitado às suas histórias: mesmo que tivéssemos meios baratos de transporte interplanetário e, de alguma forma, dominássemos a construção de bases marcianas, não poderíamos criar uma atmosfera adequada — o processamento das calotas polares de Marte, além de seus minerais e seu solo, renderia apenas cerca de 7% de todo o CO_2 necessário para aquecer o planeta e tornar possível sua colonização prolongada.[2]

Claro, aqueles verdadeiramente convictos podem recorrer a outro truque de ficção científica capaz de permitir a colonização de Marte: criar humanos com modificações genéticas radicais, novos superorganismos dotados de qualidades de tardígrados terrestres, minúsculos invertebrados de oito patas vivendo na grama e em valas molhadas. Tais organismos seriam capazes de lidar não apenas com a atmosfera rarefeita (sua pressão é inferior a 1% do valor terrestre), mas também com a alta radiação recebida pelo mal protegido planeta vermelho.[3]

Voltando ao mundo real, caso nossa espécie queira sobreviver, e até prosperar, ao menos por um período igual ao da existência das civilizações superiores (ou seja, por cinco mil anos ou mais), então teremos que assegurar que nossas intervenções contínuas não coloquem em risco a habitabilidade do nosso planeta no longo prazo — ou, como diz a linguagem moderna, não transgredir os limites planetários seguros.[4]

A lista desses limites cruciais para a biosfera inclui nove categorias: as mudanças climáticas (agora chamadas de forma indistinta, embora imprecisa, simplesmente de "aquecimento global"), a acidificação dos oceanos (colocando em risco organismos marinhos que constroem estruturas de carbonato de cálcio), o esgotamento do ozônio estratosférico (que blinda a Terra da radiação ultravioleta excessiva e está ameaçado pela liberação de clorofluorcarbonetos), os aerossóis atmosféricos (poluentes que reduzem a visibilidade e causam comprometimento pulmonar), a interferência nos ciclos de nitrogênio e fósforo (sobretudo a liberação desses nutrientes em água doce e costeira), o uso de água doce (que é retirada em excesso dos lençóis freáticos, córregos e lagos), as mudanças no uso da terra (devido a desmatamento, agricultura, expansão urbana e industrial), a perda de biodiversidade e as várias formas de poluição química.

Fazer revisões sistemáticas de todos esses problemas — e colocá-los em suas perspectivas históricas e ambientais adequadas — é uma tarefa para um livro enorme, e não para um único capítulo, a menos que ele contenha resumos superficiais. Em vez disso, decidi dar a este capítulo um viés bastante utilitário, destacando apenas alguns parâmetros importantes para a nossa existência, a começar pelas circunstâncias ambientais de três requisitos existenciais insubstituíveis — respirar, beber e comer. Atender a essas três precondições de nossa existência depende de bens e serviços naturais: da atmosfera oxigenada circulando sem parar; da água e seu ciclo global; e dos solos, fotossíntese, biodiversidade e fluxos de nutrientes vegetais. Em contrapartida, sua produção afeta os bens e serviços naturais.

Como veremos, esses efeitos variam de marginais (as concentrações de oxigênio na atmosfera não correm perigo devido à queima de combustível fóssil) a obviamente negativos (o excesso de extração de água de antigos aquíferos profundos e a grave poluição da água pela produção de alimentos, pelas cidades e pelas indústrias) e até a totalmente destrutivos (o excesso de pastagem animal em regiões áridas causando desertificação, assim como novas áreas de cultivo agrícola tomando o lugar de florestas tropicais ou campos).

O OXIGÊNIO NÃO ESTÁ EM PERIGO

A respiração é o fornecimento regular de oxigênio, transportado de nossos pulmões pela hemoglobina para todas as células do corpo para energizar nosso metabolismo. Nenhum recurso natural é tão crucial para nossa sobrevivência: a duração tolerável da apneia voluntária (parar a respiração) é variável, mas, se você nunca treinou prolongar seus períodos sem ar, vai descobrir que eles podem durar apenas trinta segundos e geralmente não mais do que um minuto. Você pode ter lido sobre mergulho livre, atividade em que homens e mulheres arriscam suas vidas prendendo a respiração e mergulhando, sem nenhum aparelho auxiliar, o mais fundo que suportam (com ou sem nadadeiras), ou sobre competições de apneia estática, na qual os competidores ficam imóveis em uma piscina e prendem a respiração. O último recorde para homens é de quase doze minutos e o para mulheres, de nove minutos, embora a hiperventilação com oxigênio puro por até meia hora antes de uma tentativa permita dobrar o tempo de apneia para mais de 24 minutos para homens e dezoito minutos e meio para mulheres.[5]

No século XXI, isso é considerado um esporte, apesar do fato de que as células do cérebro começam a morrer após cinco minutos de hipóxia cerebral, e um período um pouco mais longo pode causar danos graves ou morte. Afinal, o oxigênio é o recurso mais limitante para a sobrevivência humana. Nossa espécie precisa de seu suprimento constante, assim como todos os outros quimio-heterotróficos (organismos que não são capazes de produzir sua própria nutrição internamente). A frequência respiratória em repouso é de doze a vinte inalações por minuto, e a ingestão *per capita* diária de um adulto é em média de quase 1 quilograma de O2.[6] Para a população global, isso se traduz em uma ingestão anual de 2,7 bilhões de toneladas de oxigênio por ano, uma fração totalmente insignificante (0,00023%) da presença atmosférica do elemento, que chega a 1,2 quatrilhão de toneladas de O2 — enquanto o CO2 exalado é prontamente usado por plantas fotossintetizantes.

Os primórdios da atmosfera oxigenada remontam ao que ficou conhecido como o Grande Evento de Oxigenação, que começou há aproximadamente 2,5 bilhões de anos.[7] Nesse período, o oxigênio liberado pelas cianobactérias oceânicas começou a se acumular na atmosfera, mas demorou muito para que os gases atingissem os níveis modernos de concentração. Durante os últimos quinhentos milhões de anos, os níveis de oxigênio atmosférico flutuaram bastante, chegando a variar entre 15% e 35% antes de declinarem para os atuais quase 21% da atmosfera da Terra em volume.[8] Assim como não há, de forma alguma, nenhum perigo em pessoas ou animais reduzirem consideravelmente esse nível através da respiração, também não há perigo de muito oxigênio ser consumido nem mesmo pela maior queima concebível (oxidação rápida) das plantas da Terra.

A massa vegetal terrestre contém em torno de 500 bilhões de toneladas de carbono e, mesmo que tudo (todas as florestas, pastagens e plantações) fosse queimado de uma só vez, tal megaconflagração consumiria apenas 0,1% do oxigênio da atmosfera.[9] E ainda assim, durante o verão de 2019, quando grandes áreas da floresta amazônica estavam queimando, a mídia e os políticos tentaram assustar as massas cientificamente analfabetas fazendo-as acreditar que o mundo começaria a sufocar. Entre muitos outros, o presidente francês Emmanuel Macron tuitou em 22 de agosto de 2019:[10]

> Nossa casa está pegando fogo. Literalmente. A floresta amazônica — os pulmões que produzem 20% do oxigênio do nosso planeta — está pegando fogo. É uma crise internacional. Membros da Cúpula do G7, vamos discutir essa emergência de primeira ordem em dois dias!

Não houve Cúpula do G7 de emergência em dois dias (nem mesmo dois meses: o que também foi bom, como se isso pudesse resolver alguma coisa!), e o mundo continua respirando. Dependendo de onde você esteja nessa escala de julgamento específica, a queima deliberada da floresta amazônica pode ser uma política altamente lamentável e completamente equivocada ou um crime imperdoável contra a biosfera — mas saiba que não é um ato que privará o planeta de seu oxigênio.

Essa desinformação também ilustra um problema muito maior: por que não estamos confiando em fatos científicos bem estabelecidos e, em vez disso, por que permitimos que alguns tuítes controlem a opinião pública? As avaliações sobre o meio ambiente talvez sejam ainda mais propensas a generalizações injustificadas, interpretações tendenciosas e desinformação total do que as relacionadas à produção de energia e alimentos. Essa tendência deve ser condenada e combatida — não teremos sucesso se nossas ações forem baseadas em mitos e desinformação. De fato, a ciência que fundamenta o tema é muitas vezes complexa, várias conclusões são incertas e julgamentos definitivos são desaconselháveis, mas não nesse caso em particular.

Obviamente, nossos pulmões não produzem oxigênio, eles o processam. A função dos pulmões é permitir a troca gasosa quando o O_2 atmosférico entra na corrente sanguínea e o CO_2, o produto gasoso mais volumoso do metabolismo, sai dela. Nesse processo, os pulmões (como qualquer outro órgão) precisam consumir oxigênio, mas não é fácil medir de quanto precisam — ou seja, separar sua necessidade da ingestão total. A melhor maneira de descobrir é através de um desvio cardiopulmonar total, quando a circulação pulmonar é temporariamente separada do fluxo sanguíneo sistêmico; isso mostra que os pulmões consomem cerca de 5% do oxigênio total que inalamos.[11] E, enquanto as árvores amazônicas, como qualquer planta terrestre, produzem O_2 durante a fotossíntese diurna — assim como qualquer outro organismo fotossintetizante —, elas consomem virtualmente todo esse oxigênio durante a respiração noturna, processo que usa o fotossintato para produzir energia e compostos para o cultivo das plantas.[12]

A cada ano, pelo menos trezentos bilhões de toneladas de oxigênio são absorvidas e uma quantidade semelhante é liberada pela fotossíntese terrestre e marinha.[13] Esses fluxos, bem como outros muito menores resultantes do soterramento e oxidação da matéria orgânica, não são perfeitamente equilibrados diariamente ou sazonalmente, mas a longo prazo não podem estar muito descalibrados, caso contrário teríamos perdas ou ganhos líquidos substanciais do elemento. Em vez disso, a presença atmosférica do oxigênio tem sido incrivelmente estável. Imagens da floresta amazônica, do cerrado australiano, das encostas californianas ou da taiga siberiana em chamas não são presságios sinistros de uma atmosfera desprovida do gás que precisamos inalar pelo menos uma dúzia de vezes por minuto.[14] Grandes incêndios florestais são destrutivos e prejudiciais em muitos aspectos, contudo não vão nos sufocar por falta de oxigênio.

TEREMOS ÁGUA E COMIDA SUFICIENTES?

Por outro lado, o fornecimento do segundo insumo natural mais necessário deve estar no topo de nossa lista de preocupações ambientais — e não porque haja uma escassez absoluta desse recurso crucial, mas porque ele está distribuído de forma desigual e porque nós não o administramos bem. E isso é um eufemismo: nós desperdiçamos uma enormidade de água e, até agora, temos sido lentos em adotar mudanças efetivas capazes de reverter hábitos e tendências indesejáveis. Como veremos, o abastecimento de água é, portanto, um exemplo perfeito de um recurso quase universalmente mal administrado, com a complicação adicional de seu acesso ser muito desigual.[15]

Pelo menos não temos que beber com tanta frequência quanto respiramos, uma dúzia de vezes por minuto, nem mesmo uma dúzia de vezes por dia, mas o consumo de volumes adequados de água potável (que, dependendo de sexo, idade, tamanho do corpo, temperatura ambiente e excluindo atividades extremas, costuma ficar entre 1,5 e 3 litros por dia) é uma questão de sobrevivência básica.[16] Deixar de se reidratar por um dia é uma experiência difícil, por dois dias se torna perigoso, por três dias geralmente é fatal. Além dessa necessidade existencial, que se traduz em uma média *per capita* de cerca de 750 quilos (ou litros, ou

0,75 m³) de água por ano, existem várias outras necessidades de água, e bem mais volumosas: realizar higiene pessoal, cozinhar e lavar roupas (mesmo sem um banheiro interno, essas categorias somam o mínimo de 15 a 20 litros por dia, ou mais ou menos 7 m³ por ano), para atividades produtivas e, acima de tudo, para o cultivo de alimentos.[17]

O uso da água em diferentes setores (agricultura, geração térmica de eletricidade, indústrias pesadas, manufatura leve, serviços, uso doméstico) e as diferentes categorias de água complicam as comparações dentro de cada país e entre os países. A água azul inclui as chuvas que entram nos rios, corpos d'água e armazenamento de águas subterrâneas que são incorporadas aos produtos ou evaporam; a pegada hídrica verde representa a água da precipitação que é armazenada no solo e depois evaporada, transpirada ou incorporada pelas plantas; e a água cinza inclui toda a água doce necessária para diluir os poluentes a fim de atender aos padrões específicos de qualidade da água.

É por isso que o consumo nacional *per capita* é a melhor (e a mais abrangente) forma de avaliar as pegadas hídricas: é a soma dos componentes da água verde, azul e cinza, bem como toda a água virtual (água que foi utilizada para o cultivo ou produção de alimentos importados e bens manufaturados).[18] O uso doméstico de água azul (todos os valores são em metros cúbicos por ano *per capita*) varia de pouco mais de 29 no Canadá e 23 nos Estados Unidos a cerca de 11 na França, 7 na Alemanha e por volta de 5 na China e na Índia, e menos de 1 em muitos países africanos.[19] A pegada hídrica total do consumo de cada país reflete parcelas específicas da água usada na agricultura (obviamente mais alta em países com grande uso de irrigação) e na produção industrial. Como resultado, economias com climas e consumos setoriais muito diferentes, como Canadá e Itália, Israel e Hungria, apresentam totais de consumo semelhantes — em todos esses casos, entre 2.300 e 2.400 m³/ano/*per capita*. As importações de alimentos incorporam quantidades consideráveis de água verde, portanto os dois países com maior dependência em relação aos alimentos importados, Japão e Coreia do Sul, são também os maiores consumidores de água virtual.

Não surpreende que o papel crucial da água nas economias nacionais, e em particular na produção de alimentos, tenha gerado muitas avaliações abrangentes sobre sua disponibilidade, suficiência, escassez e vulnerabilidade. No início do século XXI, as populações que enfrentam estresse hídrico somavam entre 1,2 bilhão e 4,3 bilhões de pessoas, ou seja, entre 20% e 70% de toda a humanidade.[20] Da mesma forma, durante a segunda década do século, duas medidas diferentes de escassez de água indicaram que as populações afetadas estavam entre 1,6 e 2,4 bilhões de pessoas.[21] Dadas essas grandes diferenças nas avaliações mais recentes, é impossível chegar a grandes conclusões a respeito do futuro.

Também há muitas incertezas sobre o futuro da oferta de alimentos. Nenhuma outra atividade humana transformou tanto os ecossistemas da Terra quanto a produção de alimentos. Ela já representa aproximadamente um terço da terra não glacial do planeta, e novos impactos são inevitáveis.[22] A área combinada dedicada à produção de alimentos hoje é de mais do que o dobro do que era há um século, mas em todas as economias ricas a extensão de terra cultivada se estabilizou ou diminuiu ligeiramente, enquanto o crescimento global geral de novas terras agrícolas diminuiu de maneira considerável.[23] Diante de as taxas de fecundidade ainda altas do continente, um maior aumento na área de terra cultivada será inevitável na África, porém expansões apenas limitadas devem ocorrer na maior parte da Ásia, enquanto Europa, América do Norte e Austrália (com produção já excessiva de alimentos e populações em envelhecimento) devem sofrer mais reduções nas áreas de cultivo.

A quantidade de terra usada na produção de alimentos pode ser reduzida com a combinação de melhores práticas agrícolas, redução do desperdício de alimentos e adoção generalizada do consumo moderado de carne. Como já foi explicado no Capítulo 2, a reversão para a agricultura pré-industrial é inconcebível em um mundo de oito bilhões de pessoas, mas obter rendimentos mais altos com os insumos existentes (intensificação agrícola) obedece a uma tendência estabelecida há muito tempo, e a eliminação de muitas práticas de desperdício poderia levar a produtividades mais altas, mesmo com a redução do uso de fertilizantes ou pesticidas. Um exemplo convincente de larga escala durou uma década (2005-2015) e incluiu quase 21 milhões de agricultores cultivando cerca de um terço das terras agrícolas da China: eles conseguiram aumentar a produção de grãos básicos em 11% enquanto reduziam 15% a 18% a aplicação de nitrogênio por hectare.[24]

Se a terra não é um recurso limitante, e se temos o conhecimento necessário para gerir o abastecimento de água, quais são as perspectivas para oferecer os macronutrientes necessários às nossas lavouras e ao mesmo tempo reduzir o impacto ambiental da aplicação de nitrogênio e fósforo? Como já explicado, a síntese Haber-Bosch de amônia tornou possível fornecer uma forma reativa de nitrogênio, o principal macronutriente, em qualquer quantidade desejável.[25] Também podemos suprir quantidades adequadas dos dois macronutrientes minerais, potássio e fósforo. O Serviço Geológico dos Estados Unidos estima os recursos de potássio em mais ou menos 7 bilhões de toneladas de K_2O (óxido de potássio) equivalente. As reservas são aproximadamente metade desse número e, no ritmo atual de produção, elas durariam quase noventa anos.[26]

Durante os últimos cinquenta anos, houve comentários periódicos sobre a iminente escassez de fósforo, alguns até levantando a inevitabilidade da fome em questão de décadas.[27] Preocupações sobre o desperdício de um recurso finito são sempre justas, mas não há uma crise iminente de fósforo. De acordo com o Centro Internacional de Desenvolvimento de Fertilizantes, as reservas e os recursos de rocha fosfática do mundo são adequados para atender à demanda de fertilizantes nos próximos trezentos a quatrocentos anos.[28] O Serviço Geológico dos Estados Unidos estima os recursos mundiais de rocha fosfática em mais de 300 bilhões de toneladas, suficientes para mais de mil anos no ritmo atual de extração.[29] E a Associação Internacional da Indústria de Fertilizantes "não acredita que o pico de fósforo seja uma questão urgente, ou que o esgotamento da rocha fosfática seja iminente".[30]

A verdadeira preocupação com os nutrientes das plantas são as consequências ambientais (e, portanto, econômicas) de sua presença indesejada no meio ambiente, sobretudo na água. O fósforo dos fertilizantes é perdido através da erosão do solo e do escoamento superficial da precipitação e é liberado em resíduos produzidos por animais domésticos e por humanos.[31] Como a água, seja doce ou oceânica, normalmente tem concentrações muito baixas desse elemento, suas adições levam à eutrofização, o enriquecimento das águas com nutrientes antes escassos que provoca o crescimento excessivo de algas.[32] Perdas de nitrogênio de terras agrícolas fertilizadas, bem como de dejetos animais e humanos, também causam eutrofização, mas a fotossíntese aquática é mais responsiva às adições de fósforo. Nem o tratamento primário de esgoto (a sedimentação remove de 5% a 10% do fósforo) tampouco a remoção secundária (a filtração consegue capturar de 10% a 20%) evitam a eutrofização, mas o fósforo pode ser removido com agentes coagulantes ou por meio de processos microbianos, depois transformado em cristais e reutilizado como fertilizante.[33]

Como já foi explicado, a eficiência na absorção de nitrogênio pelas lavouras do mundo caiu para menos de 50%, e para menos de 40% na China e na França. Em conjunto com o fósforo, os compostos solúveis de nitrogênio contaminam as águas e favorecem o crescimento excessivo de algas. As algas em decomposição consomem o oxigênio dissolvido na água do mar e criam reservatórios de águas sem oxigênio (anóxicas), onde peixes e crustáceos não conseguem sobreviver. Essas zonas sem oxigênio já são muitas ao longo das costas leste e sul dos Estados Unidos e ao longo das costas da Europa, da China e do Japão.[34] Não existem soluções fáceis, baratas e rápidas para esses impactos ambientais. Uma melhor gestão agronômica (rotação de culturas, aplicações divididas de fertilizantes para minimizar suas perdas) é essencial, e a redução do consumo de carne seria o ajuste mais importante, pois reduziria também a necessidade de produção de grãos para ração — mas a África Subsaariana precisará de muito mais nitrogênio e fósforo para evitar a dependência crônica em relação às importações de alimentos.

E qualquer avaliação de longo prazo acerca das três necessidades existenciais — oxigênio atmosférico, disponibilidade de água e produção de alimentos — deve considerar de que modo a oferta delas pode ser afetada pelo processo de mudança climática, uma transformação gradual que vai deixar sua marca na biosfera de inúmeras maneiras: os impactos vão muito além do aumento da temperatura e do aumento do nível dos oceanos, duas das mudanças mais mencionadas pela mídia. Não vou revisitar uma longa lista de impactos previstos, de cidades em chamas à elevação dos oceanos, de lavouras secas a geleiras derretidas. Isso já foi feito muitas vezes, de forma comedida e também com histeria.

Em vez disso, vou adotar uma abordagem utilitária e pouco ortodoxa. Começarei explicando como o efeito estufa é necessário para a existência da vida — sem ele, a superfície da Terra estaria congelada para sempre —, mas também como ele foi involuntariamente aumentado por uma combinação de ações, sendo a queima de combustíveis fósseis o fator mais importante para o aquecimento global antropogênico. Em seguida, explicarei como, ao contrário da percepção comum, a ciência moderna identificou esse fenômeno há mais de um século, e também como ignoramos por gerações riscos potenciais bem conhecidos, como até agora não estamos dispostos a nos comprometer com nenhuma ação efetiva para mudar o curso do aquecimento global — e como essa mudança seria um desafio extraordinário.

POR QUE A TERRA NÃO ESTÁ CONGELADA PARA SEMPRE?

Como vimos no primeiro capítulo, a abundância de combustíveis fósseis e suas conversões cada vez mais eficientes têm sido o principal fator a impulsionar o crescimento econômico moderno, trazendo os benefícios de maior longevidade e vidas mais ricas — mas também preocupações com os efeitos a longo prazo das emissões de CO_2 no clima global (fato conhecido como aquecimento global). A física simples explica nossas preocupações sobre as consequências ambientais do aquecimento planetário. Estamos preocupados demais com algo que nos garantiu a vida: o efeito estufa. Esse imperativo existencial é a regulação da temperatura atmosférica da Terra por alguns poucos gases residuais — sobretudo pelo dióxido de carbono (CO_2) e pelo metano (CH_4). Em comparação aos dois gases que compõem a maior parte da atmosfera (nitrogênio em 78%, oxigênio em 21%), a presença de ambos é insignificante (pequenas frações de 1%), mas seu efeito é responsável pela diferença entre um planeta congelado e sem vida e um planeta azul e verdejante.[35]

A atmosfera da Terra absorve a radiação solar incidente (de ondas curtas) e irradia (em ondas mais longas) para o espaço. Sem isso, a temperatura da Terra seria de -18°C, e, portanto, a superfície do nosso planeta estaria perpetuamente congelada. Os gases residuais, conhecidos como gases-traço, alteram o equilíbrio de radiação do planeta, absorvendo parte da radiação (infravermelha) emitida e aumentando a temperatura da superfície. Isso permite a existência de água líquida, cuja evaporação lança vapor d'água (outro gás que absorve ondas infravermelhas invisíveis) na atmosfera. O resultado geral é que a temperatura da superfície da Terra é 33°C mais alta do que seria na ausência desses gases-traço e do vapor d'água, e a temperatura média global de 15°C sustenta a vida em suas diferentes formas.

Chamar esse fenômeno natural de "efeito estufa" é uma analogia enganosa, pois o calor dentro de uma estufa existe não só porque o invólucro de vidro impede a fuga de alguma radiação infravermelha, mas também porque corta a circulação de ar. Por sua vez, o "efeito estufa" natural é causado apenas pela interceptação de uma pequena parte da radiação infravermelha emitida pelos gases-traço, enquanto a atmosfera global permanece em seu movimento constante, desimpedido e muitas vezes violento. O vapor d'água é de longe o principal responsável pela absorção da radiação emitida e, portanto, é o gás responsável pela maior parte do aquecimento atmosférico no passado e continuará sendo no futuro. Também é o principal gerador do efeito estufa natural — mas não é a causa do aquecimento atmosférico, pois não controla a temperatura atmosférica. Na verdade, é o contrário: a mudança de temperatura determina quanta água pode estar presente como gás (a umidade do ar aumenta com o aumento da temperatura) e quanto ela vai se condensar em líquido (a condensação aumenta à medida que a temperatura cai).

O aquecimento natural da Terra é controlado por gases residuais cuja concentração não é afetada pela temperatura ambiente, ou seja, eles não condensam e precipitam à medida que as temperaturas diminuem. Mas o aquecimento relativamente baixo que eles causam aumenta a evaporação e eleva as concentrações de água na atmosfera, e esse ciclo resulta em aquecimento adicional. O efeito natural dos gases-traço sempre teve predominância do dióxido de carbono (CO_2), com contribuições menores de metano (CH_4), óxido nitroso (N_2O) e ozônio (O_3) — este último conhecido por muitos devido à camada que leva seu nome. As ações humanas começaram a afetar as concentrações de vários gases-traço — criando um efeito estufa adicional produzido pelo homem (antropogênico) — há milhares de anos, assim que as sociedades estabelecidas adotaram a agricultura e começaram a usar madeira, e o carvão feito dela, em residências e ao fundir metais e fazer tijolos e telhas. A conversão de florestas em terras de cultivo liberou mais CO_2, e o cultivo de arroz em campos inundados produziu mais CH_4.[36]

Mas o impacto dessas emissões antrópicas se tornou significativo apenas com o ritmo crescente da industrialização. O aumento das emissões de CO_2, que causam um efeito antropogênico acelerado de gases de efeito estufa, foi impulsionado principalmente pela queima de combustíveis fósseis e pela produção de cimento. As emissões de metano (de campos de arroz, aterros sanitários, gado e produção de gás natural) e óxido nitroso (originárias principalmente da aplicação crescente de fertilizantes nitrogenados) são outras importantes fontes antropogênicas de gases do efeito estufa. A projeção de suas concentrações atmosféricas no passado mostra o súbito aumento causado pela industrialização.

Durante séculos antes de 1800, os níveis de CO_2 variaram pouco, em cerca de 270 partes por milhão (ppm) — ou seja, 0,027% em volume. Em 1900, eles subiram ligeiramente para

290 ppm; um século depois, eram quase 375 ppm; e, no verão de 2020, subiram acima de 420 ppm, o que corresponde a mais de 50% de aumento acima do nível do final do século XVIII.[37] Os níveis pré-industriais de metano eram três ordens de magnitude menores — menos de 800 partes por bilhão (ppb) —, e mais que dobraram, para quase 1.900 ppb em 2020, enquanto as concentrações de óxido nitroso aumentaram de 270 ppb para mais de 300 ppb.[38] Esses gases absorvem a radiação emitida em diferentes graus: quando seus impactos são comparados ao longo de um período de cem anos, a liberação de uma unidade de CH_4 tem o mesmo efeito que a liberação de 28 a 36 unidades de CO_2; para N_2O, o multiplicador está entre 265 e 298. Um punhado de novos gases industriais produzidos pelo homem, sobretudo os clorofluorcarbonetos (CFCs, antigamente usados em refrigeração) e o SF_6 (excelente isolante usado em equipamentos elétricos), exerce um efeito muito mais forte, mas felizmente eles estão presentes apenas em concentrações minúsculas, e a produção de CFCs foi aos poucos banida pelo Protocolo de Montreal de 1987.[39]

O CO_2, emitido principalmente pela queima de combustível fóssil, sendo o desmatamento outra fonte importante, é responsável por cerca de 75% do efeito causado pelo aquecimento antropogênico; o CH_4, por aproximadamente 15%, e o restante se deve sobretudo ao N_2O.[40] O aumento contínuo das emissões de gases do efeito estufa acabará levando a temperaturas altas o suficiente para causar muitos impactos ambientais negativos, gerando custos sociais e econômicos consideráveis. Ao contrário do pensamento predominante, essa não é uma conclusão recente, resultado de um melhor entendimento proporcionado por modelos complexos de mudanças climáticas executados por supercomputadores. Já sabíamos disso não só muito antes de os primeiros modelos de circulação atmosférica global (os precursores de todas as simulações de aquecimento global) serem apresentados no final dos anos 1960, mas gerações antes da construção dos primeiros computadores eletrônicos.

QUEM DESCOBRIU O AQUECIMENTO GLOBAL?

Se você fizer uma busca no Ngram Viewer do Google pelo termo "aquecimento global", vai perceber a quase inexistência da expressão antes de 1980, seguida por um aumento acentuado na sua frequência, quadruplicando nos dois anos anteriores a 1990. A "descoberta" do aquecimento global causado pelo dióxido de carbono — pela mídia, pelo público e pelos políticos — ocorreu em 1988, estimulada pelo calor do verão nos Estados Unidos e pela criação do Painel Intergovernamental sobre Mudanças Climáticas (IPCC), pelo Programa das Nações Unidas para o Meio Ambiente (Pnuma) e pela Organização Meteorológica Mundial (OMM). Isso provocou uma onda crescente de artigos científicos, livros, conferências, estudos de grupos de consultoria e relatórios preparados por governos e organizações internacionais, incluindo as revisões periódicas desses conhecimentos pelo IPCC.

Em 2020, uma busca no Google retornava mais de um bilhão de ocorrências para "aquecimento global" e "mudança climática global" — essa frequência é uma ordem de magnitude maior do que termos recentes da moda, como "globalização" ou "desigualdade econômica", ou buscas por questões e desafios existenciais, como "pobreza" e "desnutrição". Além disso, quase desde o início do interesse da mídia nesse processo complexo, a cobertura do aquecimento global tem sido repleta de fatos mal comunicados, interpretações duvidosas e previsões terríveis, adquirindo com o tempo um aspecto claramente mais histérico, ou até mesmo apocalíptico.

Os mais desinformados entenderiam que esses alertas para o desenrolar de uma catástrofe global refletem as mais recentes descobertas científicas, baseadas em uma combinação de observações de satélite antes indisponíveis e nas previsões que usam modelos climáticos globais complexos, executados graças à ascensão do poder computacional. Mas, embora o monitoramento e a modelagem mais recentes certamente sejam mais avançados, não há nada de novo em nossa compreensão do efeito estufa ou nas consequências do aumento constante das emissões de gases do efeito estufa: em princípio, estamos cientes deles há mais de 150 anos e temos uma noção clara e explícita a seu respeito há mais de um século!

Alguns anos antes de sua morte, o matemático francês Joseph Fourier (1768-1830) foi o primeiro cientista a perceber que a atmosfera absorve parte da radiação que emana do solo. Em 1856, Eunice Foote, uma cientista e inventora norte-americana, foi a primeira autora a relacionar breve mas claramente o CO_2 com o aquecimento global.[41] Cinco anos depois, o físico inglês John Tyndall (1820-1893) explicou que o vapor d'água tem o papel mais importante na absorção da radiação emitida, o que significa que "cada variação desse constituinte produz uma mudança no clima", e acrescentou que "observações semelhantes se aplicariam ao ácido carbônico difundido pelo ar".[42] De forma concisa, mas clara, quando reformulado em linguagem moderna, ele diz: aumentos na concentração de CO_2 devem produzir aumento da temperatura atmosférica.

Isso foi em 1861, e antes do final do século Svante Arrhenius (1859-1927), químico sueco e um dos primeiros ganhadores do Prêmio Nobel, publicou os primeiros cálculos do aumento da temperatura da superfície global decorrente da eventual duplicação do nível pré-industrial do CO_2 atmosférico.[43] Seu artigo também observou que o aquecimento global será menos sentido nos trópicos e mais sentido nas regiões polares e que vai reduzir as diferenças de temperatura entre a noite e o dia. Ambas as conclusões foram confirmadas. O Ártico se aquece mais rápido, mas a explicação mais simples (com o derretimento da neve e do gelo, a parcela de radiação refletida diminui acentuadamente, levando a um maior aquecimento) é apenas parte de um processo complexo que inclui mudanças nas nuvens, no vapor d'água e na energia transportada para os polos através de grandes sistemas meteorológicos.[44] As temperaturas noturnas estão aumentando mais depressa do que as médias diurnas, principalmente porque a camada-limite (a atmosfera logo acima do solo) é muito fina durante a noite — apenas algumas centenas de metros —, em comparação a vários quilômetros durante o dia e, portanto, é mais sensível ao aquecimento.[45]

Em 1908, Arrhenius produziu uma estimativa bastante precisa da sensibilidade climática, a medida do aquecimento global decorrente da duplicação do nível atmosférico de CO_2: "Qualquer duplicação da porcentagem de dióxido de carbono no ar aumentaria a temperatura da superfície da Terra em 4°C."[46] Em 1957, três décadas antes do súbito aumento de interesse pelo aquecimento global, o oceanógrafo norte-americano Roger Revelle e o físico-químico Hans Suess avaliaram o processo de queima de combustível fóssil em grande escala em seus aspectos evolutivos corretos: "Assim, os seres humanos estão agora realizando um experimento geofísico em grande escala, que não poderia ter acontecido no passado nem ser reproduzido no futuro. Dentro de alguns séculos, estaremos devolvendo à atmosfera e aos oceanos o carbono orgânico concentrado armazenado nas rochas sedimentares ao longo de centenas de milhões de anos."[47]

Não consigo imaginar qualquer outra frase capaz de transmitir melhor a natureza inédita dessa nova realidade. Apenas um ano depois, em resposta a esse alerta, a medição das concentrações de CO_2 começou em Mauna Loa, no Havaí e no Polo Sul, e de imediato elas mostraram aumentos anuais constantes e razoavelmente previsíveis, de 315 ppm em 1958 para 346 ppm em 1985.[48] E, em 1979, um relatório do Conselho Nacional de Pesquisa colocou o valor teórico da sensibilidade climática (incluindo a retroalimentação do vapor d'água) em 1,5°C a 4,5°C, o que significa que a estimativa oferecida por Arrhenius em 1908 estava dentro dessa faixa.[49]

No final da década de 1980, a "descoberta" do aquecimento global causado pelo dióxido de carbono veio mais de um século depois que Foote e Tyndall deixaram essa conexão clara, quase quatro gerações depois que Arrhenius publicou uma boa estimativa quantitativa do possível efeito do aquecimento global, mais de uma geração depois que Revelle e Suess alertaram sobre um experimento geofísico planetário sem precedentes e impossível de repetir, e uma década depois da confirmação moderna da sensibilidade climática. Sem dúvida, não seria preciso esperar por novos modelos de computador ou pela criação de uma burocracia internacional para tomarmos ciência dessa mudança e pensarmos em como responder à situação.

A pouca diferença fundamental que esses esforços fizeram talvez seja mais bem ilustrada pelas últimas estimativas de uma métrica fundamental para o aquecimento global, a sensibilidade climática. O quinto relatório de avaliação do IPCC, publicado mais de um século depois de Arrhenius sugerir o valor de 4°C, concluiu que é extremamente improvável que a sensibilidade seja inferior a 1°C e muito improvável que seja superior a 6°C, com o intervalo provável variando entre 1,5°C e 4,5°C, o mesmo que o relatório do Conselho Nacional de Pesquisa indicou em 1979.[50] Ainda, em 2019 uma avaliação abrangente da sensibilidade climática da Terra (usando diferentes linhas de investigação) reduziu a resposta mais provável para entre 2,6°C e 3,9°C.[51] Isso significa que é extremamente improvável que a sensibilidade climática seja tão baixa a ponto de impedir um aquecimento substancial (acima de 2°C) no momento em que a concentração atmosférica de CO_2 subir para cerca de 560 ppm, o dobro do nível pré-industrial.

Ainda assim, até agora, os únicos movimentos efetivos e substanciais em direção à descarbonização não partiram de nenhuma política determinada, deliberada e direcionada. Na verdade, eles têm sido subprodutos de avanços técnicos gerais (maiores eficiências de conversão, mais geração nuclear e hidrelétrica, menos desperdício de processamento e procedimentos de fabricação) e de mudanças contínuas de produção e gerenciamento (mudança de carvão para gás natural e o crescimento da reciclagem de materiais com menor uso de energia) cujo início e avanço não tiveram nada a ver com qualquer busca pela redução das emissões de gases do efeito estufa.[52] E, como já foi observado, o impacto global da recente guinada para a descarbonização na geração de eletricidade, com a instalação de painéis solares fotovoltaicos e turbinas eólicas, foi completamente irrelevante, devido ao rápido aumento das emissões de gases do efeito estufa na China e em outros países da Ásia.

OXIGÊNIO, ÁGUA E ALIMENTOS EM UM MUNDO MAIS QUENTE

Conhecemos nossa situação. Por causa das crescentes concentrações de gases do efeito estufa, o planeta vem, há gerações, irradiando um pouco menos da energia que recebe do Sol. Em 2020, o valor líquido dessa diferença era de aproximadamente 2 watts/m² em comparação com a referência de 1850.[53] Como os oceanos têm uma enorme capacidade de absorver o calor atmosférico, demora para elevar a temperatura média da baixa atmosfera em uma margem perceptível. No final da década de 2010, após alguns séculos de queima acelerada de combustíveis fósseis, a temperatura média global nas superfícies terrestre e oceânica estava quase 1°C acima da média do século XX. Esse aumento foi registrado em todos os continentes, mas não foi distribuído de maneira uniforme: como Arrhenius previu corretamente, as latitudes mais altas tiveram aumentos médios muito maiores do que as latitudes médias ou os trópicos.

Em termos de média global, os cinco anos mais quentes dos últimos 140 anos ocorreram desde 2015, e nove dos dez anos mais quentes ocorreram desde 2005.[54] São muitas as consequências dessa mudança global: desde o florescimento precoce das cerejeiras de Kyoto e dos vinhedos franceses, até novos e preocupantes recordes de temperatura durante as ondas de calor do verão e o derretimento das geleiras do alto das montanhas.[55] E não chega a surpreender, dada a facilidade de brincar com os diversos modelos de computador, que hoje exista uma literatura ainda mais extensa prevendo o que está por vir. Então, voltando aos três fundamentos existenciais, qual é a perspectiva para nosso suprimento de oxigênio, água e alimentos em uma Terra mais quente?

A concentração atmosférica de oxigênio não é afetada por qualquer pequena mudança de temperatura provocada pelos gases do efeito estufa, mas tem diminuído marginalmente por causa da principal causa antropogênica do aquecimento global: a queima de combustíveis fósseis. Sua combustão recentemente removeu em torno de 27 bilhões de toneladas de oxigênio por ano da atmosfera.[56] A redução líquida anual do oxigênio atmosférico (também levando em consideração suas perdas devido a incêndios florestais e respiração do gado) foi estimada em cerca de 21 bilhões de toneladas no início do século XXI — ou seja, menos de 0,002% da concentração existente por ano.[57] Medições diretas das concentrações atmosféricas de O_2 confirmam essas pequenas perdas: recentemente, elas foram de mais ou menos 4 ppm e, como existem quase 210 mil moléculas de oxigênio em cada um milhão de moléculas de ar, isso se traduz em uma redução anual de 0,002%.[58]

Nesse ritmo, levaria 1.500 anos (quase o mesmo que o decorrido desde o fim do Império Romano do Ocidente) para reduzir o nível atmosférico de oxigênio em 3%, mas, em termos de concentrações reais de O_2, isso equivale apenas a mudar de Nova York (ao nível do mar) para Salt Lake City (1.288 metros acima do nível do mar). Outro cálculo extremo, e completamente hipotético, mostra que, mesmo se queimarmos todas as reservas mundiais conhecidas de todos os combustíveis fósseis (carvão, petróleo bruto e gás natural) — o que é impossível, devido aos custos proibitivos da extração desses combustíveis em depósitos secundários —, a concentração atmosférica de O_2 seria reduzida em apenas 0,25%.[59]

Infelizmente para centenas de milhões de pessoas, a respiração é dificultada por muitas razões — que variam de alérgenos de pólen à poluição do ar livre urbano e nos interiores das áreas rurais (na combustão para cozinhar) —, mas não há risco de respiração prejudicada causada por qualquer diminuição do nível de oxigênio atmosférico consumido por incêndios florestais ou pela queima de combustíveis fósseis. Além disso, nenhum acesso a um recurso natural vital é tão equilibrado: qualquer que seja o nível local de poluentes atmosféricos, uma concentração idêntica de oxigênio está disponível gratuitamente para qualquer pessoa à mesma altitude em qualquer lugar do mundo, e as populações que vivem em grandes altitudes, em lugares como o Tibete e os Andes, apresentam muitas adaptações impressionantes (acima de tudo, concentrações elevadas de hemoglobina) para enfrentar a redução nas concentrações de oxigênio.[60]

Isso quer dizer que não devemos nos preocupar com o oxigênio. No entanto, devemos nos preocupar com o futuro do abastecimento de água. Muitos modelos regionais, nacionais e globais avaliaram a disponibilidade futura de água. Eles levam em conta diferentes graus de aquecimento global, e, embora os cenários mais pessimistas ofereçam uma perspectiva de deterioração geral, existem incertezas importantes a depender das suposições necessárias sobre o crescimento populacional e, portanto, a demanda de água. Com um aquecimento de até 2°C, as populações expostas ao aumento da escassez de água causada pelas mudanças climáticas podem variar de quinhentos milhões a até 3,1 bilhões de pessoas.[61] O abastecimento de água *per capita* diminuirá em todo o mundo, mas algumas das principais bacias hidrográficas (entre elas os rios da Prata, Mississippi, Danúbio e Ganges) permanecerão bem acima do nível de escassez, enquanto algumas bacias hidrográficas já com escassez de água ficarão ainda mais deterioradas, talvez com mais destaque para a bacia Tigre-Eufrates, na Turquia e no Iraque, e o Huang He, na China.[62]

Mas a maioria dos estudos aponta que a escassez de água doce causada pela demanda terá um impacto muito maior do que a escassez provocada pelas mudanças climáticas. Como consequência, nossa melhor opção para lidar com o futuro do abastecimento de água é gerenciar a demanda, e um dos melhores exemplos em larga escala desse trabalho é a história recente da redução do uso de água *per capita* nos Estados Unidos.[63] Em 2015, o consumo geral de água no país foi menos de 4% maior do que em 1965, mas, durante os cinquenta anos do período, a população do país aumentou 68%, seu PIB (em moeda constante) mais do que quadruplicou, e as terras agrícolas irrigadas aumentaram aproximadamente 40%. Isso significa que o uso médio de água *per capita* diminuiu quase 40% e que a intensidade hídrica da economia dos Estados Unidos (unidades de água por unidade de PIB constante) diminuiu 76%. Ainda, como o volume total de água usado para irrigação foi ligeiramente menor em 2015, os pedidos de uso por unidade de terra agrícola diminuíram quase um terço. É claro que existem limites físicos para uma redução maior em todos esses tipos de usos da água, mas a experiência dos Estados Unidos mostra que os ganhos podem ir muito além de uma pequena margem.

A escassez de água potável pode ser amenizada pela dessalinização — a remoção de sais dissolvidos da água do mar por meio de técnicas que vão desde a destilação solar até o uso de membranas semipermeáveis. Essa opção se tornou mais comum em muitos países com escassez de água (existem cerca de dezoito mil usinas de dessalinização em todo o mundo), mas os custos são bem superiores aos da água doce fornecida por reservatórios ou pela reciclagem.[64] Os volumes de água necessários para as lavouras são de magnitude muito maior, e a maior parte da produção mundial de alimentos continuará dependendo das chuvas. Haverá o suficiente em um mundo mais quente no futuro?

A fotossíntese é sempre uma troca extremamente desigual de água interna (de dentro de uma folha) por CO_2 externo (na atmosfera). Sempre que uma planta abre seus estômatos (localizados na parte inferior das folhas) para absorver carbono suficiente para sua fotossíntese, ela perde grandes quantidades de água. Por exemplo, a eficiência da transpiração (biomassa produzida por unidade de água usada) do trigo (sua planta inteira) é de 5,6 a 7,5 gramas por quilo, o que corresponde a 240 a 330 quilos de água por quilo de grão colhido.[65]

O aquecimento global vai inevitavelmente intensificar o ciclo da água, pois as temperaturas mais altas vão aumentar a evaporação. Como resultado, em geral haverá mais precipitação e, portanto, mais água disponível para captação, armazenamento e uso.[66] Porém, mais precipitação não necessariamente significa mais precipitação em todos os lugares, tampouco mais precipitação quando é mais necessário — uma observação não menos importante. Tal como acontece com muitas outras mudanças associadas a um clima mais quente, o aumento da precipitação será distribuído de forma desigual. Algumas regiões estarão recebendo menos do que hoje; outras (como a bacia do Yangtzé, lar da maior parte da grande população da China), significativamente mais, e é esperado que esse aumento provoque uma ligeira redução no número de pessoas que habitam regiões com alta escassez de água.[67] Mas muitos lugares com mais precipitação vão recebê-la de maneira mais irregular, na forma de eventos de chuva ou neve menos frequentes, porém mais pesados — até mesmo catastróficos.

Uma atmosfera mais quente também aumentará a perda de água das plantas (evapotranspiração), contudo isso não significa que as plantações e florestas murcharão à medida que perdem água. Um aumento do nível atmosférico de CO_2 significa que a água necessária por unidade de produção diminuirá em uma biosfera mais quente e rica em CO_2. Esse efeito já foi medido em algumas culturas, e o trigo e o arroz, grãos básicos que dependem de um processo fotossintético mais comum, aumentarão sua eficiência no uso da água mais do que o milho ou a cana-de-açúcar (que usam um processo menos comum, mas mais eficiente).[68] Ou seja, em algumas regiões, o trigo e outras culturas podem render tanto ou mais do que hoje, mesmo que a precipitação que recebem seja reduzida em 10% a 20%.

Ao mesmo tempo, a produção global de alimentos também é uma fonte significativa de gases residuais que contribuem para o aquecimento global, principalmente CO_2 proveniente da conversão de florestas e pastagens em campos (processo que continua sobretudo na América do Sul e na África) e emissões de metano pelo gado ruminante.[69] Mas essa realidade também apresenta oportunidades de melhorias e ajustes. As lavouras poderiam ser cultivadas de forma a aumentar a matéria orgânica nos solos e, portanto, seu armazenamento de carbono (reduzindo ou eliminando a aração anual), e as emissões de metano do gado poderiam ser reduzidas com a queda do consumo de carne bovina. Meus cálculos mostram que, no futuro, ao diminuir a participação da carne bovina e aumentar a participação da carne de porco, frango, ovos e laticínios, por meio de uma alimentação mais eficiente e com melhor uso dos resíduos da colheita e processamento de derivados do processamento de alimentos, poderíamos igualar a produção global recente de carne, limitando bastante o impacto ambiental da pecuária, inclusive sua participação nas emissões de metano.[70]

De maneira mais ampla, um estudo recente questionou se é possível alimentar a futura população de dez bilhões de pessoas (esperada para pouco depois de 2050) dentro dos quatro limites do nosso planeta — em outras palavras, sem deixar a Terra e seus habitantes prestes a ultrapassar os limites da integridade da biosfera, do uso da terra e da água doce e do fluxo de nitrogênio. Não surpreende que a conclusão do estudo tenha mostrado que, se todos esses limites fossem rigorosamente respeitados, o sistema alimentar global poderia suprir dietas diárias balanceadas (cerca de 2.400 quilocalorias *per capita*) para não mais de 3,4 bilhões de pessoas — mas esses 10,2 bilhões poderiam ser atendidos com a redistribuição de terras de cultivo, melhor gerenciamento de água e nutrientes, redução do desperdício de alimentos e ajustes na alimentação.[71]

As análises bem fundamentadas das três necessidades existenciais da vida — respirar, beber e comer — concordam: um apocalipse inevitável em 2030 ou 2050 não deve acontecer. O oxigênio continuará abundante. As preocupações com o abastecimento de água aumentarão em muitas regiões, porém temos o conhecimento na palma da mão e a capacidade de mobilizar os meios necessários para evitar qualquer escassez em grande escala capaz de ameaçar a vida. Devemos não apenas manter, mas também melhorar a oferta média *per capita* de alimentos em países de baixa renda, ao mesmo tempo que reduzimos a produção excessiva em nações ricas. No entanto, essas ações apenas amenizariam, e não eliminariam, nossa dependência em relação aos subsídios diretos e indiretos de combustíveis fósseis na produção de alimentos para a população global (consulte o Capítulo 2). E, como expliquei no primeiro capítulo, abandonar os combustíveis fósseis não é algo que pode ser feito rapidamente. Isso significa que, nas próximas décadas, sua queima continuará sendo o principal fator da mudança climática global. De que modo isso afetará a tendência de longo prazo para o aquecimento global?

INCERTEZAS, PROMESSAS E REALIDADES

A combinação dos avanços científicos e do aprimoramento das capacidades técnicas significa que hoje podemos lidar com qualquer processo complexo que envolva uma interação intrincada de fatores naturais e ações humanas, com a vantagem de termos um entendimento considerável e em constante expansão a seu respeito. Ao mesmo tempo, também temos que contar com alguns níveis incômodos de ignorância e com incertezas persistentes, que tornam muito mais difícil qualquer resposta definitiva. Se era necessário um lembrete dessa realidade fundamental, a disseminação e as consequências da covid-19 trouxeram muitas lições preocupantes para o planeta.

Estávamos despreparados — até certo ponto, até mesmo aqueles entre nós que esperavam grandes problemas ficaram surpresos — para um evento cuja ocorrência quase iminente poderia ter sido prevista com certeza absoluta: em 2008, fiz isso em meu livro sobre catástrofes globais e tendências, acertando até mesmo seu momento.[72] Embora tenhamos identificado quase de imediato a composição genética completa desse novo patógeno, as respostas das políticas públicas nacionais à sua disseminação variaram de seguir a vida normalmente (Suécia) a paralisações draconianas (mas tardias) em todo o país (Itália, Espanha), e das demissões precoces, como nos Estados Unidos em fevereiro de 2020, a sucessos iniciais que depois se transformaram em problemas (Singapura).[73]

No entanto, em essência, trata-se de mais um fenômeno natural autolimitado, que experimentamos em escala global três vezes desde o final dos anos 1950: mesmo sem vacinas, toda pandemia viral acaba desaparecendo quando o patógeno infecta um número relativamente grande de pessoas ou quando se transforma em uma forma menos virulenta. Por outro lado, a mudança climática global é um processo extraordinariamente complexo, cujo resultado final depende de interações de muitos processos naturais e antropogênicos ainda não compreendidas por completo. Como resultado, nas próximas décadas precisaremos de mais observações, mais estudos e modelos climáticos muito melhores para obter avaliações mais precisas das tendências de longo prazo e dos desfechos mais prováveis.

Acreditar que nossa compreensão dessas realidades dinâmicas e multifatoriais atingiu a perfeição é confundir a ciência do aquecimento global com a religião da mudança climática. Ao mesmo tempo, não precisamos de um fluxo interminável de novos modelos de realizar ações efetivas. Existem enormes oportunidades para reduzir o uso de energia em edifícios, transporte, indústria e agricultura, e já deveríamos ter iniciado algumas dessas medidas de economia de energia e redução de emissões décadas atrás, a despeito de quaisquer preocupações sobre o aquecimento global. A luta para evitar o uso desnecessário de energia, reduzir a poluição do ar e da água e proporcionar condições de vida mais confortáveis deve ser considerada perene, e não apenas ações repentinas e desesperadas para tentar prevenir uma catástrofe.

O mais importante é que ignoramos em grande parte a tomada de medidas que poderiam ter limitado os impactos de longo prazo das mudanças climáticas e que deveriam ter sido tomadas mesmo na ausência de quaisquer preocupações com o aquecimento global, pois trazem economia a longo prazo e mais conforto. Como se não bastasse, criamos e promovemos deliberadamente a difusão de novas fontes de energia que aumentaram o consumo de combustíveis fósseis e, portanto, intensificaram ainda mais as emissões de CO_2. Os melhores exemplos desses equívocos por ação e por omissão são os códigos de construção totalmente inadequados em países de clima frio e a adoção mundial dos veículos SUVs.

Como nossas casas existem há muito tempo (uma casa norte--americana bem construída e bem conservada, com estrutura de madeira e fundação de concreto, pode durar mais de cem anos), com isolamento adequado das paredes, vidros triplos e fornos de aquecimento altamente eficientes, elas representam uma oportunidade única para economizar energia (e também emissões de carbono) de forma duradoura.[74] Em 1973, quando a Opep quintuplicou o preço mundial do petróleo bruto, a maioria dos edifícios na Europa, na América do Norte e no norte da China tinha apenas janelas de vidro simples; no Canadá, os painéis triplos não serão obrigatórios antes de 2030, e Manitoba foi a primeira província a exigir fornos a gás natural de alta eficiência (acima de 90%) em 2009, décadas depois que essas opções foram para o comércio.[75] Não seria interessante saber quantos delegados para reuniões de aquecimento global vindos de climas frios têm painéis triplos cheios de gás inerte, paredes com superisolamento e fornos a gás com 97% de eficiência? Por outro lado, quantas pessoas em locais de clima quente têm os cômodos devidamente vedados para que seus aparelhos de ar condicionado, mal instalados e ineficientes, não desperdicem o ar frio?

A compra de SUVs começou a aumentar nos Estados Unidos no final dos anos 1980, acabou se difundindo pelo mundo e, em 2020, o SUV médio emitia anualmente cerca de 25% mais CO_2 do que um carro padrão.[76] Multiplique isso pelos 250 milhões de SUVs nas ruas em 2020 e veja como a adoção mundial desses veículos eliminou, várias vezes, os avanços na descarbonização causados pela adoção de veículos elétricos, que se espalha lentamente (apenas dez milhões de unidades em 2020). Durante a década de 2010, os SUVs se tornaram a segunda maior causa de aumento das emissões de CO_2, atrás da geração de eletricidade e à frente de indústria pesada, caminhões e aviação. Se a adesão em massa do público a esse tipo de veículo continuar, eles têm o potencial de anular por completo a economia de carbono causada pelos mais de cem milhões de veículos elétricos que podem estar nas ruas até 2040!

O segundo capítulo deste livro detalhou o alto consumo de energia na produção moderna de alimentos e indicou níveis absurdamente altos de desperdício de alimentos: sem dúvida, essa combinação traz muitas oportunidades de redução não apenas das emissões de CO_2, mas também das emissões de CH_4 no cultivo de arroz e pelo gado ruminante e das emissões de N_2O pela aplicação excessiva de fertilizantes nitrogenados, assim como as emissões causadas pelo questionável comércio de alimentos. É mesmo necessário transportar mirtilos do Peru para o Canadá em janeiro e vagens do Quênia para Londres? A vitamina C e as forragens fornecidas por esses alimentos podem ser obtidas a partir de muitas outras fontes com pegadas de carbono bem mais baixas. E não poderíamos, com nossas imensas capacidades de processamento de dados, precificar os alimentos de maneira melhor e mais flexível para reduzir de forma significativa os 30% a 40% desperdiçados? Por que não fazer o que pode ser feito, de forma lucrativa e imediata, em vez de esperar por mais estudos e modelos?

A lista do que não fizemos, mas poderíamos ter feito, é longa. E o que fizemos para evitar, ou reverter, o desdobramento das mudanças no meio ambiente nas três décadas desde que o aquecimento global se tornou um assunto dominante no discurso moderno? Os dados são claros: entre 1989 e 2019, aumentamos as emissões antropogênicas globais de gases do efeito estufa em 65%. Mesmo quando desconstruímos essa média global, vemos que países ricos como Estados Unidos, Canadá, Japão, Austrália e os da União Europeia, cujo uso de energia *per capita* era muito alto três décadas atrás, reduziram suas emissões, mas apenas em cerca de 4%, enquanto as emissões indianas quadruplicaram e as emissões chinesas aumentaram em 4,5 vezes.[77]

A combinação de nossa falta de ação e do extraordinário desafio que é o aquecimento global fica mais clara pelo fato de que três décadas de conferências internacionais de grande escala sobre o clima não tiveram efeito sobre o curso das emissões globais de CO2. A primeira conferência da ONU sobre mudanças climáticas ocorreu em 1992; as conferências anuais sobre mudanças climáticas começaram em 1995, em Berlim, e tiveram encontros bastante divulgados em Kyoto (1997, com seu acordo completamente ineficaz), Marrakech (2001), Bali (2007), Cancún (2010), Lima (2014) e Paris (2015).[78] Claramente, os delegados adoram viajar para destinos pitorescos sem pensar na temida pegada de carbono gerada pelo uso que fazem dos aviões a jato.[79]

Em 2015, quando cerca de cinquenta mil pessoas voaram para Paris para assistir a mais uma conferência entre as partes responsáveis, um acordo foi apresentado como um "marco" — e também "ambicioso" e "sem precedentes". Ainda assim, o acordo de Paris não colocou no papel, nem poderia colocar, nenhuma meta específica de redução para os maiores países emissores do mundo, e, mesmo que todas as promessas voluntárias não obrigatórias fossem honradas (algo totalmente improvável), elas resultariam em um aumento de 50% nas emissões até 2050.[80] Que grande marco.

Essas conferências nunca teriam impedido a expansão da extração de carvão da China (que mais do que triplicou entre 1995 e 2019, quase tanto quanto todo o restante do mundo combinado) ou a preferência mundial pelos enormes SUVs, citada há pouco. Também não seriam capazes de convencer milhões de famílias a deixar de comprar, conforme o crescimento da própria renda permitisse, novos aparelhos de ar condicionado, que funcionariam nas noites quentes e úmidas da monção asiática e, portanto, não seriam abastecidos tão cedo pela eletricidade solar.[81] O efeito combinado dessas demandas: entre 1992 e 2019, as emissões globais de CO_2 aumentaram cerca de 65% e as de CH_4, em cerca de 25%.[82]

O que podemos fazer nas próximas décadas? Devemos começar reconhecendo as realidades fundamentais. Antes o costume era considerar um aumento de 2°C na temperatura global média como um máximo relativamente tolerável, mas, em 2018, o IPCC reduziu esse número para apenas 1,5°C — e até 2020 já chegamos a dois terços desse aumento até a temperatura máxima tolerável. Além disso, em 2017 uma avaliação que considerou a capacidade dos oceanos de absorver carbono, os desequilíbrios energéticos do planeta e o comportamento das partículas finas na atmosfera concluiu que o aquecimento global assegurado (decorrente de emissões passadas e que vai se tornar realidade mesmo com todas as novas emissões interrompidas imediatamente) já somava 1,3°C, portanto seriam necessários apenas mais quinze anos de novas emissões para ultrapassar 1,5°C.[83] A última análise desses efeitos combinados concluiu que já temos assegurado um aquecimento global de 2,3°C.[84]

Como sempre, essas conclusões têm suas próprias margens de erro, mas parece bastante provável que a vaca do aquecimento de apenas 1,5°C já tenha ido para o brejo. Mesmo assim, muitas instituições, organizações e governos ainda estão teorizando seu resgate. O relatório do IPCC sobre o aquecimento de 1,5°C traz um cenário baseado em uma mudança tão repentina e persistente de nossa dependência em relação aos combustíveis fósseis que as emissões globais de CO_2 seriam reduzidas pela metade até 2030 e eliminadas até 2050[85] — e outras projeções fazem sugestões detalhadas sobre como alcançar um fim rápido para a era do carbono fóssil. Os computadores facilitam a construção de muitos cenários para a rápida eliminação do carbono — mas quem traça esses caminhos para um futuro de carbono zero nos deve explicações realistas, não apenas algumas suposições mais ou menos arbitrárias e bastante improváveis, desconectadas das realidades técnicas e econômicas, e ignorando a natureza, a escala massiva e a enorme complexidade dos nossos sistemas de energia e materiais. Três projeções recentes servem como excelentes exemplos desses exercícios de imaginação, livres das considerações do mundo real.

PENSAMENTO REALISTA OU ILUSÃO?

O primeiro cenário, preparado principalmente por pesquisadores da União Europeia, pressupõe que a demanda global média de energia *per capita* em 2050 será 52% menor do que em 2020. Essa queda facilitaria a manutenção do aumento da temperatura global abaixo de 1,5°C (isto é, se ainda acreditarmos que tal coisa é possível).[86] É claro — e vou retomar esse tema no capítulo final — que, ao construir cenários de longo prazo, podemos levar em conta quaisquer suposições arbitrárias para chegar aos resultados preconcebidos. Mas como são as suposições desse cenário se comparadas ao nosso passado recente?

Reduzir a demanda de energia *per capita* pela metade em três décadas seria uma conquista surpreendente, dado o fato de que nos últimos trinta anos a demanda global de energia *per capita* aumentou 20%. A projeção pressupõe que uma demanda muito menor por energia surgirá de uma combinação de redução na propriedade de bens, digitalização da vida cotidiana e uma rápida difusão de inovações técnicas na conversão e no armazenamento de energias.

O primeiro fator sugerido para o desaparecimento da demanda (ter menos pertences) é uma crença acadêmica para a qual há muito pouca evidência, já que todas as principais categorias de consumo pessoal — medidas pelos gastos anuais das famílias — têm aumentado mesmo em países ricos. Em mercados já altamente saturados e com trânsito já congestionado, a propriedade de automóveis por mil pessoas aumentou 13% entre 2005 e 2017 na União Europeia e, nos últimos 25 anos, cerca de 25% na Alemanha e 20% na França.[87] Demanda reduzida e declínios graduais na propriedade são desejáveis e prováveis, mas reduzir a demanda pela metade é uma meta arbitrária e improvável.

O mais importante é que os proponentes desse cenário irrealista permitem um aumento de apenas duas vezes em todos os modos de mobilidade durante as próximas três décadas no que eles chamam de Sul Global (uma designação comum, porém altamente imprecisa, sobre nações de baixa renda, sobretudo na Ásia e na África), e um aumento de três vezes na propriedade de bens de consumo. Entretanto, na China da geração passada, o crescimento foi em uma escala totalmente diferente: em 1999, o país tinha apenas 0,34 carro por cem domicílios urbanos, já em 2019 o número ultrapassou os quarenta, um aumento relativo de mais de cem vezes em apenas duas décadas.[88] Em 1990, um em cada trezentos domicílios urbanos tinha ar-condicionado; em 2018, eram 142,2 unidades por cem domicílios, um aumento de mais de quatrocentas vezes em menos de três décadas. Dessa forma, mesmo se os países cujo padrão de vida atual é igual ao da China em 1999 alcançassem apenas um décimo do crescimento recente da China, eles experimentariam um aumento de dez vezes na propriedade de automóveis e um aumento de quarenta vezes na adoção do ar-condicionado. Por que os defensores do cenário de baixa demanda de energia pensam que os indianos e nigerianos de hoje não querem diminuir a distância que os separa da propriedade material da China?

Não chega a surpreender que o último relatório de desequilíbrio na produção global — uma publicação anual que destaca a discrepância entre a produção de combustível fóssil planejada por cada país e os níveis de emissão globais necessários para limitar o aquecimento a 1,5°C ou 2°C — não mostre qualquer indicativo de tendência em queda. Na verdade, é o contrário.[89] Em 2019, os principais consumidores de energia fóssil pretendiam produzir 120% a mais de combustíveis até 2030 do que corresponderia à limitação do aquecimento global a 1,5°C, e, qualquer que seja o eventual efeito da pandemia de covid-19, a queda no consumo vai ser temporária e pequena demais para reverter a tendência geral.

No segundo cenário que busca a meta de descarbonização completa até 2050, um grande grupo de pesquisadores de energia da Universidade de Princeton traçou as mudanças necessárias nos Estados Unidos.[90] A projeção de Princeton reconhece que será impossível eliminar todo o consumo de combustível fóssil, e que a única maneira de zerar as emissões líquidas é recorrer ao que eles chamam de "quarto pilar" de sua estratégia geral — a captura do carbono e o armazenamento em grande escala do CO_2 emitido —, e seu cálculo exige a remoção de 1 a 1,7 gigatonelada de gás por ano. Quando comparado em uma base de volume equivalente, isso exigiria a criação de uma indústria inteiramente nova de captura, transporte e armazenamento de gás que, a cada ano, teria que lidar com 1,3 a 2,4 vezes o volume da atual produção de petróleo bruto dos Estados Unidos, uma indústria que levou mais de 160 anos e trilhões de dólares para ser construída.

A maior parte desse armazenamento de carbono ocorreria ao longo da costa do golfo do Texas, exigindo a construção de mais ou menos 110 mil quilômetros de novos dutos de CO_2, demandando uma velocidade inédita no planejamento, licenciamento e construção de extensas conexões em uma sociedade famosa por sua resistência à construção de infraestruturas próximas ao local onde residem.[91] Ao mesmo tempo, mais dinheiro precisaria ser gasto para desmontar a atual infraestrutura de transmissão da indústria de petróleo e gás nos Estados Unidos. Levando em conta a rica experiência histórica com enormes excessos de custos de longo prazo, quaisquer estimativas de custos para despesas nas próximas três décadas não são confiáveis, mesmo no que diz respeito à sua ordem de grandeza.

Alcançar a descarbonização completa até 2050 é uma meta inofensiva em comparação ao terceiro cenário, que estende para 143 países as metas do chamado US Green New Deal (proposta apresentada ao Congresso dos Estados Unidos em 2019) e descreve como pelo menos 80% da oferta global de energia será livre de carbono até 2030 graças às energias renováveis eólica, hídrica e solar. Seu fornecimento reduziria as necessidades gerais em 57%, os custos financeiros em 61% e os custos sociais (saúde e clima) em 91%: "Dessa forma, 100% da energia dessas fontes renováveis precisa de menos energia, custa menos e cria mais empregos do que a energia atual."[92] Não faltam reportagens, celebridades e autores famosos repetindo, apoiando e divulgando essas ideias, desde a revista *Rolling Stone* (sem surpresa) até a *New Yorker*, e de Noam Chomsky, que coloca a energia como seu mais recente campo de especialização, até Jeremy Rifkin, que acredita que sem tal intervenção nossa civilização movida a combustíveis fósseis entrará em colapso até 2028.[93]

Se forem verdadeiras, essas afirmações e seus entusiasmados apoiadores levantam uma questão óbvia: por que devemos nos preocupar com o aquecimento global? Por que se assustar com a ideia da morte planetária precoce, por que pensar em se juntar ao Extinction Rebellion, movimento que luta contra o colapso ecológico? Quem poderia ser contra soluções que são baratas e eficazes de forma quase instantânea, que criarão inúmeros empregos bem remunerados e garantirão um futuro sem preocupações para as próximas gerações? Vamos todos cantar esses mantras verdes, vamos seguir as sugestões da energia renovável total e um novo nirvana mundial chegará em apenas uma década — ou, se as coisas demorarem um pouco, até 2035.[94]

Infelizmente, uma leitura atenta mostra que essas receitas mágicas não dão nenhuma explicação de como os quatro pilares materiais da civilização moderna (concreto, aço, plásticos e amônia) serão produzidos apenas com eletricidade renovável, nem explicam de forma convincente como o transporte aéreo, naval e por caminhões (aos quais devemos nossa moderna globalização econômica) poderiam se tornar 80% livres de carbono até 2030 — eles apenas afirmam que poderia ser assim. Leitores atentos lembrarão (consulte o Capítulo 1) que, durante as duas primeiras décadas do século XXI, a inédita busca da Alemanha pela descarbonização (baseada em energia eólica e solar) conseguiu aumentar a parcela de eletricidade gerada por energia solar e eólica para mais de 40%, mas pouco reduziu a participação dos combustíveis fósseis no uso de energia primária do país, de 84% para 78%.

Que opções milagrosas estarão disponíveis para as nações africanas que hoje dependem de combustíveis fósseis para suprir 90% de sua energia primária, a fim de reduzir sua dependência para 20% em uma década, ao mesmo tempo que economizam enormes quantias de dinheiro? E como a China e a Índia, que ainda estão expandindo sua extração e geração a carvão, de repente se tornarão livres dele? Mas essas críticas específicas às narrativas de transformação ultrarrápida são irrelevantes: não faz sentido questionar detalhes de ideias que essencialmente são equivalentes acadêmicos à ficção científica. Essas ideias começam com metas definidas de forma arbitrária (emissão zero até 2030 ou até 2050) e trabalham de trás para a frente, incluindo possíveis ações capazes de atender a esses objetivos, dando pouca ou nenhuma importância aos imperativos técnicos e às necessidades socioeconômicas reais.

A realidade, portanto, faz pressão de ambos os lados. A escala, o custo e a inércia técnica das atividades dependentes de carbono tornam impossível eliminar todos esses usos em apenas algumas décadas. Como foi detalhado no capítulo sobre energia, não podemos cortar essa dependência de forma tão rápida, e todas as previsões realistas de longo prazo concordam: o mais importante é que mesmo o cenário de descarbonização mais agressivo da Agência Internacional de Energia apresenta os combustíveis fósseis suprindo 56% da demanda global de energia primária até 2040. Da mesma forma, a enorme escala e o custo das demandas de materiais e energia tornam impossível recorrer à captura direta do ar como um componente decisivo para a rápida descarbonização global.

Mas podemos fazer muita diferença não fingindo seguir metas irrealistas e arbitrárias: é óbvio que a história não se desenrola como um exercício acadêmico computadorizado com grandes objetivos alcançados em anos que terminam em zero ou cinco — ela é cheia de descontinuidades, reversões e caminhos imprevisíveis. Podemos seguir rapidamente com a substituição da eletricidade a carvão pelo gás natural (quando produzido e transportado sem vazamento significativo de metano, ele tem uma pegada de carbono muito menor que o carvão) e expansão da geração de eletricidade solar e eólica. Podemos abandonar os SUVs e acelerar a implantação em massa de carros elétricos e ainda teremos grandes ineficiências na construção e no uso doméstico e comercial de energia que podem ser reduzidas ou eliminadas de forma lucrativa. Mas não podemos mudar instantaneamente o curso de um sistema complexo, que consiste em mais de 10 bilhões de toneladas de carbono fóssil e que converte energias a uma taxa de mais de 17 terawatts, apenas porque alguém decidiu que a curva de consumo global de repente reverterá seu crescimento, que já dura séculos, entrando na mesma hora em um declínio sustentado e relativamente rápido.

MODELOS, DÚVIDAS E REALIDADES

Por que alguns cientistas continuam projetando essas curvas arbitrárias que levam à descarbonização quase instantânea? E por que outros estão prometendo a chegada antecipada de grandes novidades técnicas capazes de sustentar altos padrões de vida para toda a humanidade? E por que essas ideias otimistas são recebidas com tanta frequência como previsões confiáveis e logo são aceitas por pessoas que nunca questionariam seus pressupostos? Vou falar mais sobre isso no capítulo final, mas aqui faço algumas observações relacionadas à preocupação com a mudança ambiental global, hoje tão dominante.

De omnibus dubitandum est ("duvide de tudo") precisa ser mais do que uma famosa citação cartesiana; a frase deve permanecer sendo o próprio fundamento do método científico. Lembre-se de como abri este capítulo: com uma lista de nove limites planetários cujas transgressões colocam em risco nosso bem-estar biosférico. Mantê-los dentro de limites seguros parece uma conclusão óbvia, porque eles identificam as preocupações existenciais mais importantes e perenes — e, no entanto, uma lista preparada há quarenta anos teria sido muito diferente. A chuva ácida (ou, mais corretamente, a precipitação acidificante) teria sido, muito provavelmente, seu principal item, pois um amplo consenso do início dos anos 1980 a via como o principal problema ambiental.[95]

O esgotamento do ozônio estratosférico teria ficado de fora, porque o infame buraco de ozônio na Antártida foi descoberto apenas em 1985. E, caso estivessem na lista, as mudanças climáticas antropogênicas e a acidificação oceânica associada estariam nos últimos lugares.[96] E, mesmo quando nos concentramos em preocupações permanentes, como mudanças no uso da terra causadas pelo desmatamento, perda de biodiversidade (dos icônicos pandas e coalas a colônias de abelhas e tubarões) e o suprimento de água doce, nossas preocupações evoluíram bastante, tornando-se mais fortes em alguns aspectos (hoje nos preocupamos mais com a retirada de água dos lençóis e com o excesso de nutrientes criando zonas mortas nas costas) e menos em outros — talvez o melhor exemplo sejam as florestas, que tiveram forte recuperação não apenas nos países mais ricos, mas também na China.[97]

Quando olharmos para o futuro, devemos retomar uma perspectiva crítica ao lidar com todos os modelos que exploram as complexidades ambientais, técnicas e sociais. Não há limites para montar tais modelos ou, como diz o jargão da moda, construir narrativas. Seus autores podem escolher, como muitos modelos climáticos recentes o fizeram, suposições exageradas sobre o uso futuro de energia e acabar mostrando taxas muito altas de aquecimento que geram manchetes catastróficas sobre o futuro.[98] Adotando a abordagem oposta, outros modelos podem levar em conta a eletricidade termonuclear ou a fusão a frio 100% acessível até 2050, ou, por outro lado, projetar a expansão ilimitada da queima de combustível fóssil, prevendo técnicas milagrosas que não apenas vão remover qualquer volume de CO_2 da atmosfera, mas também reciclá-lo como matéria-prima para a síntese de combustível líquido, tudo a um custo cada vez menor.

Claro, seus autores apenas acompanham a marcha do novo pessoal da tecnologia, que ingenuamente compara cada mudança técnica aos recentes desenvolvimentos em eletrônica e, acima de tudo, aos telefones celulares. Aqui está o que um CEO da área de energia limpa disse em 2020: "Você se lembra de como transformamos a telefonia fixa em telefones celulares, paramos de ver tudo o que estava na televisão para escolhermos ao que queremos assistir, deixamos de comprar jornais para personalizar nossos *feeds* de notícias? A revolução da energia, liderada por pessoas e movida pela tecnologia, será exatamente a mesma coisa."[99] Como trocar um aparelho (de fixo para móvel) cujo funcionamento depende de um sistema enorme, complexo e altamente confiável de geração de eletricidade (com milhares de grandes usinas movidas a combustíveis fósseis, hidrelétricas e à energia nuclear), transformação e transmissão (abrangendo centenas de milhares de quilômetros de redes em escala nacional e continental) seria a mesma coisa que modificar todo esse sistema que o sustenta?

Muitas dessas ideias soltas têm diferentes intenções — e elas variam de assustadoras a maravilhosas —, e entendo por que muitas pessoas são enganadas por tais ameaças ou sugestões irrealistas. Apenas a imaginação limita essas suposições: elas vão de bastante plausíveis a totalmente ilusórias. Trata-se de um novo gênero científico, no qual grandes doses de ilusão são misturadas com alguns fatos concretos. Todos esses modelos devem ser vistos sobretudo como exercícios heurísticos, como bases para pensar opções e abordagens, mas nunca podem ser confundidos com descrições antecipadas de nosso futuro. Eu gostaria que esse alerta fosse tão óbvio, trivial e supérfluo quanto parece!

A despeito da gravidade aparente (ou projetada) dos desafios ambientais globais, não há soluções rápidas, universais e amplamente acessíveis para o desmatamento tropical ou para a perda da biodiversidade, erosão do solo ou aquecimento global. Mas o aquecimento global apresenta um desafio extraordinariamente difícil, precisamente porque é um fenômeno de fato global e porque sua maior causa antropogênica é a queima de combustíveis que constituem os grandes alicerces energéticos da civilização moderna. Como resultado, as energias não carboníferas poderiam substituir por completo o carbono fóssil em questão de uma a três décadas *apenas* se estivéssemos dispostos a fazer profundos cortes no padrão de vida em todos os países ricos e fazer com que as nações em modernização da Ásia e da África tenham melhorias em suas sociedades limitadas a apenas uma fração do que a China obteve desde 1980.

Ainda assim, grandes reduções nas emissões de carbono — resultantes da combinação de ganhos contínuos de eficiência, melhores projetos de sistemas e consumo moderado — são possíveis, e uma busca focada dessas metas limitaria o ritmo do aquecimento global no futuro. Mas não podemos saber até que ponto teremos sucesso em 2050, e pensar em 2100 está bem além de nosso alcance. Podemos projetar casos extremos, entretanto, em apenas algumas décadas, o leque de possíveis resultados se torna muito amplo e, em todo caso, o progresso de qualquer possível descarbonização depende não apenas de nossas ações deliberadas para esse combate, mas também de mudanças imprevisíveis no destino dos países.

Houve algum modelo climático que em 1980 previu a ascensão econômica da China, fator antropogênico mais importante a impulsionar o aquecimento global nos últimos trinta anos? Naquela época, mesmo os melhores modelos, todos descendentes diretos dos modelos de circulação atmosférica global desenvolvidos durante a década de 1960, não tinham como refletir mudanças imprevisíveis no destino das nações, e também ignoravam as interações entre a atmosfera e a biosfera. Isso não tornava esses modelos inúteis: eles presumiam o crescimento global contínuo das emissões de gases do efeito estufa e, em geral, eram bastante precisos na previsão do ritmo do aquecimento global.[100]

Mas fazer uma boa estimativa da taxa geral é apenas o começo. Para usar, mais uma vez, a analogia da covid-19 é semelhante a fazer uma previsão em 2010 de que — com base nas últimas três pandemias e ajustada para uma população maior — o total mundial de mortes durante o primeiro ano da próxima pandemia global seria de cerca de dois milhões.[101] Isso seria muito próximo do total real, mas essa previsão (com o pressuposto correto, com base em muitos precedentes, de que a pandemia começaria na China) também atribuiria apenas 0,24% dessas mortes (em termos absolutos, menos do que na Grécia ou na Áustria) à China, um país com quase 20% da população global, e quase 20% para os Estados Unidos, um país bem mais rico e, algo que o país sem dúvida pensa de si próprio, muito mais competente, com menos de 5% da população global?

E o mais incrível: seria possível prever que as maiores taxas de mortalidade estariam concentradas nas economias ocidentais mais ricas, aquelas que se orgulham do sistema de saúde oferecido pelo Estado? Em março de 2021, quando a pandemia entrou oficialmente em seu segundo ano (ela foi declarada pela OMS em 11 de março de 2020, embora a infecção estivesse se espalhando na China pelo menos desde dezembro de 2019), os dez países com maior mortalidade acumulada (acima de 1.500 por milhão, ou 1,5 em cada mil pessoas mortas pela covid-19) estavam na Europa, entre eles seis membros da União Europeia e o Reino Unido. E quem poderia prever que a taxa dos Estados Unidos (também acima de 1.500) estaria duas ordens de magnitude acima das três mortes para cada um milhão da China?[102] Obviamente, mesmo uma projeção mais precisa sobre a mortalidade da covid-19 não serviria como referência para formular as melhores políticas de resposta de cada país.

Da mesma forma, a ascensão da China (assim como da Índia) após 1980 mudou o cenário para qualquer resposta ao aumento das emissões globais dos gases-traço. Em 1980, quatro anos após a morte de Mao Zedong, o PIB *per capita* da China era inferior a um quarto da média nigeriana. Não havia carros particulares no país, e apenas os principais líderes do Partido Comunista que viviam na reclusão de Zhongnanhai (o antigo jardim imperial dentro da Cidade Proibida, agora a sede central do Partido Comunista) tinham ar-condicionado. Naquele ano, a China produziu apenas 10% das emissões globais de CO_2.[103]

Em 2019, a China já era, em termos de poder de compra, a maior economia do mundo. Seu PIB *per capita* era cinco vezes maior que a média nigeriana, o país era o maior produtor mundial de automóveis e metade de todas as residências urbanas tinha dois aparelhos de ar condicionado. A extensão da sua rede de trens rápidos ultrapassava a extensão combinada de todas as linhas da União Europeia, e mais ou menos 150 milhões de seus cidadãos já haviam viajado para o exterior. Naquele ano, o país também emitiu 30% do CO_2 do mundo a partir da queima de combustíveis fósseis. Em comparação, as emissões combinadas dos Estados Unidos e dos 28 países da União Europeia caíram de

60% do total mundial em 1980 para 23% em 2019 e, devido às baixas taxas de crescimento econômico, envelhecimento e até mesmo declínio populacional e mudança em grande escala das indústrias produtiva para a Ásia, é bastante improvável que sua participação combinada volte a aumentar.

Olhando para o futuro, a maior parte do poder para promover mudanças significativas estará cada vez mais nas economias em modernização da Ásia: excluindo o Japão, Coreia do Sul e Taiwan, todos com alta renda e baixo ou nenhum crescimento populacional, o continente hoje é responsável por metade de todas as emissões. E, embora a transformação da África Subsaariana tenha sido muito mais lenta, sua população combinada de cerca de 1,1 bilhão quase dobrará durante os próximos trinta anos, alcançando quase 50% mais pessoas do que a China (país que todas as economias mais pobres tentam imitar), e uma análise crítica do futuro da eletricidade no continente aponta para um alto nível de vinculação ao carbono, com predomínio da geração de energia pelo combustível fóssil e a parcela de geração renovável, além da hidrelétrica, permanecendo abaixo de 10% em 2030.[104]

A ascensão e a queda das nações não são as únicas incertezas geradas pelo avanço e pelos efeitos do aquecimento global. Recentemente, boas notícias mostram que as florestas do mundo têm atuado como grandes e persistentes sumidouros de carbono (armazenando mais do que emitem), bloqueando 2,4 bilhões de toneladas de carbono todos os anos entre 1990 e 2007. Além disso, dados de satélite para o período entre 2000 e 2017 indicam que um terço da área de vegetação do mundo está verde (o que mostra um aumento significativo na área média anual de folhas verdes, confirmando que hoje mais carbono é absorvido e armazenado), e apenas 5% está escurecendo (mostrando perda significativa de folhas).[105] Esse efeito ficou nítido especialmente em terras cultivadas de forma intensiva na Índia e na China e também foi observado pelo aumento das florestas chinesas.

Mas entre as notícias não tão boas (já era de se esperar...) está o fato de que entre 1900 e 2015 a biosfera perdeu 14% de suas árvores devido ao desmatamento e, não menos importante, a mortalidade de árvores dobrou durante esse período, com as plantas mais velhas (e mais altas) respondendo por uma parcela maior dessa perda. As florestas do mundo estão ficando mais jovens e mais baixas e, portanto, não são capazes de armazenar tanto carbono quanto no passado.[106] O aumento das taxas de crescimento parece estar encurtando a vida útil das árvores em quase todas as espécies e climas, por isso a existência de importantes sumidouros de carbono pode ser apenas transitória.[107] E quantas vezes você já ouviu falar que, inevitavelmente, os primeiros lugares a sucumbir ao aumento do nível do mar causado pelo aquecimento global serão as costas de menor altitude em geral e as nações insulares do Pacífico em particular?[108] No entanto, uma análise recente que monitorou quatro décadas de mudança da linha costeira em todas as 101 ilhas nos atóis de Tuvalu (norte de Fiji, leste das ilhas Salomão), no Pacífico, mostra que a área terrestre da nação na verdade aumentou quase 3%.[109] Conclusões preconcebidas e generalizações precipitadas devem sempre ser evitadas.

A evolução das sociedades é afetada pela imprevisibilidade do comportamento humano, por mudanças repentinas de trajetórias históricas consolidadas, pela ascensão e queda das nações e é acompanhada por nossa capacidade de promover mudanças significativas. Essas realidades afetam muitos processos biosféricos inerentemente complexos, que ainda estão longe de ser compreendidos de forma satisfatória. E, como eles provocam respostas naturais muitas vezes contraditórias, como é o caso das florestas sendo tanto sumidouros quanto fontes de CO_2, é impossível dizer com segurança onde estaremos, em termos de consumo de combustível fóssil, ritmo de descarbonização ou consequências ambientais, em 2030 ou 2050.

Mais importante, o que permanece em dúvida é nossa determinação coletiva — nesse caso, global — de lidar efetivamente com pelo menos alguns desafios cruciais. Existem soluções, ajustes e adaptações disponíveis. Os países ricos poderiam reduzir seu consumo médio de energia *per capita* em grandes margens e ainda manter uma qualidade de vida confortável. A ampla difusão de soluções técnicas simples, variando da obrigatoriedade das janelas triplas para vedação até projetos de veículos mais duráveis, teria efeitos cumulativos significativos. A redução pela metade do desperdício de alimentos e a diminuição do consumo global de carne diminuiriam as emissões de carbono sem degradar a qualidade da oferta de alimentos. É impressionante que essas medidas estejam ausentes, ou no fim da lista, dos principais manuais de orientação para o futuro das "revoluções" de baixo carbono, que dependem do armazenamento de eletricidade em grande escala, ainda não existente, ou da promessa da captura massiva e irrealista de carbono e seu armazenamento permanente no subsolo. Essas expectativas exageradas não são novidade.

Em 1991, um famoso ativista ambiental escreveu sobre "reduzir o aquecimento global por diversão e lucro".[110] Se tal promessa fosse próxima da realidade, não estaríamos, três décadas depois, lidando com a angústia cada vez maior dos atuais mensageiros da catástrofe do aquecimento. Da mesma forma, hoje temos a promessa de inovações "disruptivas" ainda mais surpreendentes e "soluções" trazidas pela inteligência artificial. A realidade é que quaisquer etapas eficazes o suficiente com certeza não serão mágicas, mas, sim, graduais e caras. Temos causado transformações no meio ambiente em escalas e intensidades cada vez maiores ao longo de milênios, e extraímos muitos benefícios dessas mudanças — contudo, inevitavelmente, a biosfera foi impactada. Existem maneiras de reduzir esses impactos, porém falta a determinação para implantá-las nas escalas necessárias e, se começarmos a agir de modo eficaz (o que agora exige ações em escala global), teremos que pagar um considerável custo econômico e social. Faremos isso, em algum momento, de forma deliberada e planejada? Vamos agir apenas quando forçados pelo agravamento das condições? Ou não tomaremos nenhuma atitude relevante?

7. ENTENDENDO O FUTURO:

ENTRE O APOCALIPSE E A SINGULARIDADE

"Apocalipse" vem (pelo latim) do antigo grego ἀποκάλυψις. Literalmente, significa "descobrir". No contexto cristão, o significado mudou para uma revelação ou revelação profética da segunda vinda de Cristo e, no uso moderno, o termo se tornou sinônimo do fim da vida na Terra, o dia do Juízo Final ou, para usar outro termo bíblico grego, o Armagedom.[1] Uma ideia clara e definitiva, sem dúvida.

Visões apocalípticas do futuro, com diferentes tipos de inferno sugeridos pelas principais religiões, estão sendo remobilizadas pelos modernos promotores da desgraça, que apontam para o rápido crescimento populacional, a poluição ambiental ou hoje, cada vez mais, para o aquecimento global como os pecados que nos levarão às profundezas. Por outro lado, os incorrigíveis tecno-otimistas continuam a tradição de acreditar em milagres e no alcance da salvação eterna. Não é raro ler como a inteligência artificial e os sistemas de aprendizado das máquinas nos levarão à "singularidade". O termo vem do latim *singularis*, que significa "individual, único, inigualável", mas neste capítulo se refere à noção de singularidade do futurista Ray Kurzweil, ou seja, ao significado matemático do termo como um ponto no tempo em que uma função assume um valor infinito.[2] Ele prevê que, em 2045, a inteligência da máquina terá superado a inteligência humana, e o que ele chama de inteligência biológica e não biológica se fundirão, e a inteligência da máquina preencherá o universo em velocidade infinita.[3] É o arrebatamento definitivo. Isso fará com que a colonização do resto do universo se torne uma missão necessariamente tranquila.

Em geral, a modelagem de longo alcance para sistemas complexos depende da produção de um leque de possíveis resultados limitados por extremos plausíveis. O apocalipse e a singularidade oferecem dois absolutos: nosso futuro terá que estar em algum lugar dentro desse espectro abrangente. O que tem sido impressionante sobre as modernas previsões do futuro é o modo como elas têm gravitado, apesar de todas as evidências disponíveis, em direção a um desses dois extremos. No passado, essa tendência à dicotomia geralmente era descrita como o choque entre os catastrofistas e os otimistas conhecidos como "cornucopianos", mas esses rótulos parecem leves demais para refletir a recente e extrema polarização dos sentimentos.[4] E essa polarização costuma ser acompanhada de uma maior propensão às previsões quantitativas com data marcada.

Vemos isso por todos os lados, dos carros (as vendas mundiais de veículos elétricos de passageiros chegarão a 56 milhões até 2040) ao carbono (a União Europeia terá zerado as emissões líquidas de carbono até 2050) até as viagens aéreas em todo o mundo (serão 8,2 bilhões de viajantes até 2037).[5] Ao menos é o que dizem. Na realidade, a maioria dessas previsões não passa de simples suposição: qualquer número para 2050 obtido por um modelo de computador preparado com pressupostos duvidosos — ou, pior ainda, por uma decisão politicamente conveniente — tem uma vida útil muito curta. Meu conselho: se quiser entender melhor como será o futuro, fuja dessas profecias da nova era que trazem datas, ou as utilize como indício das expectativas e preconceitos predominantes em nosso tempo.

Por gerações, empresas e governos foram os principais produtores e consumidores de previsões. Os acadêmicos entraram no jogo em grande número a partir da década de 1950, e hoje qualquer um pode fazer previsões, mesmo sem nenhuma habilidade matemática, usando um mero programa ou fazendo previsões qualitativas sem qualquer fundamento, como tem sido a regra ultimamente. Como é o caso para tantas outras áreas que cresceram muito nos últimos anos (fluxos de informação, educação em massa), a quantidade das previsões modernas se tornou inversamente proporcional à sua qualidade. Muitas previsões não passam da simples continuação de trajetórias anteriores. Outras são resultado de complicados modelos interativos que incorporam um grande número de variáveis, executados conforme pressupostos diferentes a cada vez (na prática, o equivalente numérico de cenários narrativos). E algumas quase não têm nenhum componente quantitativo, sendo apenas narrativas fantasiosas, politicamente corretas em excesso.

As previsões quantitativas se enquadram em três grandes categorias. A menor inclui previsões que lidam com processos cujo funcionamento é bem conhecido e cuja dinâmica se restringe a um conjunto relativamente pequeno de resultados. A segunda, uma categoria muito maior, inclui previsões que apontam na direção certa, mas com incertezas importantes em relação ao resultado específico. E a terceira categoria (descrevi alguns exemplos recentes sobre meio ambiente e energia no capítulo anterior) é a das fábulas quantitativas: tais exercícios de previsão podem estar repletos de números, porém são resultados de uma suposição, muitas vezes questionável, em cima de outra, e os processos mapeados por esses contos de fadas saídos do computador teriam finais muito diferentes no mundo real. Claro, seus criadores podem defender o valor heurístico de tais exercícios, mas os mais inexperientes podem usar algumas dessas conclusões para reforçar os próprios preconceitos ou mesmo descartar alternativas mais plausíveis.

Apenas as previsões (projeções, modelos de computador) da primeira categoria oferecem ideias sólidas e boas orientações, especialmente quando se olha apenas uma década ou mais à frente. As projeções demográficas em geral e as previsões de fecundidade em particular estão entre os melhores exemplos dessa categoria. Pegue um país cuja taxa de fecundidade total — isto é, o número de filhos que uma mulher tem em média ao longo da vida — está abaixo do nível de reposição (uma média de pelo menos 2,1 filhos por mulher é necessária para substituir os pais) por uma geração e, além disso, recuou de 1,8 para 1,5 na última década. É improvável que essas taxas de fecundidade muito baixas sejam revertidas para promover qualquer aumento substancial da população nos próximos dez anos (não aconteceu em nenhum país nas últimas três décadas).[6] As perspectivas mais prováveis são a fecundidade crescer um pouco (de 1,5 para 1,7) ou cair ainda mais (para 1,3). Embora seja impossível identificar o valor mesmo em apenas dez anos, uma previsão pode oferecer uma gama relativamente pequena dos resultados mais plausíveis. Por exemplo, a previsão de 2019 da ONU para o ano de 2030 apresenta o total da população da Polônia (37,9 milhões em 2020) caindo para 36,9 milhões, com as margens para cima e para baixo afastando-se mais ou menos 2% da média. Ainda, exceto pela imigração em massa, improvável em um país tão avesso à ideia, há uma probabilidade muito alta de que a contagem real em 2030 esteja dentro desse pequeno intervalo.[7]

Em contrapartida, mesmo as projeções de curto prazo envolvendo sistemas complexos (aqueles que influenciam a interação de muitos fatores técnicos, econômicos e ambientais e podem ser bastante afetados por uma série de decisões arbitrárias, como inesperados e generosos subsídios governamentais ou novas leis e mudanças repentinas de políticas) seguem com alto grau de incerteza, e até mesmo as perspectivas de curto prazo trazem uma grande variedade de resultados possíveis. As recentes previsões para a adoção mundial de automóveis elétricos de passageiros são um excelente exemplo da segunda categoria.[8] As dificuldades técnicas que acompanham a introdução da eletromobilidade pessoal não são insuperáveis, mas o setor vem amadurecendo de forma muito mais lenta do que seus defensores sustentavam anos atrás, enquanto os motores a combustão continuam melhorando sua eficiência e vão seguir oferecendo nos próximos anos vantagens como menor custo de entrada, familiaridade que já dura gerações e facilidade para busca de manutenção.[9]

E, enquanto alguns países têm promovido os carros elétricos de forma agressiva, oferecendo subsídios generosos ou determinando cotas específicas para novos veículos no futuro, outros mostram pouca ou nenhuma atitude. Como resultado, as previsões anteriores de curto prazo para a eletrificação mundial do transporte rodoviário superestimaram de maneira quase uniforme a parcela real: entre 2014 e 2016, as estimativas para 2020 ficavam entre 8% e 11%, mas a parcela real ficou em apenas 2,5%.[10] E até 2019 as previsões para a participação dos elétricos entre todos os veículos na estrada até o ano de 2030 diferiam em uma ordem de magnitude, enquanto as vendas reais de veículos de combustão interna devem seguir superando as dos elétricos por mais de uma década.[11]

A terceira categoria de previsões quantitativas é a que merece um olhar mais atento, porque, em retrospecto, muitas delas não apenas falharam em indicar pelo menos uma ordem de magnitude adequada como também suas reivindicações e conclusões acabaram em total desacordo com o que realmente aconteceu. É sabido que tais erros não se limitam às conhecidas profecias históricas, que vão desde a Bíblia até Nostradamus.[12] Muitos profetas modernos não se saíram muito melhor, mas com o surgimento da computação onipresente seu contingente aumentou e, com a demanda insaciável da mídia por novas más notícias, as previsões e os cenários recebem atenção e repercussão (cada vez mais global) em níveis nunca antes vistos.

PREVISÕES FRACASSADAS

Dado o grande número de previsões fracassadas, fazer uma recontagem sistemática, seja por assunto, década ou região, seria uma tarefa tediosa. Os leitores de uma certa idade devem se lembrar que hoje deveríamos estar sendo abastecidos completamente (ou pelo menos em grande parte) pela eletricidade nuclear, que o Concorde seria apenas uma prévia para os onipresentes voos supersônicos intercontinentais e que o Y2K — conhecido como o "bug do milênio" — acabaria com todos os computadores em 1º de janeiro de 2000. Mas juntar referências rápidas a alguns casos bem conhecidos e breves explicações sobre alguns erros surpreendentemente pouco conhecidos vai servir como um balanço da situação — e não há razão para supor que tais falhas se tornarão menos comuns. Passar das previsões de lápis e papel relativamente simples para projeções complexas produzidas por computador torna mais fácil realizar os cálculos necessários e produzir cenários diferentes, mas não elimina o inevitável perigo de fazer suposições. Pelo contrário, modelos mais complexos que combinam as interações de fatores econômicos, sociais, técnicos e ambientais exigem ainda mais suposições e abrem caminho para erros ainda maiores.

Um lugar óbvio para começar a listar algumas das hoje clássicas previsões fracassadas é olhar para o duelo intelectual entre cornucopianos e catastrofistas. As preocupações da década de 1960 sobre as populações superando os meios de subsistência disponíveis podem ser atribuídas às taxas recordes, e naquela época ainda crescentes, de crescimento da população global. Por milênios, o crescimento da população global foi uma pequena fração de 1%, passou de 0,5% apenas durante a década de 1770 e ficou acima de 1% em meados da década de 1920, mas, no final da década de 1950, estava perto de 2% e seguia acelerando. Inevitavelmente, a situação foi muito destacada, tanto em publicações profissionais quanto entre as populares e, em 1960, a revista *Science*, o principal periódico científico dos Estados Unidos, sucumbiu às preocupações com o crescimento populacional desenfreado e publicou um cálculo absurdo afirmando que a continuação da taxa histórica de crescimento resultaria em crescimento infinitamente rápido da população global até 13 de novembro de 2026.[13]

Tal cenário — a humanidade crescendo a uma velocidade infinita — requer um pouco de imaginação, mas muitas previsões menos extremas, embora ainda catastrofistas, ajudaram a criar e mobilizar o movimento ambiental moderno.[14] No entanto, não havia necessidade de temer populações descontroladas: os catastrofistas ignoraram o simples fato de que nenhuma forma de crescimento tão rápido pode durar para sempre em um planeta finito. O apocalipse em 2026 era um óbvio absurdo. Antes do final da década de 1960, o crescimento da população global atingiu seu pico em 2,1% ao ano, e esse pico foi seguido por uma queda bastante rápida: no ano 2000, a taxa global era de 1,32% e, em 2019, ficou em apenas 1,08%.[15]

A redução pela metade da taxa de crescimento relativo em cinquenta anos e a subsequente queda da taxa de crescimento absoluta (que chegou a cerca de 93 milhões por ano em 1987 e caiu para aproximadamente oitenta milhões em 2020) mudaram a perspectiva de forma fundamental, já que, em algum momento durante o início da década de 2020, o mundo vai cruzar um marco demográfico significativo, em que metade da população mundial estará vivendo em países cuja taxa de fecundidade total está abaixo do nível de reposição.[16] Essa nova realidade pede imediatamente novos cálculos catastróficos. Se essa tendência de queda da fecundidade continuar, quando a população global vai parar de crescer? E então quando será a inevitável morte do último *Homo sapiens*? E um jovem catastrofista poderia fazer novas especulações sobre quantos milhões de pessoas vão morrer de fome (durante a década de 2080?) — não devido ao excesso de crescimento populacional, mas pela falta de pessoas em idade produtiva para alimentar a humanidade (mesmo com uma alta taxa de robotização) devido ao envelhecimento e à redução da população.

As profecias do fim do mundo sobre a escassez de recursos não se limitaram aos alimentos: o esgotamento dos recursos minerais tem sido outro assunto favorito das visões catastróficas, e o futuro do petróleo bruto, a fonte de energia mais importante para a civilização do século XX, tem sido um dos tópicos mais abordados nas profecias distópicas. As previsões sobre um iminente pico de extração de petróleo remontam à década de 1920, porém o temor existencial atingiu novos patamares durante a década de 1990 e a primeira década do século XXI.[17] Alguns membros dedicados dessa seita acreditavam que o declínio da extração de petróleo não só traria o colapso das economias modernas, mas também levaria a humanidade de volta a um estilo de vida muito inferior de seus níveis pré-industriais, voltando ao patamar dos coletores paleolíticos — hominídeos que viviam na África Oriental há dois milhões de anos.[18]

E o que de fato aconteceu? Os catastrofistas sempre tiveram dificuldade em imaginar que a engenhosidade humana pode atender às necessidades futuras de alimentos, energia e materiais, mas, durante as últimas três gerações, fizemos isso embora a população global tenha triplicado desde 1950. Em vez de milhares de mortes, a parcela de pessoas subnutridas em países de baixa renda vem diminuindo constantemente, de cerca de 40% durante a década de 1960 para apenas 11% em 2019, e a média diária *per capita* de oferta de alimentos na China, a nação mais populosa do mundo, hoje é em torno de 15% maior do que no Japão.[19] Em vez do desespero pela escassez de fertilizantes, a aplicação de nitrogenados aumentou mais de 2,5 vezes desde 1975, e a safra global de cereais básicos hoje é 2,2 vezes maior.[20] Quanto ao petróleo bruto, sua extração total aumentou dois terços entre 1995 e 2019, e no final desse ano o preço antes da pandemia de covid-19 (em moeda constante) era menor do que em 2009.[21] Os catastrofistas estão errados, mais uma vez.

E os tecno-otimistas, com suas promessas de infinitas soluções quase milagrosas, também precisam lidar com um retrospecto ruim. Um dos equívocos mais conhecidos (e bem documentados, o que torna tudo mais constrangedor) foi a crença no poder absoluto da fissão nuclear. Muitas pessoas avaliam que o sucesso parcial alcançado pela geração nuclear (que produziu cerca de 10% da eletricidade mundial em 2019, com participações de 20% nos Estados Unidos e, excepcionalmente, 72% na França) é apenas uma fração das grandes expectativas criadas antes de 1980.[22] Naquela época, cientistas importantes e grandes empresas não apenas pensavam que a fissão nuclear eliminaria todas as outras formas de geração de eletricidade, mas também acreditavam que os reatores originais seriam substituídos por reatores regeneradores rápidos, capazes de produzir (temporariamente) mais energia do que consumiam. A promessa nuclear ia muito além da geração de eletricidade, e algumas ideias incrivelmente duvidosas foram testadas ou investigadas, a custos elevados.

Qual foi a decisão mais irracional e fadada ao fracasso, desde o início: a busca por voos movidos a energia nuclear ou a produção de gás natural baseada em explosões nucleares? Projetar um pequeno reator nuclear que pudesse alimentar submarinos era uma coisa, torná-lo leve o suficiente para ser transportado pelo ar acabou sendo um desafio intransponível, mas essa ideia foi abandonada apenas em 1961, depois de bilhões de dólares gastos nessa tarefa impossível.[23] Nenhum avião movido a fissão nuclear jamais decolou, entretanto, várias bombas nucleares foram detonadas na busca pela expansão da produção de gás natural. Uma bomba de 29 quilotons (mais de duas vezes mais poderosa que a bomba lançada em Hiroshima) foi detonada em dezembro de 1967 a uma profundidade de mais ou menos 1,2 quilômetros no Novo México (codinome Projeto Gasbuggy). Em setembro de 1969, foi a vez de uma bomba de 40 quilotons no Colorado e, em 1973, mais três bombas de 33 quilotons, também no Colorado. A Comissão de Energia Atômica dos Estados Unidos previa a detonação de quarenta a cinquenta bombas a cada ano no futuro.[24] Também havia planos para atividades como o uso de explosivos nucleares para construir novos portos e o uso de reatores nucleares para impulsionar voos espaciais.

Meio século depois, pouca coisa mudou: são muitas as profecias assustadoras e as promessas totalmente irrealistas. A última explosão do catastrofismo tem se concentrado na degradação ambiental no geral e nas preocupações com a mudança climática global em particular. Jornalistas e ativistas escrevem sobre o apocalipse climático, emitindo alertas definitivos. No futuro, as áreas mais adequadas para a habitação humana vão diminuir, grandes áreas da Terra se tornarão inabitáveis em breve, a migração climática vai remodelar os Estados Unidos e o mundo, a renda global média vai diminuir de forma substancial. Algumas profecias afirmam que podemos ter apenas cerca de uma década para evitar uma catástrofe global, e em janeiro de 2020 Greta Thunberg chegou ao ponto de especificar esse período em apenas oito anos.[25]

Apenas alguns meses depois, o presidente da Assembleia Geral da ONU nos deu onze anos para evitar um colapso social completo em que o planeta estará simultaneamente queimando (sofrendo inextinguíveis incêndios de verão) e inundado (através de uma rápida elevação do nível do mar). Mas *nihil novi sub sole* — nada de novo sob o Sol: em 1989, outro alto funcionário da ONU disse que "os governos têm uma janela de oportunidade de dez anos para resolver o efeito estufa antes que ele saia do controle humano", o que significa que agora devemos estar muito além do ponto e que a nossa própria existência talvez seja apenas uma questão de imaginação borgesiana.[26] Estou convencido de que poderíamos viver sem essa onda contínua de previsões, sempre preocupantes, no mínimo, e muitas vezes bastante assustadoras. De que nos serve ouvir todos os dias que o mundo está chegando ao fim em 2050 ou mesmo em 2030?

Essas profecias previsíveis e repetitivas, por mais bem-intencionadas e apaixonadas que sejam, não oferecem nenhum conselho prático sobre a implantação das melhores soluções técnicas possíveis, sobre as formas mais eficazes de cooperação global com base legal ou sobre como lidar com o difícil desafio de convencer as sociedades a respeito da necessidade de gastos significativos, cujos benefícios não serão percebidos nas próximas décadas. E tais previsões são, é claro, bastante desnecessárias para aqueles que argumentam que um "futuro sustentável está ao nosso alcance", que dizem que os catastrofistas têm uma longa história de alarmes falsos, que escrevem obras com títulos como "Apocalipse Não!" e "Apocalipse Nunca", e, na mais absoluta contradição com o suposto fim iminente da civilização, chegam a (como já observado) vislumbrar a singularidade logo adiante.[27]

Por que deveríamos temer qualquer coisa — sejam ameaças ambientais, sociais ou econômicas — quando em 2045, ou talvez até 2030, nosso entendimento (ou melhor, a inteligência desencadeada pelas máquinas que teremos criado) não terá limites e, portanto, qualquer problema se tornará absurdamente simples? Comparada a essa promessa, qualquer outra entre as recentes propostas específicas e exageradas — desde a salvação por meio da nanotecnologia até a criação de novas formas sintéticas de vida — parece banal. O que vai acontecer? A iminente perdição quase infernal ou a onipotência quase divina na velocidade da luz?

Com base nas ilusões desmentidas das profecias passadas, nenhuma das duas opções. Não temos a civilização que foi imaginada no início da década de 1970 — com o agravamento da fome planetária ou com energia retirada da fissão nuclear sem custos — e daqui a uma geração não estaremos no final de nosso caminho evolutivo, tampouco teremos uma civilização transformada pela singularidade. Ainda estaremos por aí durante a década de 2030, apesar de não contar com os inimagináveis benefícios da inteligência na velocidade da luz. E ainda estaremos tentando o impossível: fazer previsões de longo prazo. Isso certamente vai causar mais constrangimentos e gerar previsões mais ridículas, além de mais surpresas causadas por eventos imprevistos. Os extremos são bastante fáceis de imaginar; antecipar realidades que surgirão de combinações entre inércia e descontinuidades imprevisíveis continua sendo uma busca ilusória. Nenhuma quantidade de modelos vai eliminar isso, e nossas previsões de longo prazo vão continuar errando.[28]

Isso não é uma contradição, nem uma previsão para descartar as futuras previsões, apenas uma conclusão bastante provável, se não inevitável, baseada na interação imprevisível da inércia inerente dos sistemas complexos, com suas constantes intrínsecas e imperativos de longo prazo por um lado, e descontinuidades e surpresas repentinas por outro — sejam elas técnicas (a ascensão dos eletrônicos de consumo ou os possíveis avanços no armazenamento de eletricidade) ou sociais (o colapso da União Soviética ou outra pandemia muito mais virulenta). O que torna todas as previsões ainda mais difíceis é que hoje as principais transformações precisam acontecer em escalas enormes.

INÉRCIA, ESCALA E MASSA

Novas mudanças, novas soluções e novas conquistas sempre nos acompanham — somos uma espécie muito curiosa, com um incrível histórico de adaptação de longo prazo, e com realizações recentes ainda mais notáveis, buscando tornar a vida da maioria da população mundial mais saudável, mais rica, mais segura e mais longa. Ainda assim, limitações básicas também persistem: superamos algumas delas com nossa engenhosidade, mas tais ajustes também têm limites. Por exemplo, não podemos eliminar a necessidade de terra, água e nutrientes na produção de alimentos. Como vimos, produtividades mais altas reduziram a demanda por terras agrícolas, e novas reduções são possíveis se conseguirmos diminuir ainda mais as margens de rendimento (a diferença entre o potencial de produtividade e as safras colhidas na prática).

Essas diferenças seguem grandes. Mesmo em países que praticam o cultivo intensivo (com alto uso de fertilizantes e irrigação), os rendimentos podem subir de 20% a 25% acima da média recente para o milho dos Estados Unidos e de 30% a 40% para o arroz chinês — e, devido à sua produtividade média ainda muito baixa, os índices podem ser duas a quatro vezes mais altos na África Subsaariana.[29] No caso das agriculturas de alto rendimento já otimizadas, a redução da terra cultivada pode ser alcançada com mais demandas relativamente pequenas de fertilizantes e irrigação. Por outro lado, a África vai precisar de aumentos substanciais nas aplicações médias de macronutrientes e na área de irrigação. Como em tantos outros casos, os ganhos relativos no desempenho futuro (dentro dos limites biológicos) não devem ser confundidos com a separação absoluta das variáveis de produção e consumo enquanto a população mundial continuar a crescer e exigir melhor nutrição.

A esse respeito, as reportagens sobre a agricultura urbana "sem terra" — cultivo hidropônico em arranha-céus — são especialmente desprovidas de qualquer compreensão real da demanda global de alimentos. Essas operações intensivas podem produzir folhas verdes (alfaces, manjericão) e alguns vegetais (tomates, pimentões) cujo valor nutricional é quase exclusivamente seu conteúdo de vitamina C e fibras.[30] Com certeza, o cultivo hidropônico sob luz constante não poderia ser utilizado para produzir mais de 3 bilhões de toneladas de cereais e grãos de leguminosas, com alto teor de carboidratos e relativamente alto suprimento de proteínas e lipídios necessários para alimentar oito (em breve dez) bilhões de pessoas.[31]

A inércia de sistemas grandes e complexos se deve às suas demandas energéticas e materiais básicas, bem como à escala de suas operações. As demandas por energia e materiais são constantemente afetadas pela busca por maiores eficiências e por processos produtivos otimizados, mas as melhorias na eficiência e a desmaterialização relativa têm seus limites físicos — e as vantagens trazidas por novas alternativas terão altos custos a serem compensados. São muitos os exemplos práticos. Mais uma vez, voltando a dois dos insumos fundamentais, em teoria o mínimo de energia primária necessária para produzir aço (combinando as demandas de alto-forno e forno de oxigênio básico) é de aproximadamente 18 GJ por tonelada de metal quente, e a amônia não pode ser sintetizada a partir de seus elementos com menos que cerca de 21 GJ por tonelada.[32]

Uma solução possível é substituir o aço pelo alumínio. Isso reduz a massa de um projeto específico, mas produzir o alumínio primário requer de cinco a seis vezes mais energia do que o aço primário, e o alumínio não serve para diversos usos que exigem a resistência muito maior do aço. A maneira mais radical de reduzir os custos de energia e o impacto ambiental dos fertilizantes nitrogenados é diminuir a quantidade usada: essa opção está disponível para países ricos com seu excesso de oferta e de desperdício de alimentos — mas centenas de milhões de crianças com desenvolvimento prejudicado, principalmente na África, precisam beber mais leite e comer mais carne, proteínas que só podem vir do aumento substancial da quantidade de nitrogênio usado nas lavouras. Para chegar a essa conclusão, as aplicações anuais de fertilizantes são em média de cerca de 160 quilos por hectare de terra agrícola na União Europeia, e menos de 20 quilos na Etiópia, uma diferença de ordem de grandeza que ilustra a enorme lacuna de desenvolvimento que tantas vezes é ignorada quando as necessidades globais são avaliadas.[33]

Em uma civilização onde a produção atual de *commodities* essenciais atende a oito bilhões de pessoas, qualquer mudança nas práticas estabelecidas também sempre esbarra nas restrições de escala: como já vimos (no Capítulo 3), as necessidades materiais fundamentais hoje são medidas em bilhões e centenas de milhões de toneladas por ano. Isso faz com que seja impossível substituir essas massas por mercadorias totalmente diferentes — o que seria necessário para substituir mais de 4 bilhões de toneladas de cimento ou quase 2 bilhões de toneladas de aço? — ou fazer uma transição rápida (de anos, e não décadas) para formas totalmente novas na produção desses insumos essenciais.

Essa inevitável inércia em relação às dependências de grande escala pode em algum momento ser superada (lembre que, antes de 1920, tínhamos que dedicar um quarto das terras agrícolas dos Estados Unidos para alimentar cavalos e mulas), mas muitos exemplos anteriores de mudanças rápidas não são boas referências de intervalos de tempo plausíveis para quaisquer realizações no futuro. Transições passadas podem ter sido relativamente rápidas porque as magnitudes envolvidas eram comparativamente pequenas. Em 1900, o uso mundial de energia primária estava dividido entre a biomassa tradicional e os combustíveis fósseis liderados pelo carvão, e todos os combustíveis fósseis forneciam o equivalente a apenas cerca de 1 bilhão de toneladas de carvão.[34] Até o ano de 2020, a oferta global líquida de combustíveis fósseis era uma ordem de grandeza maior do que a oferta total de energia primária em 1900, e, apesar de hoje nossos meios técnicos serem superiores em muitos aspectos, o ritmo da nova transição (a descarbonização) tem sido mais lento do que foi o ritmo de substituição da biomassa tradicional por combustíveis fósseis.

Embora a oferta de novas energias renováveis (eólica, solar, novos biocombustíveis) tenha aumentado de forma impressionante, cerca de cinquenta vezes, durante os primeiros vinte anos do século XXI, a dependência mundial em relação ao carbono fóssil diminuiu apenas marginalmente, de 87% para 85% da oferta total, e a maior parte dessa pequena redução relativa se deve ao aumento na geração de hidreletricidade, uma forma antiga de energia renovável.[35] Como a demanda total de energia era uma ordem de grandeza menor em 1920 do que em 2020, foi muito mais fácil mudar a madeira pelo carvão no início do século XX do que seria substituir os combustíveis fósseis por novas fontes renováveis (isto é, descarbonizar) no início do século XXI. Como resultado, mesmo se o ritmo recente de descarbonização fosse triplicado ou quadruplicado, o carbono fóssil ainda seria dominante em 2050.

Um erro de categorização — atribuir a algo, de forma equivocada, uma qualidade ou ação que só pode ser atribuída a coisas de outra categoria — está por trás da conclusão, frequente, mas profundamente equivocada, de que neste novo mundo eletrônico tudo pode, e vai, se mover muito mais rápido.[36] Informações e conexões são assim, bem como a adoção de novos dispositivos pessoais — mas imperativos existenciais não pertencem à categoria de microprocessadores e celulares. Garantir o fornecimento suficiente de água, cultivar e processar lavouras, alimentar e abater animais, produzir e converter enormes quantidades de energias primárias e extrair e alterar matérias-primas para atender a uma infinidade de usos são tarefas cujas escalas (necessárias para atender a demanda de bilhões de consumidores) e infraestruturas (que permitem a produção e distribuição dessas necessidades insubstituíveis) pertencem a categorias bem diferentes de criar um novo perfil nas redes sociais ou comprar um smartphone mais caro.

Além disso, muitas técnicas que possibilitam esses novos avanços não podem ser consideradas novas. Quantas pessoas, apaixonadas pelo fato de seu mais recente smartphone ser bem fininho e pela sua capacidade de processar informações, estão cientes de como são antigos muitos dos processos fundamentais que tornam possível seu uso por milhões de pessoas? O silício ultrapuro é a base de todos os microprocessadores, incluindo aqueles que operam em todos os dispositivos eletrônicos modernos — desde os maiores supercomputadores até o menor celular —, e Jan Czochralski descobriu como produzir cristais de silício em 1915. Um grande número de transistores é incorporado ao silício, e Julius Edgar Lilienfeld patenteou o primeiro transistor de efeito de campo em 1925. E, como já falamos, os circuitos integrados nasceram em 1958-1959, e os microprocessadores em 1971.[37]

A maior parte da eletricidade que alimenta todos os dispositivos eletrônicos é gerada por turbinas a vapor, máquinas inventadas por Charles A. Parsons em 1884, ou por turbinas a gás, sendo a primeira implantada comercialmente em 1938.[38] Embora tenha sido possível substituir um bilhão de telefones fixos por celulares em uma geração, não será possível substituir os terawatts de energia instalados em turbinas a vapor e a gás por células fotovoltaicas ou turbinas eólicas em um período de tempo semelhante. Os celulares, por mais complexos que sejam, são apenas pequenos dispositivos no ápice de uma enorme pirâmide de uma indústria que gera, transforma e transmite eletricidade e que requer infraestrutura em grande escala para ser construída, reconstruída e mantida.

Tais fatos ajudam a explicar por que os fundamentos de nossas vidas não vão mudar de forma drástica nos próximos vinte a trinta anos, apesar da enxurrada quase constante de notícias sobre inovações superiores, das células solares às baterias de íon-lítio, da impressão 3-D de tudo (de micropeças a casas inteiras) às bactérias capazes de sintetizar gasolina. Aço, concreto, amônia e plásticos vão continuar sendo os quatro pilares materiais da civilização. Uma grande parte do transporte mundial ainda será abastecida por combustíveis líquidos refinados (gasolina e diesel automotivo, querosene para aviação e diesel e óleo combustível para transporte marítimo). Lavouras de grãos serão cultivadas por tratores puxando arados, grades, semeadoras e aplicadores de fertilizantes e colhidos por colheitadeiras que despejam os grãos em caminhões. Apartamentos em arranha-céus não serão impressos no local por máquinas gigantescas, e, se em breve houver outra pandemia, o papel da tão elogiada inteligência artificial provavelmente será uma decepção tão grande quanto foi durante a pandemia de covid-19.[39]

IGNORÂNCIA, PERSISTÊNCIA E HUMILDADE

A covid-19 serviu como uma perfeita — e onerosa — lembrança sobre os limites em nossa capacidade de traçar o futuro, e isso também não vai (nem poderia) mudar de maneira significativa durante a próxima geração. A última pandemia ocorreu após uma década cheia de elogios incensados em relação aos avanços técnicos e científicos, inéditos e supostamente "disruptivos". O principal tem sido a previsão do iminente uso dos milagrosos poderes da inteligência artificial e das redes de aprendizado neural (uma quase singularidade, pode-se dizer) e a edição do genoma, que tornará possível projetar formas de vida conforme nossa vontade.[40]

Nada resume melhor a natureza excessiva desses argumentos do que o título de um best-seller de 2017, *Homo Deus*, de Yuval Noah Harari.[41] E, se mais evidências forem necessárias, a covid-19 expôs o vazio de qualquer ideia sobre nossa suposta capacidade divina de controlar nosso destino: nenhuma dessas tão elogiadas habilidades foi útil para impedir o surgimento ou controlar a difusão dessas cadeias de RNA virais. O melhor que pudemos fazer é o que os moradores das cidades italianas faziam na Idade Média: manter distância dos outros, ficar dentro de casa por quarenta dias, isolar-se por *quaranta giorni*.[42] As vacinas chegaram relativamente cedo, mas não curam os doentes e não previnem a próxima pandemia. Portanto, devemos rezar para que o próximo evento (porque sempre há um próximo!) só ocorra após décadas de epidemias virais sazonais relativamente monótonas, e não já em alguns anos e de forma muito mais virulenta.

O impacto da covid-19 nos países ricos em geral, e nos Estados Unidos em particular, também mostra como alguns de nossos esforços para moldar o futuro, tão elogiados (e muito onerosos), têm sido equivocados. Entre os principais está a retomada da busca pelos voos espaciais tripulados e, em particular, a ambição ao estilo ficção científica das missões a Marte. Há ainda a tentativa de alcançar a medicina personalizada (o diagnóstico e tratamento sob medida para cada indivíduo com base em seu risco ou resposta específica a uma doença), o que fez a revista *The Economist* publicar uma reportagem especial sobre o assunto em 12 de março de 2020, no momento em que a covid-19 começou a se alastrar pela Europa e América do Norte, enchendo os hospitais com pessoas privadas de oxigênio. Outra ambição é a conectividade cada vez mais rápida, e a interminável campanha publicitária em torno dos benefícios das redes 5G.[43] Qual a relevância de todas essas buscas quando, como diz o clichê, a única superpotência que restou não conseguiu abastecer seus enfermeiros e médicos com simples equipamentos de proteção pessoal, entre eles itens de baixa tecnologia como luvas, máscaras, toucas e aventais?

Por causa disso, os Estados Unidos precisaram pagar preços exorbitantes à China — o país onde os brilhantes arquitetos da globalização concentraram quase toda a fabricação desses itens essenciais — para garantir o transporte aéreo de quantidades absurdas de equipamentos de proteção apenas para evitar o fechamento de hospitais em meio a uma pandemia.[44] O país que gasta mais de meio trilhão por ano em suas forças armadas (mais do que todos os seus potenciais adversários juntos) estava despreparado para um evento que era absolutamente previsível e não dispunha de suprimentos médicos básicos suficientes: o investimento de algumas centenas de milhões de dólares na produção doméstica poderia ter reduzido de forma significativa as perdas econômicas causadas pela covid-19, que chegaram a trilhões de dólares![45]

Na Europa não foi diferente. Enquanto Estados-membros competiam pelo transporte aéreo de grandes cargas de plástico protetor vindo da China, a alardeada ausência de fronteiras se transformou rapidamente no rearranjo de barreiras. A união, cada vez mais consolidada, fracassou em fornecer uma resposta coordenada e unida. E, durante os primeiros seis meses da pandemia, quatro das cinco nações mais populosas do continente (Reino Unido, França, Itália e Espanha) e dois de seus países mais ricos (Suíça e Luxemburgo), cujos sistemas de saúde foram elogiados durante décadas como modelos de excelência, registraram algumas das maiores mortalidades pandêmicas do mundo.[46] As crises expõem realidades e deixam claro o que estava escondido e desorganizado. A resposta dos países ricos à covid-19 merece um único e irônico comentário: parabéns, *Homo Deus*!

Ao mesmo tempo, a reação do mundo rico à covid-19 ilustra nossa atitude sempre irrealista em relação às verdades básicas causadas pelo esquecimento das experiências mais traumáticas. À medida que a pandemia começou a avançar, eu não esperava que o desafio fosse colocado em perspectivas históricas adequadas (o que se pode esperar de uma sociedade dominada por tuítes?), e não fiquei surpreso com as referências ao período da gripe de 1918-1919 que causou o maior número de mortes pandêmicas na história moderna, apesar das incertezas quanto aos números totais.[47] Mas, como já observei no capítulo que trata de riscos, desde aquela época vivemos três episódios importantes (e muito mais bem compreendidos), que não deixaram nenhuma marca profunda em nossa memória coletiva.

Já sugeri algumas explicações, mas outras também são plausíveis. Será que o saldo de mais de um milhão de mortes em 1957--1958 (ocorrendo na maioria dos países de forma incremental ao longo de seis a nove meses) foi colocado em perspectiva com as perdas muito maiores da Segunda Guerra Mundial, que ainda estavam claras na memória de todos os adultos? Ou nossa percepção coletiva mudou a tal ponto que não podemos aceitar o fato de que a mortalidade excessiva temporária sempre estará fora de nosso controle? Ou será simplesmente o fato de o esquecimento ser um complemento essencial ao recordar, seja a nível pessoal ou coletivo, e que também isso não mudará, pois seremos, para sempre, pegos de surpresa pelo que já era esperado?

A lembrança é tão importante quanto o esquecimento: apesar das promessas de novos começos e caminhos ousados, velhos padrões e velhas abordagens logo ressurgem para preparar o palco para outra rodada de fracassos. Peço aos leitores que duvidam disso que verifiquem seus sentimentos durante e imediatamente após a grande crise financeira de 2007-2008 e os comparem à experiência pós-crise. Quem foi considerado responsável por esse quase colapso sistêmico da ordem financeira? Que mudanças fundamentais (além de enormes injeções de dinheiro novo) foram tomadas para reformar práticas questionáveis ou para reduzir a desigualdade econômica?[48]

Voltando ao exemplo da covid-19, esse padrão de memória significa que ninguém jamais será responsabilizado por nenhum dos muitos deslizes estratégicos que causaram a má gestão da pandemia antes mesmo que ela começasse. Sem dúvida, algumas conferências caóticas e alguns artigos de grupos de pesquisa vão produzir uma lista de recomendações, mas essas logo serão ignoradas e não farão diferença para os hábitos já profundamente consolidados. O mundo tomou alguma medida séria após as pandemias de 1918-1919, 1958-1959, 1968-1969 e 2009? Os governos não vão garantir provisões adequadas dos suprimentos necessários para uma futura pandemia, e sua resposta será tão inconsistente — se não tão incoerente — como sempre foi. Os lucros assegurados pela fabricação concentrada em grande escala não serão trocados por uma produção descentralizada menos vulnerável, porém mais cara. E as pessoas vão retomar sua conexão com o mundo ao retornarem aos voos intercontinentais e cruzeiros para lugar nenhum, embora seja difícil imaginar uma incubadora de vírus melhor do que um navio com três mil tripulantes e cinco mil passageiros, geralmente idosos com muitos problemas de saúde preexistentes.[49]

Isso também significa que precisaremos seguir reaprendendo a nos reconciliar com realidades que estão além do nosso controle. A covid-19 serve como um alerta útil. A pandemia causou o maior excesso de mortalidade entre os grupos mais idosos e, como já observado, esse resultado está obviamente relacionado aos nossos esforços muito bem-sucedidos para estender a expectativa de vida.[50] Eu, nascido em 1943, estou entre as dezenas de milhões de beneficiários dessa tendência — mas não podemos ter as duas coisas: a maior expectativa de vida será acompanhada de maior vulnerabilidade. Não é de surpreender que as comorbidades da velhice — desde hipertensão e diabetes, bastante comuns, até formas menos comuns de câncer e imunidade comprometida — tenham sido os principais indicadores para o excesso de mortalidade causado pelo vírus.[51]

No entanto, isso não vai nos impedir, como não aconteceu em 1968 ou 2009, de dar mais passos no sentido de prolongar a expectativa de vida — para então temer as prováveis consequências dessa busca (que também percebemos, mesmo em escala menor, durante as epidemias de gripe sazonal). Porém, na próxima vez, o risco será bem maior, pois a combinação de envelhecimento natural e prolongamento da vida vai aumentar muito a proporção de pessoas com mais de 65 anos de idade. A ONU projeta que a participação dessa faixa de idade aumentará em cerca de 70% até 2050, e, em países em melhor situação, uma em cada quatro pessoas será mais velha do que isso.[52] Como vamos lidar em 2050 com uma pandemia que pode ser mais infecciosa que a covid-19, quando em alguns países um terço da população estará na categoria mais vulnerável?

Essas realidades refutam qualquer ideia geral, automática, intrínseca e inevitável de progresso e melhoria constante que tem sido promovida por muitos tecno-otimistas. Nem a evolução nem a história da nossa espécie são uma flecha que aponta sempre para cima. Não há trajetórias previsíveis, nem alvos definidos. A nossa crescente compreensão e a capacidade de controlar um número cada vez maior de variáveis que afetam nossas vidas (desde a produção de alimentos suficientes para alimentar toda a população mundial até a tão eficaz vacinação que previne doenças infecciosas antes perigosas) reduziram o risco de vida, mas não tornaram os outros perigos da existência mais previsíveis ou controláveis.

Em alguns casos cruciais, nosso sucesso e nossa capacidade de evitar os piores desfechos se devem ao fato de sermos prescientes, vigilantes e determinados a encontrar soluções eficazes. Exemplos notáveis vão desde a eliminação da poliomielite (desenvolvendo vacinas eficazes) até a redução dos riscos de voos comerciais (construindo aviões mais confiáveis e implantando melhores medidas de controle de voo), da redução de patógenos alimentares (por uma combinação de processamento adequado de alimentos, refrigeração e higiene pessoal) até tornar a leucemia infantil uma doença amplamente passível de sobrevivência (por quimioterapia e transplantes de células-tronco).[53] Em outros casos, tivemos, sem dúvida, sorte: evitamos durante décadas o confronto nuclear causado por um erro ou acidente (ambos já ocorreram em várias ocasiões desde os anos 1950), não apenas por causa de salvaguardas incorporadas, mas também graças a decisões que poderiam ter ido para qualquer lado.[54] Novamente, não há indícios claros de que a nossa capacidade de prevenir falhas tenha aumentado de maneira uniforme.

Fukushima e o Boeing 737 MAX são, infelizmente, dois exemplos perfeitos dessas falhas — ambos com consequências duradouras e de grande escala. Por que a Tokyo Power Company perdeu três reatores em sua usina de Fukushima Daiichi quando um terremoto e um tsunami ocorreram em 11 de março de 2011? Afinal, apenas a cerca de 15 quilômetros ao sul da usina, na mesma costa do Pacífico atingida pelo mesmo tsunami, sua usina gêmea, a Fukushima Daini, não sofreu nenhum dano. As repercussões da falha de Fukushima Daiichi variaram do Japão sendo privado de 30% de sua capacidade de geração de eletricidade à decisão da Alemanha de desligar todos os reatores até 2021 — e, acima de tudo, a uma desconfiança ainda mais profunda da população em relação à fissão nuclear como fonte de energia.[55]

E por que a Boeing — empresa que arriscou tudo no desenvolvimento do modelo 747 em 1966 e que passou a desenvolver com sucesso novas famílias de aviões a jato (que hoje chega até os 787s) — insistiu em continuar aumentando o 737 (apresentado em 1964), uma estratégia duvidosa que levou a dois acidentes catastróficos?[56] Por que o avião não foi impedido de decolar, nem pela Boeing nem pela Administração Federal de Aviação, imediatamente após o primeiro acidente fatal? Mais uma vez, as consequências dessas falhas foram profundas: primeiro o impedimento temporário para voos de toda a frota do 737 MAX a partir de março de 2019, depois a interrupção da produção do avião e o cancelamento de novos pedidos. No longo prazo, isso afetará a capacidade da Boeing de desenvolver um novo modelo, tão necessário para substituir seu antigo 757 (com todas essas consequências amplificadas pelo colapso dos voos internacionais causado pela covid-19).

Dado o número de novos modelos, estruturas, processos complexos e operações interativas, as falhas exemplificadas por Fukushima e pelo Boeing 737 MAX não podem ser evitadas, e as próximas décadas verão outras, também imprevisíveis, manifestações dessa realidade. O futuro é uma repetição do passado —

uma combinação de avanços admiráveis e retrocessos (in)evitáveis. Mas há algo novo quando olhamos para o futuro, essa convicção e certeza crescente, embora não unânime, de que, entre todos os riscos que enfrentamos, a mudança climática global é aquele que precisa ser encarado com mais urgência e eficácia. E há duas razões fundamentais pelas quais essa combinação de velocidade e eficácia será muito mais difícil de ser alcançada do que geralmente se supõe.

COMPROMISSOS INÉDITOS, BENEFÍCIOS ADIADOS

Enfrentar esse desafio vai exigir, pela primeira vez na história, um compromisso verdadeiramente global, mas também muito substancial e demorado. Concluir que seremos capazes de alcançar a descarbonização em breve, de forma eficaz e nas escalas necessárias, vai contra todas as evidências anteriores. A primeira conferência climática da ONU ocorreu em 1992, e nas décadas seguintes tivemos uma série de reuniões globais e incontáveis avaliações e estudos. Contudo, quase três décadas depois, ainda não existe um acordo internacional obrigatório para moderar as emissões anuais de gases do efeito estufa e nenhuma perspectiva de que tal acordo seja adotado em breve.

Para ser eficaz, seria necessário nada menos que um acordo global. Isso não significa que duzentas nações devam assinar nas linhas pontilhadas — as emissões combinadas de cerca de cinquenta pequenas nações somam menos do que o provável erro na quantificação das emissões de apenas cinco dos maiores produtores de gases de efeito estufa. Nenhum progresso real pode ser alcançado até que pelo menos esses cinco principais países, hoje responsáveis por 80% de todas as emissões, concordem com compromissos claros e obrigatórios. Mas não estamos nem perto de embarcar em uma ação global tão organizada.[57] Lembre que o tão elogiado acordo de Paris não tinha metas específicas de redução para os maiores emissores do mundo e que suas promessas não compulsórias não limitariam nada — elas resultariam em emissões 50% maiores até 2050!

Além disso, quaisquer compromissos efetivos serão caros, terão que durar pelo menos duas gerações para gerar o resultado desejado (emissões de gases de efeito estufa muito reduzidas, se não totalmente eliminadas), e mesmo reduções drásticas muito além de qualquer coisa que possa ser imaginada de forma realista não deixariam claro nenhum benefício convincente por décadas.[58] Isso levanta a dificílima questão da justiça intergeracional — ou seja, nossa infalível tendência de negligenciar o futuro.[59]

Nós valorizamos mais o presente do que o futuro, e precificamos essa atitude. Um ávido alpinista de trinta anos está disposto a pagar cerca de 60 mil dólares por licenças, equipamentos, sherpas, oxigênio e outras despesas para escalar o monte Everest no ano que vem. Mas ele exigiria um grande desconto caso decidisse comprar a promessa de escalar a montanha em 2050, refletindo incertezas óbvias como sua saúde, a estabilidade dos futuros governos nepaleses, a possibilidade de grandes terremotos no Himalaia impedirem quaisquer expedições e a probabilidade de o acesso estar bloqueado. Essa tendência universal de desvalorizar o futuro é muito importante quando analisamos processos complexos e caros, como precificar o carbono para mitigar a mudança climática global, pois não haveria benefícios econômicos perceptíveis para a geração de pessoas que iniciariam essa custosa tentativa. Como os gases de efeito estufa permanecem na atmosfera por longos períodos depois de terem sido emitidos (até duzentos anos, no caso do CO_2), nem mesmo esforços de mitigação muito fortes trariam um indício claro de sucesso — uma primeira redução significativa na temperatura média global da superfície — por várias décadas.[60]

Obviamente, um aumento de temperatura que continuasse por 25 a 35 anos após o lançamento de um grande esforço global de descarbonização representaria um grande desafio para a definição e adoção de medidas tão drásticas. Mas, como atualmente não há compromissos compulsórios globais capazes de levar à adoção generalizada de tais medidas dentro de alguns anos, tanto o ponto de equilíbrio quanto o início da redução mensurável de temperatura são jogados ainda mais para o futuro. Um modelo de economia climática bastante usado indica que o ano de equilíbrio (quando as políticas ideais começariam a produzir benefício econômico) para os esforços de redução lançados no início da década de 2020 seria apenas por volta de 2080.

Se a expectativa média de vida global (cerca de 72 anos em 2020) permanecer a mesma, então a geração nascida em meados do século XXI seria a primeira a experimentar o benefício econômico cumulativo da política de mitigação das mudanças climáticas.[61] Os jovens cidadãos dos países ricos estão prontos para priorizar esses benefícios distantes em relação aos seus ganhos mais imediatos? Eles estão dispostos a manter esse curso por mais de meio século, mesmo que os países de baixa renda com populações crescentes continuem, por uma questão de sobrevivência básica, a expandir sua dependência em relação ao carbono fóssil? E as pessoas hoje em seus quarenta e cinquenta anos estão prontas para se juntar a eles na busca por recompensas que nunca vão aproveitar?

A mais recente pandemia serviu como mais um lembrete de que uma das melhores maneiras de minimizar o impacto de desafios cada vez mais globais é ter um conjunto de prioridades e medidas básicas para lidar com eles — mas a pandemia, com suas medidas incoerentes e acidentadas dentro de cada país e entre os diferentes países, também mostrou como seria difícil codificar tais princípios e seguir tais diretrizes. As falhas reveladas durante as crises oferecem exemplos onerosos e convincentes de nossa contínua incapacidade de acertar o básico, de lidar com o fundamental. A essa altura, os leitores deste livro devem ter percebido que esta (pequena) lista deve incluir a segurança dos alimentos básicos, da energia e do suprimento de materiais, todos fornecidos com o menor impacto possível no meio ambiente, e tudo isso feito enquanto avaliamos de forma realista os passos possíveis para minimizar o aumento do aquecimento global no futuro. É uma perspectiva assustadora, e ninguém consegue ter certeza de que seremos bem-sucedidos ou de que vamos fracassar.

Ser cético sobre o futuro distante é ser honesto: temos que admitir os limites da nossa compreensão, abordar todos os desafios planetários com humildade e reconhecer que avanços, retrocessos e fracassos continuarão a fazer parte da nossa evolução e que não há garantia de sucesso definitivo, seja qual for a sua definição, nem de chegada a qualquer singularidade. Mas, enquanto usarmos nosso conhecimento acumulado com determinação e perseverança, também não haverá um fim dos tempos prematuro. O futuro vai surgir de nossas realizações e fracassos e, embora possamos ser inteligentes (e ter sorte) o suficiente para prever algumas de suas formas e características, o todo permanece indefinido mesmo quando olhamos apenas uma geração à frente.

O primeiro rascunho deste capítulo final foi escrito em 8 de maio de 2020, no 75º aniversário do fim da Segunda Guerra Mundial na Europa. Vamos imaginar um cenário em que naquele dia de primavera em meados do século XX um pequeno grupo de pessoas, incorporando todo o conhecimento existente da época, tenha sentado para discutir e prever o estado do mundo em 2020. Estando cientes dos últimos avanços em áreas que iriam da engenharia (turbinas a gás, reatores nucleares, computadores eletrônicos, foguetes) às ciências da saúde (antibióticos, pesticidas, herbicidas, vacinas), eles poderiam prever corretamente muitas trajetórias ascendentes, desde o uso de automóveis em massa e voos intercontinentais acessíveis até a computação eletrônica, e do aumento da produtividade das lavouras até aumentos significativos na expectativa de vida.

Mas eles não seriam capazes de descrever os avanços, complexidades e nuances do mundo que criamos por nossas realizações e fracassos durante os 75 anos que se passaram. Para enfatizar essa impossibilidade, basta pensar em termos nacionais. Em 1945, as cidades construídas em madeira no Japão foram (com exceção de Kyoto) essencialmente destruídas. A Europa estava em desordem no pós-guerra, prestes a ser dividida pela Guerra Fria. A União Soviética saiu vitoriosa, mas a um custo enorme, e permaneceu sob o domínio implacável de Stalin. Os Estados Unidos emergiram como uma superpotência sem precedentes, gerando cerca de metade do produto econômico mundial. A China era desesperadamente pobre e estava, mais uma vez, à beira de uma guerra civil. Quem poderia ter traçado suas trajetórias específicas de ascensão e queda (Japão), de nova prosperidade, novos problemas, nova unidade e nova desunião (Europa), de confiança agressiva ("Vamos enterrar vocês!", como disse Khrushchev) e derrocada (da União Soviética), de erros, derrotas, realizações desperdiçadas e possibilidades não realizadas (Estados Unidos), e de sofrimento, com a pior fome do mundo, recuperação lenta e incrível ascensão até alturas questionáveis (China)?

Ninguém em 1945 poderia ter previsto um mundo com mais de cinco bilhões de pessoas a mais, que também estariam mais bem alimentadas do que em qualquer outro momento da história — mesmo continuando a desperdiçar uma parcela indefensavelmente alta de toda a comida produzida. Tampouco alguém previu um mundo que relegou várias doenças infecciosas (sobretudo a poliomielite em todo o mundo e a tuberculose em nações ricas) às notas de rodapé da história, mas que não consegue impedir que a desigualdade econômica se amplie mesmo nos países mais ricos. Um mundo ao mesmo tempo muito mais limpo e saudável, porém também mais poluído de novas maneiras (do plástico no oceano aos metais pesados nos solos) e, devido à contínua degradação da biosfera, mais precário. Ou um mundo repleto de informações instantâneas e essencialmente gratuitas, mas ao custo da desinformação, das mentiras e dos argumentos mais absurdos disseminados em massa.

Uma vida inteira depois, não há razão para acreditar que estamos em melhor condição para prever o tamanho das futuras inovações técnicas (a menos, é claro, que você acredite que a Singularidade está próxima), os eventos que vão moldar o destino das nações e as decisões, ou a lamentável ausência de decisões, que determinarão o destino de nossa civilização durante os próximos 75 anos. Apesar da recente preocupação com os eventuais impactos do aquecimento global e com a necessidade de uma rápida descarbonização, poucos desfechos incertos serão tão importantes na determinação do nosso futuro quanto a trajetória da população global durante o restante do século XXI.

As previsões mais extremas sugerem futuros muito diferentes: a população global vai ultrapassar quinze bilhões até 2100 (quase o dobro de 2020) ou vai encolher para 4,8 bilhões, perdendo mais da metade do total atual, com a China encolhendo 48%?[62] Como esperado, as variantes médias dessas previsões não são tão distantes (8,8 e 10,9 bilhões). Ainda assim, dois bilhões de pessoas é uma diferença importante, e essas comparações mostram como até mesmo as previsões populacionais básicas têm desvios após apenas uma geração. Obviamente, mesmo quando as previsões vão tão longe quanto a expectativa de vida atual em países ricos, as implicações de seus valores extremos moldam duas trajetórias econômicas, sociais e ambientais muito diferentes. E, como o primeiro e o segundo rascunhos deste livro foram escritos durante a primeira e a segunda ondas da covid-19, é bastante pertinente perguntar se as novas pandemias que enfrentaremos ao longo do restante do século XXI (dada a frequência depois de 1900 — 1918, 1957, 1968, 2009, 2020 — podemos esperar pelo menos dois ou três desses eventos antes de 2100) serão semelhantes, muito mais fracas ou muito mais intensas do que o evento de 2020. Viver com essas incertezas fundamentais continua sendo a essência da condição humana — e limita nossa capacidade de agir com previdência.

Como mencionei no capítulo inicial, não sou pessimista nem otimista, sou um cientista. Não há viés na compreensão de como o mundo realmente funciona.

Um entendimento realista de nosso passado, presente e do futuro incerto é a melhor base para abordar essa vastidão de tempo desconhecido diante de nós. Embora não possamos ser exatos, sabemos que o cenário mais provável é uma mistura de progressos e retrocessos, de dificuldades aparentemente intransponíveis e avanços quase milagrosos. O futuro, como sempre, não está predeterminado. Seu resultado depende das nossas ações.

APÊNDICE

ENTENDENDO OS NÚMEROS: ORDENS DE MAGNITUDE

O tempo voa, os organismos crescem, as coisas mudam. No mundo da ficção, esses processos e desfechos inexoráveis são, quase sem exceção, tratados em termos qualitativos. Os contos de fadas sempre começam com "era uma vez" e os protagonistas são ricos (príncipes) e pobres (Cinderelas), belos (donzelas) e feios (ogros), ousados (cavaleiros) ou tímidos (ratos). Os números costumam aparecer apenas para uma contagem simples, como dispositivos que servem ao enredo, geralmente na base de três: três irmãos, três desejos, três porquinhos... Não há muitas mudanças na ficção moderna. Lady Brett Ashley, de Hemingway, é "muito bonita", mas nunca descobrimos sua altura, e o lendário Gatsby, de Fitzgerald, faz sua primeira aparição apenas como "um homem da minha idade", e nunca descobrimos sua idade — ou sua verdadeira riqueza. Apenas a hora exata se torna um pouco mais importante, aparecendo normalmente na primeira frase. Em *O dinheiro*, de Zola: "Acabavam de soar onze horas na Bolsa..." Em *O intruso*, de Faulkner: "Era meio-dia naquela manhã de domingo..." Em *Um dia na vida de Ivan Denisovich*, de Solzhenitsyn: "Às cinco horas daquela manhã..."

Por outro lado, o mundo de hoje está cheio de números. As histórias sobre bilionários improváveis, que são os novos contos de fadas, nunca deixam de creditar a quantia que possuem. Já as novas tragédias, as notícias do último naufrágio ou de mais um homicídio em massa, sempre vêm com o número de vítimas. A contagem diária de mortes nacionais e mundiais se tornou a marca inevitável da pandemia de 2020. Nosso mundo é novo e quantitativo, onde as pessoas contam o número de seus "amigos" (no Facebook), de seus passos diários (pela Fitbit) e de suas habilidades de investimento (batendo a média da Nasdaq). Essa quantificação é generalizada, mas, com muita frequência, sua qualidade é questionável, pois os números variam de medições precisas e repetidas a suposições desleixadas e estimativas descuidadas. Infelizmente, poucas pessoas que veem, repetem e usam esses números questionam suas origens, e muito poucas tentam julgá-los dentro do contexto adequado. Mas mesmo os melhores números modernos — aqueles que podem ser medidas perfeitas de realidades complexas — são muitas vezes enganosos, pois representam quantidades que são grandes ou pequenas demais para qualquer compreensão intuitiva.

Isso torna esses números objetos fáceis de deturpação e uso indevido. Mesmo crianças em idade pré-escolar têm um sistema mental de representação de magnitude que cria um "sentido numérico" intuitivo, e essa capacidade melhora com a escolaridade.[1] Obviamente, esse sistema numérico é apenas aproximado, e falha quando as quantidades aumentam para milhares, milhões e bilhões. É aqui que as ordens de magnitude são úteis. Pense nelas simplesmente como o número total de dígitos que seguem o primeiro dígito de qualquer número inteiro, ou o número de dígitos após o primeiro dígito antes do ponto decimal. Por exemplo, não há nenhum dígito depois do 7 (e nenhum dígito adicional vem entre o primeiro número e a vírgula decimal em 3,5), portanto esses dois números são de ordem zero de magnitude. Isso é expresso em uma escala de logaritmo de base 10 (decádico) como 10^0. Qualquer número entre 1 e 10 será um múltiplo de 10^0, 10 se torna 10^1, 20 é 2×10^1. As vantagens disso logo se tornam claras à medida que os números aumentam. Um salto de dez vezes nos leva aos itens contados em centenas (10^2) e depois para milhares (10^3), dezenas de milhares (10^4), centenas de milhares (10^5) e milhões (10^6).

Para além disso, entramos em domínios onde é fácil cometer erros de ordem de magnitude: algumas famílias ricas (fundadores de empresas, donos ou seus felizes herdeiros) hoje em dia acrescentam anualmente às suas propriedades dezenas (10^7) ou centenas (10^8) de milhões de dólares. Em 2020, o mundo tinha cerca de 2.100 bilionários (10^9 dólares), e os mais ricos hoje estão avaliados em mais de 100 bilhões de dólares ou 10^{11} dólares.[2] Em termos de patrimônio líquido individual, comparado com o valor de alguns dólares em roupas esfarrapadas e sapatos gastos de um migrante africano sem posses, a diferença é, portanto, de dez ordens de magnitude.

Essa diferença é tão grande que não encontramos equivalente entre as propriedades que separam as duas classes mais notáveis de animais terrestres: aves e mamíferos. A diferença entre as massas corporais dos menores e dos maiores mamíferos (o musaranho etrusco com 10^0 gramas e o elefante africano com 10^6 gramas) é de "apenas" seis ordens de magnitude. A diferença entre a envergadura do menor e do maior pássaro voador (o colibri-abelha com 3 centímetros e o condor-dos-andes com 320 centímetros) é de apenas duas ordens de magnitude.[3] Claramente, alguns humanos se separaram da multidão e foram muito mais longe do que a evolução natural jamais conseguiria.

E há uma maneira ainda mais fácil de indicar ordens de magnitude do que soletrar as designações de valor completo ou escrevê-las como expoentes de logaritmos decádicos. Como esses múltiplos são encontrados com muita frequência, tanto na pesquisa científica quanto na prática da engenharia, eles receberam nomes gregos específicos para serem usados como prefixos para as três primeiras ordens de magnitude — 10^1 é deca, 10^2 é hecto, 10^3 é quilo — e depois para a cada três ordens: 10^6 é mega, 10^9 giga, até yotta, 10^{24}, hoje a mais alta ordem de magnitude a receber um nome. Tudo, de números reais a nomes específicos, está resumido na tabela a seguir:

MÚLTIPLOS NO SISTEMA INTERNACIONAL DE
UNIDADES USADO NO LIVRO

PREFIXO	ABREVIAÇÃO	NOTAÇÃO CIENTÍFICA
hecto	h	10^2
kilo	k	10^3
mega	M	10^6
giga	G	10^9
tera	T	10^{12}
peta	P	10^{15}
exa	E	10^{18}
zetta	Z	10^{21}
yotta	Y	10^{24}

Outra forma de demonstrar a inédita amplitude das grandezas que permitem o funcionamento das sociedades modernas é compará-las com a amplitude das experiências tradicionais. Dois exemplos-chave serão suficientes. Nas sociedades pré-industriais, os extremos das velocidades de viagem em terra difeream apenas por um fator de dois, da caminhada lenta (4 km/h) a carruagens puxadas por cavalos (8 km/h), para aqueles que podiam pagar por um assento (muitas vezes sem estofado). Em contrapartida, as velocidades de viagem hoje variam em duas ordens de magnitude, de 4 km/h nas caminhadas lentas a 900 km/h nos aviões a jato.

E o mais poderoso motor primário (um organismo ou máquina que fornece energia cinética) que um indivíduo poderia controlar durante a era pré-industrial era um poderoso cavalo de 750 watts.[4] Agora, centenas de milhões de pessoas dirigem veículos cuja potência varia entre 100 e 300 kilowatts — até quatrocentas vezes a potência de um cavalo forte —, e o piloto de um avião de fuselagem larga comanda cerca de 100 megawatts (equivalente a mais de 130 mil cavalos fortes) em modo cruzeiro. Esses aumentos são grandes demais para serem assimilados de forma direta ou intuitiva: a compreensão do mundo moderno requer uma atenção cuidadosa às ordens de magnitude!

NOTAS E REFERÊNCIAS

I. ENTENDENDO A ENERGIA: COMBUSTÍVEIS E ELETRICIDADE

1. Nunca seremos capazes de indicar com precisão quando ocorreu tal evento: ele foi datado entre 3,7 bilhões e 2,5 bilhões de anos atrás: T. Cardona, "Thinking twice about the evolution of photosynthesis", *Open Biology* 9/3 (2019), 180246.

2. A. Herrero e E. Flores (eds.), *The Cyanobacteria: Molecular Biology, Genomics and Evolution* (Wymondham: Caister Academic Press, 2008).

3. M. L. Droser e J. G. Gehling, "The advent of animals: The view from the Ediacaran", *Proceedings of the National Academy of Sciences* 112/16 (2015), pp. 4.865-4.870.

4. G. Bell, *The Evolution of Life* (Oxford: Oxford University Press, 2015).

5. C. Stanford, *Upright: The Evolutionary Key to Becoming Human* (Boston: Houghton Mifflin Harcourt, 2003).

6. O momento do primeiro uso deliberado e controlado do fogo por hominídeos sempre permanecerá incerto, mas as melhores evidências indicam que não foi depois de oitocentos mil anos atrás: N. Goren-Inbar et al., "Evidence of hominin control of fire at Gesher Benot Ya'aqov, Israel", *Science* 304/5671 (2004), pp. 725-727.

7. Wrangham argumenta que cozinhar foi um dos avanços evolucionários mais importantes: R. Wrangham, *Catching Fire: How Cooking Made Us Human* (Nova York: Basic Books, 2009).

8. A domesticação de numerosas espécies de plantas ocorreu de forma independente em várias regiões do Velho e do Novo Mundo, mas o Oriente Próximo foi o berço do grupo mais antigo: M. Zeder, "The origins of agriculture in the Near East", *Current Anthropology* 52/Supplement 4 (2011), S221-S235.

9. Os animais de tração incluem bois, búfalos, iaques, cavalos, mulas, burros, camelos, lhamas, elefantes e (com menos frequência) também renas, ove-

lhas, cabras e cães. Além dos equinos (cavalos, burros, mulas), apenas camelos, iaques e elefantes têm uso comum para montaria.

10. A evolução dessas máquinas é explicada em V. Smil, *Energy and Civilization: A History* (Cambridge, MA: MIT Press, 2017), pp. 146-163.

11. P. Warde, *Energy Consumption in England and Wales, 1560-2004* (Nápoles: Consiglio Nazionale delle Ricerche, 2007).

12. Para as histórias inglesa e britânica da mineração de carvão, consulte: J. U. Nef, *The Rise of the British Coal Industry* (Londres: G. Routledge, 1932); M. W. Flinn et al., *History of the British Coal Industry*, 5 vols. (Oxford: Oxford University Press, 1984-1993).

13. R. Stuart, *Descriptive History of the Steam Engine* (Londres: Wittaker, Treacher and Arnot, 1829).

14. R. L. Hills, *Power from Steam: A History of the Stationary Steam Engine* (Cambridge: Cambridge University Press, 1989), p. 70; J. Kanefsky e J. Robey, "Steam engines in 18th-century Britain: A quantitative assessment", *Technology and Culture* 21 (1980), pp. 161-186.

15. Esses cálculos são bastante aproximados; mesmo que soubéssemos os totais exatos da força de trabalho e dos animais de tração, ainda teríamos que fazer suposições sobre sua força típica e as horas de trabalho acumuladas.

16. Os totais verdadeiros eram inferiores a 0,5 EJ em 1800, subindo para quase 22 EJ em 1900 e para quase 350 EJ no ano 2000, chegando a 525 EJ em 2020. Para um relato histórico detalhado da transição global de energia (e de muitos países), consulte V. Smil, *Energy Transitions: Global and National Perspectives* (Santa Barbara, CA: Praeger, 2017).

17. Médias compostas do histórico de eficiência energética foram retiradas de cálculos que fiz para: V. Smil, *Energy and Civilization*, pp. 297-301. Para eficiências gerais de conversão nos últimos anos, consulte os diagramas Sankey de fluxos de energia preparados para o mundo (https://www.iea.org/sankey) ou para países específicos; e, para os Estados Unidos, consulte   https://flowcharts.llnl.gov/content/assets/images/energy/us/Energy_US_2019.png.

18. Os dados para esses cálculos podem ser encontrados no *Anuário de Estatísticas de Energia* da ONU, https://unstats.un.org/unsd/energystats/pubs/yearbook/; e na *Revisão Estatística da Energia Mundial* da BP, https://www.bp.com/en/global/corporate/energy-economics/statistical-review-of-world-energy/downloads.html.

19. L. Boltzmann, *Der zweite Hauptsatz der mechanischen Wärmetheorie* (Palestra apresentada na "Sessão Festiva" da Academia Imperial de Ciências em Viena), 29 de maio de 1886. Consulte também P. Schuster, "Boltzmann and evolution: Some basic questions of atomistic glasses", em G. Gallavotti et al. (eds.), *Boltzmann's Legacy* (Zurique: European Mathematical Society, 2008), pp. 1-26.

20. E. Schrödinger, *What is Life?* (Cambridge: Cambridge University Press, 1944), p. 71.

21. A. J. Lotka, "Natural selection as a physical principle", *Proceedings of the National Academy of Sciences* 8/6 (1922), pp. 151-154.

22. H. T. Odum, *Environment, Power, and Society* (Nova York: Wiley Interscience, 1971), p. 27.

23. R. Ayres, "Gaps in mainstream economics: Energy, growth, and sustainability", in S. Shmelev (ed.), *Green Economy Reader: Lectures in Ecological Economics and Sustainability* (Berlim: Springer, 2017), p. 40. Consulte também R. Ayres, *Energy, Complexity and Wealth Maximization* (Cham: Springer, 2016).

24. V. Smil, *Energy and Civilization*, p. 1.

25. Ayres, "Gaps in mainstream economics", p. 40.

26. A história do conceito de energia é abordada de forma detalhada em J. Coopersmith, *Energy: The Subtle Concept* (Oxford: Oxford University Press, 2015).

27. R. S. Westfall, *Force in Newton's Physics: The Science of Dynamics in the Seventeenth Century* (Nova York: Elsevier, 1971).

28. C. Smith, *The Science of Energy: A Cultural History of Energy Physics in Victorian Britain* (Chicago: University of Chicago Press, 1998); D. S. L. Cardwell, *From Watt to Clausius: The Rise of Thermodynamics in the Early Industrial Age* (Londres: Heinemann Educational, 1971).

29. J. C. Maxwell, *Theory of Heat* (Londres: Longmans, Green, and Company, 1872), p. 101.

30. R. Feynman, *The Feynman Lectures on Physics* (Redwood City, CA: Addison-Wesley, 1988), vol. 4, p. 2.

31. Não faltam livros de introdução sobre termodinâmica, mas este ainda se destaca: K. Sherwin, *Introduction to Thermodynamics* (Dordrecht: Springer Netherlands, 1993).

32. N. Friedman, *U.S. Submarines Since 1945: An Illustrated Design History* (Annapolis, MD: US Naval Institute, 2018).

33. O fator de capacidade (carga) é a relação entre a geração real e a saída máxima que uma unidade é capaz de produzir. Por exemplo, uma grande turbina eólica de 5 MW trabalhando sem parar o dia todo geraria 120 MWh de eletricidade; se sua produção real for de apenas 30 MWh, seu fator de capacidade será de 25%. Os fatores médios anuais de capacidade dos Estados Unidos em 2019 foram (todos arredondados): 21% para painéis solares, 35% para turbinas eólicas, 39% para usinas hidrelétricas e 94% para usinas nucleares: Table 6.07.B, "Capacity Factors for Utility Scale Generators Primarily Using Non-Fossil Fuels", https://www.eia.gov/electricity/monthly/epm_table_grapher.php?t=epmt_6_07_b. O baixo fator de capacidade das células solares alemãs não é nenhuma surpresa: tanto Berlim quanto Munique têm menos horas de sol por ano do que Seattle!

34. Uma vela — pesando cerca de 50 gramas, com densidade de energia da parafina de 42 kJ/g — contém 2,1 MJ (50 × 42.000) de energia química, e sua potência média durante uma queima de quinze horas será de quase 40 W (muito parecido com uma lâmpada fraca). Mas em ambos os casos apenas uma pequena porção da energia total será convertida em luz: menos de 2% para uma lâmpada incandescente moderna, apenas 0,02% para uma vela de parafina. Para pesos de velas e tempos de queima, consulte https://www.candlewarehouse.ie/shopcontent.asp?type=burn-times; para a eficiência da luz, consulte https://web.archive.org/web/20120423123823/http://www.ccri.edu/physics/keefe/light.htm.

35. Os cálculos do metabolismo basal se encontram em: Joint FAO/WHO/UNU Expert Consultation, *Human Energy Requirements* (Roma: FAO, 2001), p. 37, http://www.fao.org/3/a-y5686e.pdf.

36. Engineering Toolbox, "Fossil and Alternative Fuels — Energy Content" (2020), https://www.engineeringtoolbox.com/fossil-fuels-energy-content-d_1298.html.

37. V. Smil, *Oil: A Beginner's Guide* (Londres: Oneworld, 2017); L. Maugeri, *The Age of Oil: The Mythology, History, and Future of the World's Most Controversial Resource* (Westport, CT: Praeger Publishers, 2006).

38. T. Mang (ed.), *Encyclopedia of Lubricants and Lubrication* (Berlim: Springer, 2014).

39. Asphalt Institute, *The Asphalt Handbook* (Lexington, KY: Asphalt Institute, 2007).

40. International Energy Agency, *The Future of Petrochemicals* (Paris: IEA, 2018).

41. C. M. V. Thuro, *Oil Lamps: The Kerosene Era in North America* (Nova York: Wallace-Homestead Book Company, 1983).

42. G. Li, *World Atlas of Oil and Gas Basins* (Chichester: Wiley-Blackwell, 2011); R. Howard, *The Oil Hunters: Exploration and Espionage in the Middle East* (Londres: Hambledon Continuum, 2008).

43. R. F. Aguilera e M. Radetzki, *The Price of Oil* (Cambridge: Cambridge University Press, 2015); A. H. Cordesman e K. R. al-Rodhan, *The Global Oil Market: Risks and Uncertainties* (Washington, DC: CSIS Press, 2006).

44. O desempenho médio dos carros norte-americanos ficava em torno de 16 mpg (15 L/100 km) durante o início da década de 1930 e continuou caindo lentamente ao longo de quatro décadas, atingindo apenas 13,4 mpg (17,7 L/100 km) em 1973. Os novos padrões de economia CAFE (*corporate average fuel economy*) dobraram para 27,5 mpg (8,55 L/100 km) em 1985, mas os baixos preços do petróleo que vieram em seguida adiaram progressos até 2010. V. Smil, *Transforming the Twentieth Century* (Nova York: Oxford University Press, 2006), pp. 203-208.

45. Estatísticas detalhadas sobre produção e consumo de energia estão disponíveis no *Anuário de Estatísticas de Energia* da ONU e na *Revisão Estatística da Energia Mundial* da BP.

46. S. M. Ghanem, *OPEC: The Rise and Fall of an Exclusive Club* (Londres: Routledge, 2016); V. Smil, *Energy Food Environment* (Oxford: Oxford University Press, 1987), pp. 37-60.

47. J. Buchan, *Days of God: The Revolution in Iran and Its Consequences* (Nova York: Simon & Schuster, 2013); S. Maloney, *The Iranian Revolution at Forty* (Washington, DC: Brookings Institution Press, 2020).

48. Indústrias intensivas em energia (metalurgia, síntese química) estão entre os primeiros setores a reduzir seu uso específico de energia; o sucesso dos padrões CAFE nos Estados Unidos já foi citado (consulte nota 44); e quase toda a geração de eletricidade que antes dependia da queima de petróleo bruto ou óleo combustível foi convertida em carvão ou gás natural.

49. Participação de petróleo bruto depois de 1980 calculada a partir de dados de consumo disponíveis na British Petroleum, *Statistical Review of World Energy*.

50. Feynman, *The Feynman Lectures on Physics*, vol. 1, pp. 4-6.

51. Essas preocupações hoje afetam uma parcela crescente da população global. Desde 2007, mais da metade de todas as pessoas vivem em cidades e, até 2025, cerca de 10% viverão em megacidades.

52. B. Bowers, *Lengthening the Day: A History of Lighting* (Oxford: Oxford University Press, 1988).

53. V. Smil, "Luminous efficacy", *IEEE Spectrum* (abril de 2019), p. 22.

54. Os primeiros usos comerciais de pequenos motores elétricos AC ocorreram nos Estados Unidos no final da década de 1880, e durante a década de 1890 um pequeno ventilador alimentado por um motor de 125 W vendeu quase cem mil unidades: L. C. Hunter e L. Bryant, *A History of Industrial Power in the United States, 1780-1930*, vol. 3: *The Transmission of Power* (Cambridge, MA: MIT Press, 1991), p. 202.

55. S. H. Schurr, "Energy use, technological change, and productive efficiency", *Annual Review of Energy* 9 (1984), pp. 409-425.

56. Dois projetos básicos são os motores de vibração de massa rotativa excêntrica e os motores de vibração linear. Os motores do tipo moeda hoje são as unidades mais finas disponíveis (com apenas 1,8 milímetros). Dadas as vendas globais de smartphones — 1,37 bilhão de unidades em 2019 (https://www.canalys.com/newsroom/canalys-global-smartphone-market-q4-2019) —, nenhum outro motor elétrico é fabricado em quantidades comparáveis.

57. Os trens TGV franceses têm dois vagões cujos motores têm potência total de 8,8 a 9,6 MW. Na série N700 Shinkansen, do Japão, catorze de cada dezesseis vagões são motorizados com uma potência total de 17 MW: http://www.railway-research.org/IMG/pdf/r.1.3.3.3.pdf.

58. Em veículos de luxo, a massa total desses pequenos servomotores elétricos pode chegar a 40 quilos: G. Ombach, "Challenges and requirements for high volume production of electric motors", SAE (2017), http://www.sae.org/events/training/symposia/emotor/presentations/2011/GrzegorzOmbach.pdf.

59. Para saber mais sobre motores elétricos em utensílios de cozinha, consulte Johnson Electric, "Custom motor drives for food processors" (2020), https://www.johnsonelectric.com/en/features/custom-motor-drives-for-food-processors.

60. A Cidade do México é o melhor exemplo dessa demanda extraordinária: a água da sua fonte principal, o rio Cutzamala, supre cerca de dois terços da demanda total e precisa ser elevada em mais de 1 quilômetro; com uma oferta anual superior a 300 milhões de m³, isso representa um potencial energético

de mais de 3 PJ, equivalente a cerca de 80 mil toneladas de óleo diesel. R. Salazar et al., "Energy and environmental costs related to water supply in Mexico City", *Water Supply* 12 (2012), pp. 768-772.

61. Esses motores são bastante pequenos (0,25-0,5 hp; ou seja, cerca de 190-370 W), pois mesmo o motor do maior ventilador tem menos potência do que o de um processador de alimentos pequeno (400-500 W). Forçar o ar é uma tarefa muito mais fácil do que cortar e amassar.

62. O início da história da eletricidade é contado em L. Figuier, *Les nouvelles conquêtes de la science: L'électricité* (Paris: Manoir Flammarion, 1888); A. Gay e C. H. Yeaman, *Central Station Electricity Supply* (Londres: Whittaker & Company, 1906); M. MacLaren, *The Rise of the Electrical Industry During the Nineteenth Century* (Princeton, NJ: Princeton University Press, 1943); V. Smil, *Creating the Twentieth Century*, pp. 32-97.

63. Mesmo nos Estados Unidos, o número é apenas um pouco mais alto. Em 2019, 27,5% de todos os combustíveis fósseis do país (divididos entre carvão e gás natural, com os combustíveis líquidos respondendo por uma parcela insignificante) foram usados para gerar eletricidade: https://flowcharts.llnl.gov/content/assets/images/energy/us/Energy_US_2019.png.

64. International Commission on Large Dams, *World Register of Dams* (Paris: ICOLD, 2020).

65. International Atomic Energy Agency, *The Database of Nuclear Power Reactors* (Viena: IAEA, 2020).

66. Dados da British Petroleum, *Statistical Review of World Energy*.

67. Metrô de Tóquio, Quadro de horários da estação de Tóquio (acessado em 2020), https://www.tokyometro.jp/lang_en/station/tokyo/timetable/marunouchi/a/index.html.

68. Uma grande coleção de imagens noturnas de satélite está disponível em https://earthobservatory.nasa.gov/images/event/79869/earth-at-night.

69. Electric Power Research Institute, *Metrics for Micro Grid: Reliability and Power Quality* (Palo Alto, CA: EPRI, 2016), http://integratedgrid.com/wp--content/uploads/2017/01/4-Key-Microgrid-Reliability-PQ-metrics.pdf.

70. Não houve problemas com o fornecimento de eletricidade durante os períodos de alta mortalidade por covid-19, mas em algumas cidades houve escassez temporária de capacidade mortuária e caminhões refrigerados tiveram que ser acionados. A refrigeração mortuária é outro setor essencial que depende de motores elétricos: https://www.fiocchetti.it/en/prodotti.asp?id=7.

71. O conceito reconhece que não será possível eliminar todas as emissões antrópicas de CO_2, mas também não há nenhum acordo sobre quão substancial a captura direta do ar teria que ser nem quais seriam os processos em larga escala acessíveis para fazê-lo. Vou analisar algumas dessas opções no capítulo final.

72. United Nations Climate Change, "Commitments to net zero double in less than a year" (setembro de 2020), https://unfccc.int/news/commitments-to-net-zero-double-in-less-than-a-year. Consulte também o Climate Action Tracker (https://climateactiontracker.org/countries/).

73. The Danish Energy Agency, *Annual Energy Statistics* (2020), https://ens.dk/en/our-services/statistics-data-key-figures-and-energy-maps/annual-and-monthly-statistics.

74. Os dados alemães de capacidade e geração podem ser encontrados em: Bundesverband der Energie-und Wasserwirtschaft, *Kraftwerkspark in Deutschland* (2018), https://www.bdew.de/energie/kraftwerkspark-deutschland-gesamtfoliensatz/; VGB, Stromerzeugung 2018/2019, https://www.vgb.org/daten_stromerzeugung.html?dfid=93254.

75. A Clean Line Energy, empresa que planejava desenvolver cinco grandes projetos de transmissão nos Estados Unidos, fechou em 2019, e a Plains & Eastern Clean Line, que se tornaria a espinha dorsal de uma nova rede no país até 2020 (sua declaração de impacto ambiental estava concluída em 2014), terminou com a saída do Departamento de Energia dos Estados Unidos do projeto. É provável que ele não seja construído até 2030.

76. N. Troja e S. Law, "Let's get flexible — Pumped storage and the future of power systems", site do IHA (setembro de 2020). Em 2019, a Florida Power and Light anunciou o maior projeto de armazenamento de bateria do mundo, com 900 MWh na cidade de Manatee, a ser concluído no final de 2021. Mas a maior estação hidrelétrica de bombeamento (Bath County, nos Estados Unidos) tem capacidade de 24 GWh, 27 vezes o futuro armazenamento da FPL, e a capacidade global de hidreletricidade por bombeamento em 2019 chegou a 9 TWh, comparados aos cerca de 7 GWh em baterias — uma diferença de quase 1.300 vezes.

77. O armazenamento de um dia para uma megacidade de vinte milhões de pessoas teria que fornecer pelo menos 300 GWh, trezentas vezes mais do que a maior capacidade de armazenamento de bateria do mundo, na Flórida.

78. European Commission, *Going Climate-Neutral by 2050* (Bruxelas: European Commission, 2020).

79. Em 2019, as baterias de íon-lítio nos veículos elétricos mais vendidos atingiram cerca de 250 Wh/kg: G. Bower, "Tesla Model 3 2170 Energy Density Compared to Bolt, Model S1009D", *InsideEVs* (fevereiro de 2019), https://insideevs.com/news/342679/tesla-model-3-2170-energy-density-compared--to-bolt-model-s-p100d/.

80. Em janeiro de 2020, os voos mais longos programados eram Newark-Singapura (9.534 km), Auckland-Doha e Perth-Londres, com o primeiro levando cerca de dezoito horas: T. Pallini, "The 10 longest routes flown by airlines in 2019", *Business Insider* (abril de 2020), https://www.businessinsider.com/top-10-longest-flight-routes-in-the-world-2020-4.

81. Bundesministerium für Wirtschaft und Energie, *Energiedaten: Gesamtausgabe* (Berlim: BWE, 2019).

82. The Energy Data and Modelling Center, *Handbook of Japan's & World Energy & Economic Statistics* (Tóquio: EDMC, 2019).

83. Dados de consumo da British Petroleum, *Statistical Review of World Energy*.

84. International Energy Agency, *World Energy Outlook 2020* (Paris: IEA, 2020), https://www.iea.org/reports/world-energy-outlook-2020.

85. V. Smil, "What we need to know about the pace of decarbonization", *Substantia* 3/2, suplemento 1 (2019), pp. 13-28; V. Smil, "Energy (r)evolutions take time", *World Energy* 44 (2019), pp. 10-14. Para uma perspectiva diferente, consulte Energy Transitions Commission, *Mission Possible: Reaching Net-Zero Carbon Emissions from Harder-to-Abate Sectors by Mid-Century* (2018), http://www.energy-transitions.org/sites/default/files/ETC_MissionPossible_FullReport.pdf.

2. ENTENDENDO A PRODUÇÃO DE ALIMENTOS: COMER COMBUSTÍVEIS FÓSSEIS

1. B. L. Pobiner, "New actualistic data on the ecology and energetics of hominin scavenging opportunities", *Journal of Human Evolution* 80 (2015), pp. 1-16; R. J. Blumenschine e J. A. Cavallo, "Scavenging and human evolution", *Scientific American* 267/4 (1992), pp. 90-95.

2. V. Smil, *Energy and Civilization: A History* (Cambridge, MA: MIT Press 2018), pp. 28-40.

3. K. W. Butzer, *Early Hydraulic Civilization in Egypt* (Chicago: University of Chicago Press, 1976); K. W. Butzer, "Long-term Nile flood variation and political discontinuities in Pharaonic Egypt". In J. D. Clark e S. A. Brandt, (eds.), *From Hunters to Farmers* (Berkeley: University of California Press 1984), pp. 102-112.

4. FAO, *The State of Food Security and Nutrition in the World* (Roma: FAO, 2020), http://www.fao.org/3/ca9692en/CA9692EN.pdf.

5. Os comprimentos de onda mais absorvidos são de 450 nm a 490 nm para o azul e de 635 nm a 700 nm para a parte vermelha do espectro; o verde (520 nm a 560 nm) é amplamente refletido, por isso é a cor dominante da vegetação.

6. A produtividade anual total da fotossíntese terrestre (florestas, pastagens, plantações) e oceânica (sobretudo fitoplâncton) é aproximadamente a mesma, mas, ao contrário das plantas terrestres, o fitoplâncton tem vida muito curta, resistindo por apenas alguns dias.

7. Relatos detalhados das práticas agrícolas norte-americanas do século XIX estão compilados em L. Rogin, *The Introduction of Farm Machinery* (Berkeley: University of California Press, 1931). A estimativa de tempo para 1800 é baseada nas práticas mais comuns entre 1790 e 1820, detalhadas na página 234 do original.

8. Cálculos baseados nos dados de Rogin para o cultivo de trigo no condado de Richland, na Dakota do Norte, em 1893, p. 218.

9. V. Smil, *Energy and Civilization*, p. 111.

10. Para o tamanho médio das fazendas nos Estados Unidos entre 1850 e 1940, consulte US Department of Agriculture, *U.S. Census of Agriculture: 1940*, p. 68. Para o tamanho das fazendas no Kansas, consulte Kansas Department of Agriculture, Kansas Farm Facts (2019), https://agriculture.ks.gov/about--kda/kansas-agriculture.

11. Para fotos e especificações técnicas de tratores grandes, consulte o site da John Deere em https://www.deere.com/en/agriculture/.

12. Meus cálculos se baseiam em projeções de safra de 2020 para trigo não irrigado do Kansas e em estimativas médias de taxa de trabalho: Kansas State University, *2020 Farm Management Guides for Non-Irrigated Crops*, https://www.agmanager.info/farm-mgmt-guides/2020-farm-management-guides--non-irrigated-crops; B. Battel e D. Stein, *Custom Machine and Work Rate Estimates* (2018).

13. A quantificação desses usos indiretos de energia requer muitas suposições e aproximações inevitáveis, portanto nunca será tão precisa quanto o monitoramento do consumo direto de combustível.

14. Por exemplo, as aplicações europeias de glifosato, o herbicida mais utilizado no mundo, têm em média apenas 100-300 gramas de ingrediente ativo por hectare: C. Antier, "Glyphosate use in the European agricultural sector and a framework for its further monitoring", *Sustainability* 12 (2020), p. 5.682.

15. V. Gowariker et al., *The Fertilizer Encyclopedia* (Chichester: John Wiley, 2009); H. F. Reetz, *Fertilizers and Their Efficient Use* (Paris: International Fertilizer Association, 2016).

16. Mas a cultura que recebeu de longe as maiores aplicações de nitrogênio é o chá verde do Japão. Suas folhas secas contêm de 5% a 6% de nitrogênio; as plantações recebem geralmente mais de 500 kg N/ha e até 1 t N/ha: K. Oh et al., "Environmental problems from tea growth in Japan and a control measure using cálcio cyanamide", *Pedosphere* 16/6 (2006), pp. 770-777.

17. G. J. Leigh (ed.), *Nitrogen Fixation at the Millennium* (Amsterdã: Elsevier, 2002); T. Ohyama (ed.), *Advances in Biology and Ecology of Nitrogen Fixation* (IntechOpen, 2014).

18. Sustainable Agriculture Research and Education, *Managing Cover Crops Profitably* (College Park, MD: SARE, 2012).

19. Émile Zola, *The Fat and the Thin*, https://www.gutenberg.org/files/5744/5744--h/5744-h.htm.

20. Para a história da síntese de amônia, consulte: V. Smil, *Enriching the Earth: Fritz Haber, Carl Bosch, and the Transformation of World Food Production* (Cambridge, MA: MIT Press, 2001); D. Stoltzenberg, *Fritz Haber: Chemist, Nobel Laureate, German, Jew* (Filadélfia, PA: Chemical Heritage Press, 2004).

21. N. R. Borlaug, *The Green Revolution Revisited and The Road Ahead*, palestra no Prêmio Nobel de 1970; M. S. Swaminathan, *50 Years of Green Revolution: An Anthology of Research Papers* (Singapore: World Scientific Publishing, 2017).

22. G. Piringer e L. J. Steinberg, "Reevaluation of energy use in wheat production in the United States", *Journal of Industrial Ecology* 10/1-2 (2006), pp. 149-167; C. G. Sørensen et al., "Energy inputs and GHG emissions of tillage systems", *Biosystems Engineering* 120 (2014), pp. 2-14; W. M. J. Achten e K. van Acker, "EU-average impacts of wheat production: A meta-analysis of life cycle assessments", *Journal of Industrial Ecology* 20/1 (2015), pp. 132-144; B. Degerli et al., "Assessment of the energy and exergy efficiencies of farm

to fork grain cultivation and bread making processes in Turkey and Germany", *Energy* 93 (2015), pp. 421-434.

23. O óleo diesel é usado por todas as grandes máquinas agrícolas (tratores, colheitadeiras, caminhões, bombas de irrigação), bem como no transporte a granel de longa distância das safras (trens de carga puxados por locomotivas a diesel, barcaças, navios). Pequenos tratores e picapes funcionam com gasolina, e propano é usado para a secagem de grãos.

24. Volume um pouco menor do que o copo americano usado para medir ingredientes culinários: exatamente 236,59 mL.

25. N. Myhrvold e F. Migoya, *Modernist Bread* (Bellevue, WA: The Cooking Lab, 2017), vol. 3, p. 63.

26. Bakerpedia, "Extraction rate", https://bakerpedia.com/processes/extraction-rate/.

27. Carbon Trust, *Industrial Energy Efficiency Accelerator: Guide to the Industrial Bakery Sector* (Londres: Carbon Trust, 2009); K. Andersson e T. Ohlsson, "Life cycle assessment of bread produced on different scales", *International Journal of Life Cycle Assessment* 4 (1999), pp. 25-40.

28. Para obter detalhes sobre as CAFOs de frangos de corte, consulte V. Smil, *Should We Eat Meat?* (Chichester: Wiley-Blackwell, 2013), pp. 118-127, 139-149.

29. US Department of Agriculture, *Agricultural Statistics* (2019), USDA Table 1-75.

30. National Chicken Council, "U.S. Broiler Performance" (2020), https://www.nationalchickencouncil.org/about-the-industry/statistics/u-s-broiler--performance/.

31. Para comparações de peso vivo, carcaça e peso comestível para animais domésticos de corte, consulte V. Smil, *Should We Eat Meat?*, pp. 109-110.

32. V. P. da Silva et al., "Variability in environmental impacts of Brazilian soybean according to crop production and transport scenarios", *Journal of Environmental Management* 91/9 (2010), pp. 1.831-1.839.

33. M. Ranjaniemi e J. Ahokas, "A case study of energy consumption measurement system in broiler production", *Agronomy Research Biosystem Engineering* Special Issue 1 (2012), pp. 195-204; M. C. Mattioli et al., "Energy analysis of broiler chicken production system with darkhouse installation", *Revista Brasileira de Engenharia Agrícola e Ambiental* 22 (2018), pp. 648-652.

34. US Bureau of Labor Statistics, "Average Retail Food and Energy Prices, U.S. and Midwest Region" (acessado em 2020), https://www.bls.gov/re-

gions/mid-atlantic/data/averageretailfoodandenergyprices_usandmid-west_table.htm; FranceAgriMer, "Poulet" (acessado em 2020), https://rnm.franceagrimer.fr/prix?POULET.

35. R. Mehta, "History of tomato (poor man's apple)", *IOSR Journal of Humanities and Social Science* 22/8 (2017), pp. 31-34.

36. Um tomate contém cerca de 20 miligramas de vitamina C por 100 gramas; a ingestão diária recomendada de vitamina C é de 60 miligramas para adultos.

37. D. P. Neira et al., "Energy use and carbon footprint of the tomato production in heated multi-tunnel greenhouses in Almeria within an exporting agri-food system context", *Science of the Total Environment* 628 (2018), pp. 1.627-1.636.

38. As plantações de tomate de Almería recebem 1.000 a 1.500 kg N/ha em um ano, enquanto uma lavoura média de milho dos Estados Unidos recebe 150 kg N/ha: US Department of Agriculture, *Fertilizer Use and Price* (2020), tabela 10, https://www.ers.usda.gov/data-products/fertilizer-use-and-price.aspx.

39. "Spain: Almeria already exports 80 percent of the fruit and veg it produces", Fresh Plaza (2018).

40. O consumo típico de combustível de caminhões europeus para longa distância é de 30 L/100 km ou 11 MJ/km: International Council of Clean Transportation, *Fuel Consumption Testing of Tractor-Trailers in the European Union and the United States* (maio de 2018).

41. A pesca em escala industrial hoje ocorre em mais de 55% dos oceanos do mundo, abrangendo uma área que é mais de quatro vezes maior do que a dedicada à agricultura no planeta: D. A. Kroodsma et al., "Tracking the global footprint das pescas", *Science* 359/6378 (2018), pp. 904-908. Navios de pesca ilegal desligam seus transponders, mas as localizações de milhares de embarcações de pesca operando legalmente (marcadores laranja) podem ser vistas em tempo real em https://www.marinetraffic.com.

42. R. W. R. Parker e P. H. Tyedmers, "Fuel consumption of global fishing fleets: Current understanding and knowledge gaps", *Fish and Fisheries* 16/4 (2015), pp. 684-696.

43. O maior custo energético é o dos crustáceos (camarões e lagostas) capturados pelas destrutivas redes de arrasto de fundo na Europa, com até 17,3 L/kg de captura.

44. D. A. Davis, *Feed e Feeding Practices in Aquaculture* (Sawston: Woodhead Publishing, 2015); A. G. J. Tacon et al., "Aquaculture feeds: addressing the

long-term sustainability of the sector". In *Farming the Waters for People and Food* (Roma: FAO, 2010), pp. 193-231.

45. S. Gingrich et al., "Agroecosystem energy transitions in the old and new worlds: trajectories and determinants at the regional scale", *Regional Environmental Change* 19 (2018), pp. 1.089-1.101; E. Aguilera et al., *Embodied Energy in Agricultural Inputs: Incorporating a Historical Perspective* (Seville: Pablo de Olavide University, 2015); J. Woods et al., "Energy and the food system", *Philosophical Transactions of the Royal Society B: Biological Sciences* 365 (2010), pp. 2.991-3.006.

46. V. Smil, *Growth: From Microorganisms to Megacities* (Cambridge, MA: MIT Press, 2019), p. 311.

47. S. Hicks, "Energy for growing and harvesting crops is a large component of farm operating costs", *Today in Energy* (17 de outubro de 2014), https://www.eia.gov/todayinenergy/detail.php?id=18431.

48. P. Canning et al., *Energy Use in the U.S. Food System* (Washington, DC: USDA, 2010).

49. A consolidação agrícola tem progredido de forma constante: J. M. MacDonald et al., "Three Decades of Consolidation in U.S. Agriculture", USDA Economic Information Bulletin 189 (março de 2018). As importações de alimentos como parcela do consumo total têm aumentado mesmo em muitos países que são grandes exportadores líquidos de alimentos (Estados Unidos, Canadá, Austrália, França), principalmente devido à maior demanda por frutas frescas, vegetais e frutos do mar. Desde 2010, a parcela do orçamento dos habitantes dos Estados Unidos para alimentação fora de casa supera a parcela para alimentação em casa: M. J. Saksena et al., *America's Eating Habits: Food Away From Home* (Washington, DC: USDA, 2018).

50. S. Lebergott, "Labor force and Employment, 1800-1960", in D. S. Brady (ed.), *Output, Employment, and Productivity in the United States After 1800* (Cambridge, MA: NBER, 1966), pp. 117-204.

51. Smil, *Growth*, pp. 122-124.

52. Para o teor de nitrogênio de diversos tipos de resíduos orgânicos, consulte Smil, *Enriching the Earth*, apêndice B, pp. 234-236. Para o teor de nitrogênio dos fertilizantes, consulte o *Yara Fertilizer Industry Handbook 2018*, https://www.yara.com/siteassets/investors/057-reports-and-presentations/other/2018/fertilizer-industry-handbook-2018-with-notes.pdf/.

53. Calculei os fluxos globais de nitrogênio na produção agrícola em meados da década de 1990 (V. Smil, "Nitrogen in crop production: An account of global flows", *Global Biogeochemical Cycles* 13 (1999), pp. 647-662) e usei os dados mais recentes disponíveis sobre colheitas e contagem de animais para preparar uma versão atualizada para 2020.

54. C. M. Long et al., "Use of manure nutrients from concentrated animal feeding operations", *Journal of Great Lakes Research* 44 (2018), pp. 245-252.

55. X. Ji et al., "Antibiotic resistance gene abundances associated with antibiotics and heavy metals in animal manures and agricultural soils adjacent to feedlots in Shanghai; China", *Journal of Hazardous Materials* 235-236 (2012), pp. 178-185.

56. FAO, *Nitrogen Inputs to Agricultural Soils from Livestock Manure: New Statistics* (Roma FAO, 2018).

57. A amônia volatilizada também é uma ameaça à saúde humana: sua reação com compostos ácidos na atmosfera forma partículas finas que causam doenças pulmonares, e a amônia depositada na terra ou nas águas pode causar cargas excessivas de nitrogênio: S. G. Sommer et al., "New emission factors for calculation of ammonia volatilization from European livestock manure management systems", *Frontiers in Sustainable Food Systems* 3 (novembro de 2019).

58. Para intervalos típicos de biofixação por culturas leguminosas de cobertura, consulte V. Smil, *Enriching the Earth*, apêndice C, p. 237. As aplicações médias de nitrogênio para as principais culturas dos Estados Unidos estão disponíveis em: US Department of Agriculture, *Fertilizer Use and Price*, https://www.ers. usda.gov/data-products/fertilizer-use-and-price.aspx. A queda na oferta de leguminosas está documentada em http://www.fao.org/faostat/en/#data/FBS.

59. Os mais recentes rendimentos globais médios foram de cerca de 4,6 t/ha para arroz, 3,5 t/ha para trigo, 2,7 t/ha para soja e apenas 1,1 t/ha para lentilhas. As diferenças de rendimento são muito maiores na China: 7 t/ha para arroz e 5,4 t/ha para trigo, em comparação com 1,8 t/ha para soja e 3,7 t/ha para amendoim (outra leguminosa favorita da China). Dados de: http:// www.fao.org/faostat/en/#data.

60. Cultivo duplo significa repetir a mesma cultura durante o mesmo ano (comum com o arroz na China) ou plantar uma cultura de grãos após a safra de leguminosas (por exemplo, a rotação de amendoim/trigo, comum na planície do norte da China).

61. S.-J. Jeong et al., "Effects of double cropping on summer climate of the North China Plain and neighbouring regions", *Nature Climate Change* 4/7 (2014), pp. 615-619; C. Yan et al., "Plastic-film mulch in Chinese agriculture: Importance and problem", *World Agriculture* 4/2 (2014), pp. 32-36.

62. Para o número de pessoas sustentadas por unidade de área de cultivo, consulte V. Smil, *Enriching the Earth*.

63. A ingestão diária média para a população dos Estados Unidos com mais de dois anos é de cerca de 2.100 kcal, enquanto a oferta *per capita* média é de 3.600 kcal, uma diferença de mais de 70%! Disparidades semelhantes se aplicam à maioria dos países da União Europeia, e entre as nações ricas apenas a oferta do Japão está muito mais próxima do consumo real (cerca de 2.700 vs. 2.000 kcal/dia).

64. FAO, *Global Initiative on Food Loss and Waste Reduction* (Roma: FAO, 2014).

65. WRAP, *Household food waste: Restated data for 2007-2015* (2018).

66. USDA, "Food Availability (Per Capita) Data System", https://www.ers. usda.gov/data-products/food-availability-per-capita-data-system/.

67. A atual oferta média diária de alimentos na China é de cerca de 3.200 kcal *per capita*, em comparação com a média japonesa de cerca de 2.700 kcal *per capita*. Sobre o desperdício de alimentos na China, consulte H. Liu, "Food Wasted in China could feed 30-50 Million: Report", *China Daily* (março de 2018).

68. Hoje uma família média nos Estados Unidos gasta apenas 9,7% de sua renda disponível comprando alimentos. As médias da União Europeia variam de 7,8% no Reino Unido a 27,8% na Romênia: Eurostat, "How much are households spending on food?" (2019).

69. C. B. Stanford e H. T. Bunn (eds.), *Meat-Eating and Human Evolution* (Nova York: Oxford University Press, 2001); V. Smil, *Should We Eat Meat?*

70. Para consumo de carnes entre chimpanzés comuns, consulte C. Boesch, "Chimpanzees—red colobus: A predador-prey system", *Animal Behavior* 47 (1994), pp. 1.135-1.148; C. B. Stanford, *The Hunting Apes: Meat Eating and the Origins of Human Behavior* (Princeton: Princeton University Press, 1999). Para consumo de carnes entre bonobos, consulte G. Hohmann e B. Fruth, "Capture and meat eating by bonobos at Lui Kotale, Salonga National Park, Democratic Republic of Congo", *Folia Primatologica* 79/2 (2008), pp. 103-110.

71. Estatísticas históricas detalhadas documentam essa tendência no Japão. Em 1900, os alunos de dezessete anos mediam 157,9 centímetros; em 1939, a média era de 162,5 centímetros (aumento de 1,1 milímetros/ano); a escassez de alimentos durante a guerra e no pós-guerra baixou a média para 160,6 centímetros em 1948; mas, no ano 2000, uma melhor nutrição aumentou para 170,8 centímetros (aumento de cerca de 0,2 milímetros/ano): Statistics Bureau, Japan, *Historical Statistics of Japan* (Tóquio: Statistics Bureau, 1996).

72. Z. Hrynowski, "What percentage of Americans are vegetarians?", Gallup (setembro de 2019), https://news.gallup.com/poll/267074/percentage-americans-vegetarian.aspx.

73. A oferta anual de carne *per capita* (peso da carcaça) está disponível em: http://www.fao.org/faostat/en/#data/FBS.

74. Para detalhes sobre a mudança dos hábitos de consumo de carne dos franceses, consulte C. Duchène et al., *La consommation de viande en France* (Paris: CIV, 2017).

75. Hoje a União Europeia usa cerca de 60% de sua produção total de grãos (trigo, milho, cevada, aveia e centeio) para ração: USDA, *Grain and Feed Annual 2020*.

76. Baseado nas médias de oferta de carne *per capita* (peso da carcaça): http://www.fao.org/faostat/en/#data/FBS.

77. L. Lassaletta et al., "50 year trends in nitrogen use efficiency of world cropping systems: the relationship between yield and nitrogen input to cropland", *Environmental Research Letters* 9 (2014), 105011.

78. J. Guo et al., "The rice production practices of high yield and high nitrogen use efficiency in Jiangsu", *Nature Scientific Reports* 7 (2016), artigo 2101.

79. O primeiro protótipo de trator elétrico para demonstração construído pela John Deere, a empresa líder mundial em tratores, não tem baterias: é alimentado por um cabo de um quilômetro de comprimento transportado em uma bobina acoplada, uma solução universal interessante, mas pouco conveniente: https://enrg.io/john-deere-electric-tractor-everything-you-need-to-know/.

80. M. Rosenblueth et al., "Nitrogen fixation in cereals", *Frontiers in Microbiology* 9 (2018), p. 1.794; D. Dent e E. Cocking, "Establishing symbiotic nitrogen fixation in cereals and other non-legume crops: The Greener Nitrogen Revolution", *Agriculture & Food Security* 6 (2017), p. 7.

81. H. T. Odum, *Environment, Power, and Society* (Nova York: Wiley-Interscience, 1971), pp. 115-116.

3. **ENTENDENDO O NOSSO MUNDO MATERIAL: OS QUATRO PILARES DA CIVILIZAÇÃO MODERNA**

1. O primeiro produto comercial a fazer uso de transistores foi um rádio Sony em 1954; o primeiro microprocessador foi o 4004 da Intel em 1971; o primeiro computador pessoal amplamente utilizado foi o Apple II lançado em 1977, seguido pelo IBM PC em 1981. A IBM lançou o primeiro smartphone em 1992.
2. P. Van Zant, *Microchip Fabrication: A Practical Guide to Semiconductor Processing* (Nova York: McGraw-Hill Education, 2014). Para saber mais sobre custos de energia, consulte M. Schmidt et al., "Life cycle assessment of silicon wafer processing for microelectronic chips and solar cells", *International Journal of Life Cycle Assessment* 17 (2012), pp. 126-144.
3. Semiconductor and Materials International, "Silicon shipment statistics" (2020), https://www.semi.org/en/products-services/market-data/materials/si-shipment-statistics.
4. V. Smil, *Making the Modern World: Materials and Dematerialization* (Chichester: John Wiley, 2014); V. Smil, "What we need to know about the pace of decarbonization". Para saber mais sobre o custo energético dos materiais, consulte T. G. Gutowski et al., "The energy required to produce materials: constraints on energy-intensity improvements, parameters of demand", *Philosophical Transactions of the Royal Society A* 371 (2013), 20120003.
5. Os totais anuais da produção nacional e global de todos os metais e minerais não metálicos comercialmente importantes estão disponíveis em atualizações regulares publicadas pelo US Geological Survey. A última edição é: US Geological Survey, *Mineral Commodity Summaries 2020*, https://pubs.usgs.gov/periodicals/mcs2020/mcs2020.pdf.
6. J. P. Morgan, *Mountains and Molehills: Achievements and Distractions on the Road to Decarbonization* (Nova York: J. P. Morgan Private Bank, 2019).
7. Esses são meus cálculos aproximados, com base na produção anual de 1,8 Gt de aço, 4,5 Gt de cimento, 150 Mt de NH_3 e 370 Mt de plásticos.
8. V. Smil, "What we need to know about the pace of decarbonization". Para uma visão mais otimista das possibilidades de descarbonização de setores cuja redução é mais complexa, consulte Energy Transitions Commission, *Mission Possible*.

9. M. Appl, *Ammonia: Principles & Industrial Practice* (Weinheim: Wiley-VCH, 1999); V. Smil, *Enriching the Earth*.

10. Science History Institute, "Roy J. Plunkett", https://www.sciencehistory.org/historical-profile/roy-j-plunkett.

11. Para detalhes, consulte V. Smil, *Grand Transitions: How the Modern World Was Made* (Nova York: Oxford University Press, 2021).

12. Para o histórico das mudanças globais no uso da terra, consulte HYDE, *History Database of the Global Environment* (2010), http://themasites.pbl.nl/en/themasites/hyde/index.html.

13. A Flórida e a Carolina do Norte ainda produzem mais de 75% da rocha fosfática dos Estados Unidos, que hoje responde por cerca de 10% da produção global: USGS, "Phosphate rock" (2020), https://pubs.usgs.gov /periodicals/mcs2020/mcs2020-phosphate.pdf.

14. V. Smil, *Enriching the Earth*, pp. 39-48.

15. W. Crookes, *The Wheat Problem* (Londres: John Murray, 1899), pp. 45-46.

16. Para saber mais sobre os precursores da descoberta de Haber e para descrições detalhadas de seus experimentos de laboratório, consulte V. Smil, *Enriching the Earth*, pp. 61-80.

17. Para a vida e obra de Carl Bosch, consulte K. Holdermann, *Im Banne der Chemie: Carl Bosch Leben und Werk* (Düsseldorf: Econ-Verlag, 1954).

18. Naquela época, a parcela de fertilizantes nitrogenados inorgânicos no abastecimento agrícola da China não era superior a 2%: V. Smil, *Enriching the Earth*, p. 250.

19. V. Pattabathula e J. Richardson, "Introduction to ammonia production", *CEP* (setembro de 2016), pp. 69-75; T. Brown, "Ammonia technology portfolio: optimize for energy efficiency and carbon efficiency", *Ammonia Industry* (2018); V. S. Marakatti e E. M. Giagneaux, "Recent advances in heterogeneous catalysis for ammonia synthesis", *ChemCatChem* (2020).

20. V. Smil, *China's Past, China's Future: Energy, Food, Environment* (Londres: RoutledgeCurzon, 2004), pp. 72-86.

21. Para obter detalhes sobre o processo de amônia de M. W. Kellogg, consulte V. Smil, *Enriching the Earth*, pp. 122-130.

22. FAO, http://www.fao.org/faostat/en/#search/Food%20supply%20kcal%2F-capita%2Fday.

23. L. Ma et al., "Modeling nutrient flows in the food chain of China", *Journal of Environmental Quality* 39/4 (2010), pp. 1.279-1.289. Essa parcela na Índia é

igualmente alta: H. Pathak et al., "Nitrogen, phosphorus, and potassium in Indian agriculture", *Nutrient Cycling in Agroecosystems* 86 (2010), pp. 287-299.

24. Sempre me divirto quando vejo uma nova lista das mais importantes (ou maiores) invenções modernas mencionando computadores, reatores nucleares, transistores ou automóveis, sem citar a síntese de amônia!

25. O consumo anual de carne *per capita* (peso da carcaça) é um bom indicador dessas diferenças: as médias recentes foram de cerca de 120 quilos nos Estados Unidos, 60 quilos na China e apenas 4 quilos na Índia: http://www. fao. org/faostat/en/#data/FBS.

26. O poder de remoção de manchas da amônia a torna um ingrediente bastante usado. Windex, o líquido de limpeza de janelas mais comum na América do Norte, contém 5% de NH3.

27. J. Sawyer, "Understanding anhydrous ammonia application in soil" (2019), https://crops.extension.iastate.edu/cropnews/2019/03/understanding-anhydrous--ammonia-application-soil.

28. *Yara Fertilizer Industry Handbook.*

29. O leste e o sul da Ásia (liderados, respectivamente, pela China e pela Índia) hoje consomem pouco mais de 60% de toda a ureia: Nutrien, *Fact Book 2019*.

30. A média global da absorção de nitrogênio aplicado nas lavouras (eficiência do uso de fertilizantes) diminuiu entre 1961 e 1980 (de 68% para 45%) e desde então se estabilizou em torno de 47%: L. Lassaletta et al., "50 year trends in nitrogen use efficiency of world cropping systems: the relationship between yield and nitrogen input to cropland", *Environmental Research Letters* 9 (2014), 105011.

31. J. E. Addicott, *The Precision Farming Revolution: Global Drivers of Local Agricultural Methods* (Londres: Palgrave Macmillan, 2020).

32. Calculado a partir de dados disponíveis em: http://www.fao.org/faostat/en/#data/RFN.

33. Hoje a Europa aplica 3,5 vezes mais nitrogênio por hectare de terra cultivada do que a África, e as diferenças entre as terras mais intensivamente fertilizadas na União Europeia e as terras agrícolas mais pobres da África Subsaariana ultrapassam dez vezes: http://www.fao.org/faostat/en/#data/RFN.

34. Algumas reações de polimerização mais comuns — processos de conversão de moléculas (monômeros) mais simples em redes tridimensionais de cadeia mais longa — requerem uma massa apenas marginalmente maior do insumo inicial: 1,03 unidades de etileno são necessárias para fazer uma

unidade de baixo polietileno de alta densidade (cujo uso mais comum é em sacolas plásticas), e a mesma proporção vale para a conversão de cloreto de vinila em cloreto de polivinila (PVC, comum em produtos para saúde). P. Sharpe, "Making plastics: from monomer to polymer", *CEP* (setembro de 2015).

35. M. W. Ryberg et al., *Mapping of Global Plastics Value Chain and Plastics Losses to the Environment* (Paris: UNEP, 2018).

36. The Engineering Toolbox, "Young's Modulus—Tensile and Yield Strength for Common Materials" (2020), https://www.engineeringtoolbox.com/young-modulus-d_417.html.

37. O Boeing 787 foi o primeiro avião construído com o uso predominante de materiais compostos: em volume, eles compõem 89% do avião e 50% em peso, sendo 20% de alumínio, 15% de titânio e 10% de aço: J. Hale, "Boeing 787 from the ground up", *Boeing AERO* 24 (2006), pp. 16-23.

38. W. E. Bijker, *Of Bicycles, Bakelites, and Bulbs: Toward a Theory of Sociotechnical Change* (Cambridge, MA: The MIT Press, 1995).

39. S. Mossman (ed.), *Early Plastics: Perspectives, 1850-1950* (Londres: Science Museum, 1997); S. Fenichell, *Plastic: The Making of a Synthetic Century* (Nova York: HarperBusiness, 1996); R. Marchelli, *The Civilization of Plastics: Evolution of an Industry Which has Changed the World* (Pont Canavese: Sandretto Museum, 1996).

40. N. A. Barber, *Polyethylene Terephthalate: Uses, Properties and Degradation* (Haupaugge, NY: Nova Science Publishers, 2017).

41. P. A. Ndiaye, *Nylon and Bombs: DuPont and the March of Modern America* (Baltimore, MD: Johns Hopkins University Press, 2006).

42. R. Geyer et al., "Production, use, and fate of all plastic ever made", *Science Advances* 3 (2017), e1700782.

43. E não apenas diversos tipos de pequenos itens de plástico: pisos, divisórias, forros, portas e esquadrias de janelas também podem ser de plástico.

44. Aqui temos uma análise abrangente da escassez de EPIs nos Estados Unidos: S. Gondi et al., "Personal protective equipment needs in the USA during the COVID-19 pandemic", *The Lancet* 390 (2020), e90-e91. E aqui apenas uma entre tantas reportagens na mídia: Z. Schlanger, "Begging for Thermometers, Body Bags, and Gowns: U.S. Health Care Workers Are Dangerously Ill-Equipped to Fight COVID-19", *Time* (20 de abril, 2020). Para uma perspectiva global, consulte World Health Organization, "Shortage of per-

sonal protective equipment endangering health workers worldwide" (3 de março de 2020).

45. C. E. Wilkes e M. T. Berard, *PVC Handbook* (Cincinnati, OH: Hanser, 2005).

46. M. Eriksen et al., "Plastic pollution in the world's oceans: More than 5 trillion plastic pieces weighing over 250,000 tons afloat at sea", *PLoS ONE* 9/12 (2014) e111913. E aqui uma explicação de por que a maioria das fibras não é de plástico: G. Suaria et al., "Microfibers in oceanic surface waters: A global caracterization", *Science Advances* 6/23 (2020).

47. Gráficos básicos e tabelas resumindo a classificação de aço e ferro fundido estão disponíveis em: https://www.mah.se/upload/_upload/steel%20and %20cast%20iron.pdf.

48. Para uma história completa do ferro-gusa, consulte V. Smil, *Still the Iron Age: Iron and Steel in the Modern World* (Amsterdã: Elsevier, 2016), pp. 19-31.

49. Para obter detalhes sobre formas pré-modernas de fabricação de aço no Japão, na China, na Índia e na Europa, consulte V. Smil, *Still the Iron Age*, pp. 12-17.

50. A resistência à compressão do granito e do aço é de até 250 milhões de pascais (MPa), mas a resistência à tração do granito não é superior a 25 MPa em comparação com os 350-750 MPa para aços de construção: Cambridge University Engineering Department, *Materials Data Book* (2003), http://www--mdp.eng.cam.ac.uk/web/library/enginfo/cueddatabooks/materials.pdf.

51. Para uma abordagem mais detalhada, consulte J. E. Bringas (ed.), *Handbook of Comparative World Steel Standards* (West Conshohocken, PA: ASTM International, 2004).

52. M. Cobb, *The History of Stainless Steel* (Materials Park, OH: ASM International, 2010).

53. Council on Tall Buildings and Human Habitat, "Burj Khalifa" (2020), http://www.skyscrapercenter.com/building/burj-khalifa/3.

54. The Forth Bridges, "Three bridges spanning three centuries" (2020), https://www.theforthbridges.org/.

55. D. MacDonald e I. Nadel, G*olden Gate Bridge: History and Design of an Icon* (San Francisco: Chronicle Books, 2008).

56. "Introduction of Akashi-Kaikyō Bridge", Bridge World (2005), https://www.jb-honshi.co.jp/english/bridgeworld/bridge.html.

57. J. G. Speight, *Handbook of Offshore Oil and Gas Operations* (Amsterdã: Elsevier, 2011).

58. V. Smil, *Making the Modern World*, p. 61.

59. World Steel Association, "Steel in Automotive" (2020), https://www.worldsteel.org/steel-by-topic/steel-markets/automotive.html.

60. International Association of Motor Vehicle Manufacturers, "Production Statistics" (2020), http://www.oica.net/production-statistics/.

61. Nippon Steel Corporation, "Rails" (2019), https://www.nipponsteel.com/product/catalog_download/pdf/K003en.pdf.

62. Para a história dos porta-contêineres, consulte V. Smil, *Prime Movers of Globalization* (Cambridge, MA: MIT Press, 2010), pp. 180-194.

63. U.S. Bureau of Transportation Statistics, "U.S. oil and gas pipeline mileage" (2020), https://www.bts.gov/content/us-oil-and-gas-pipeline-mileage.

64. Os tanques de batalha são as armas de aço mais pesadas utilizadas em grande escala pelos exércitos modernos: a maior versão do tanque norte-americano M1 Abrams (quase todo em aço) pesa 66,8 toneladas.

65. D. Alfè et al., "Temperature and composition of the Earth's core", *Contemporary Physics* 48/2 (2007), pp. 63-68.

66. Sandatlas, "Composition of the crust" (2020), https://www.sandatlas.org/composition-of-the-earths-crust/.

67. US Geological Survey, "Iron ore" (2020), https://pubs.usgs.gov/periodicals/mcs2020/mcs2020-iron-ore.pdf.

68. A. T. Jones, *Electric Arc Furnace Steelmaking* (Washington, DC: American Iron and Steel Institute, 2008).

69. Um FEA consumindo apenas 340 kWh/t de aço tem potência de 125-130 MW, e sua operação diária (40 fornadas de 120 t) precisa de 1,63 GWh de eletricidade. Usando o consumo médio anual de eletricidade de uma residência nos Estados Unidos de cerca de 29 kWh/dia e o tamanho médio de uma residência de 2,52 pessoas, isso equivale a cerca de 56 mil residências ou 141 mil pessoas.

70. "Alang, Gujarat: The World's Biggest Ship Breaking Yard & A Dangerous Environmental Time Bomb", Marine Insight (março de 2019), https://www.marineinsight.com/environment/alang-gujarat-the-world's-biggest--ship-breaking-yard-a-dangerous-environmental-time-bomb/. Em março de 2020, as imagens de satélite do Google mostravam mais de setenta embarcações e plataformas de perfuração em vários estágios de desmanche nas praias de Alang entre P. Rajesh Shipbreaking, no extremo sul, e Rajendra Shipbreakers, cerca de 10 quilômetros a noroeste.

71. Concrete Reinforcing Steel Institute, "Recycled materials" (2020), https://www.crsi.org/index.cfm/architecture/recycling.

72. Bureau of International Recycling, *World Steel Recycling in Figures 2014--2018* (Bruxelas: Bureau of International Recycling, 2019).

73. World Steel Association, *Steel in Figures 2019* (Bruxelas: World Steel Association, 2019).

74. Para a história completa dos altos-fornos, consulte V. Smil, *Still the Iron Age*. Para a construção e operação de altos-fornos modernos, consulte M. Geerdes et al., *Modern Blast Furnace Ironmaking* (Amsterdã: IOS Press, 2009); I. Cameron et al., *Blast Furnace Ironmaking* (Amsterdã: Elsevier, 2019).

75. A invenção e a difusão de fornos básicos a oxigênio são explicadas em "Big steel, invention, and innovation", *Quarterly Journal of Economics* 80 (1966), pp. 167-189; T. W. Miller et al., "Oxygen steelmaking processes". In: D. A. Wakelin (ed.), *The Making, Shaping and Treating of Steel: Ironmaking Volume* (Pittsburgh, PA: The AISE Foundation, 1998), pp. 475-524; J. Stubbles, "EAF steelmaking—past, present and future", *Direct from MIDREX* 3 (2000), pp. 3-4.

76. World Steel Association, "Energy use in the steel industry" (2019).

77. Para tendências históricas, consulte V. Smil, *Still the Iron Age*; US Energy Information Administration, "Changes in steel production reduce energy intensity" (2016), https://www.eia.gov/todayinenergy/detail.php?id=27292.

78. World Steel Association, *Steel's Contribution to a Low Carbon Future and Climate Resilient Societies* (Bruxelas: World Steel Association, 2020); H. He et al., "Assessment on the energy flow and carbon emissions of integrated steelmaking plants", *Energy Reports* 3 (2017), pp. 29-36.

79. J. P. Saxena, *The Rotary Cement Kiln: Total Productive Maintenance, Techniques and Management* (Boca Raton, FL: CRC Press, 2009).

80. V. Smil, "Concrete facts", *Spectrum IEEE* (março de 2020), pp. 20-21; National Concrete Ready Mix Associations, *Concrete CO2 Fact Sheet* (2008).

81. F.-J. Ulm, "Innovationspotenzial Beton: Von Atomen zur Grünen Infrastruktur", *Beton- und Stahlbetonbauer* 107 (2012), pp. 504-509.

82. Os edifícios modernos de madeira estão ficando mais altos, mas não usam madeira maciça, e sim madeira laminada cruzada (CLT), muito mais forte, um material de engenharia patenteado pré-fabricado de várias (três, cinco, sete ou nove) camadas de madeira seca em estufa que é aplainada e colada: https://cwc.ca/how-to-build-with-wood/wood-products/mass-timber/cross-

-laminated-timber-clt/. Em 2020, o edifício mais alto do mundo feito com CLT foi o Mjøstårnet, da Voll Arkitekter (85,4 metros), em Brumunddal, Noruega, uma estrutura multiuso (apartamentos, hotel, escritórios, restaurante, piscina) concluída em 2019: https://www.dezeen.com/2019/03/19/mjostarne-worlds-tallest-timber-tower-voll-arkitekter-norway/.

83. F. Lucchini, *Pantheon—Monumenti dell'Architettura* (Roma: Nuova Italia Scientifica, 1966).

84. A. J. Francis, *The Cement Industry, 1796-1914: A History* (Newton Abbot: David and Charles, 1978).

85. V. Smil, "Concrete facts".

86. J.-L. Bosc, *Joseph Monier et la naissance du ciment armé* (Paris : Editions du Linteau, 2001) ; F. Newby, ed., *Early Reinforced Concrete* (Burlington, VT : Ashgate, 2001).

87. American Society of Civil Engineers, "Ingalls building" (2020); M. M. Ali, "Evolution of Concrete Skyscrapers: from Ingalls to Jin Mao", *Electronic Journal of Structural Engineering* 1 (2001), pp. 2-14.

88. M. Peterson, "Thomas Edison's Concrete Houses", *Invention & Technology* 11/3 (1996), pp. 50-56.

89. D. P. Billington, *Robert Maillart and the Art of Reinforced Concrete* (Cambridge, MA: MIT Press, 1990).

90. B. B. Pfeiffer e D. Larkin, *Frank Lloyd Wright: The Masterworks* (Nova York: Rizzoli, 1993).

91. E. Freyssinet, *Un amour sans limite* (Paris : Editions du Linteau, 1993).

92. *Sydney Opera House: Utzon Design Principles* (Sydney: Sydney Opera House, 2002).

93. History of Bridges, "The World's Longest Bridge—Danyang-Kunshan Grand Bridge" (2020), http://www.historyofbridges.com/famous-bridges/longest-bridge-in-the-world/.

94. US Geological Survey, "Materials in Use in U.S. Interstate Highways" (2006), https://pubs.usgs.gov/fs/2006/3127/2006-3127.pdf.

95. Associated Engineering, "New runway and tunnel open skies and roads at Calgary International Airport" (junho de 2015).

96. Dentre tantos livros a respeito da represa Hoover, destacam-se os relatos de testemunhas presentes na seguinte obra: A. J. Dunar e D. McBride, *Building Hoover Dam: em Oral History of the Great Depression* (Las Vegas: University of Nevada Press, 2016).

97. Power Technology, "Three Gorges Dam Hydro Electric Power Plant, China" (2020), https://www.power-technology.com/projects/gorges/.

98. Os dados sobre a produção, comércio e consumo de cimento dos Estados Unidos estão disponíveis nos relatórios anuais publicados pela US Geological Survey. A edição de 2020 está disponível em: US Geological Survey, *Mineral Commodity Summaries 2020*, https://pubs.usgs.gov/periodicals/mcs2020/mcs2020.pdf.

99. Com 320 milhões de toneladas, a produção da Índia em 2019, a segunda maior do mundo, é apenas 15% do total da China: USGS, "Cement" (2020), https://pubs.usgs.gov/periodicals/mcs2020/ mcs2020-cement.pdf.

100. N. Delatte (ed.), *Failure, Distress and Repair of Concrete Structures* (Cambridge: Woodhead Publishing, 2009).

101. D. R. Wilburn e T. Goonan, *Aggregates from Natural and Recycled Sources* (Washington, DC: USGS, 2013).

102. American Society of Civil Engineers, *2017 Infrastructure Report Card*, https://www.infrastructurereportcard.org/.

103. C. Kenny, "Paving Paradise", *Foreign Policy* (janeiro/fevereiro de 2012), pp. 31-32.

104. Estruturas de concreto abandonadas em todo o mundo hoje em dia incluem quase todos os tipos de construção, de bases de submarinos nucleares a reatores nucleares (ambas podem ser encontradas na Ucrânia), e de estações ferroviárias e grandes estádios esportivos a teatros e monumentos.

105. Calculado a partir de dados oficiais publicados anualmente no *China Statistical Yearbook*. A última edição está disponível em: http://www.stats.gov.cn/tjsj/ndsj/2019/indexeh.htm.

106. M. P. Mills, *Mines, Minerals, and "Green" Energy: A Reality Check* (Nova York: Manhattan Institute, 2020).

107. V. Smil, "What I see when I see a wind turbine", *IEEE Spectrum* (março de 2016), p. 27.

108. H. Berg e M. Zackrisson, "Perspectives on environmental and cost assessment of lithium metal negative electrodes in electric vehicle traction batteries", *Journal of Power Sources* 415 (2019), pp. 83-90; M. Azevedo et al., *Lithium and Cobalt: A Tale of Two Commodities* (Nova York: McKinsey & Company, 2018).

109. C. Xu et al., "Future material demand for automotive lithium-based batteries", *Communications Materials* 1 (2020), p. 99.

4. **ENTENDENDO A GLOBALIZAÇÃO: MOTORES, MICROCHIPS E MUITO MAIS**

1. Para saber a origem das peças do iPhone, consulte "Here's where all the components of your iPhone come from", *Business Insider*, https://i.insider. com/570d5092dd089568298b4978; e consulte as peças em: "iPhone 11 Pro Max Teardown", iFixit (setembro de 2019), https://www.ifixit.com/Teardown/iPhone+11+Pro+Max+Teardown/126000.

2. Quase 1,1 milhão de estudantes estrangeiros estavam matriculados em universidades e faculdades dos Estados Unidos durante o ano acadêmico de 2018/2019, representando 5,5% do total e contribuindo com 44,7 bilhões de dólares para a economia do país: Open Doors 2019 Data Release, https://opendoorsdata.org/annual-release/.

3. Nada explicita mais a praga do "overturismo" antes da covid-19 do que as imagens dos principais destinos turísticos tomados por multidões de pessoas: basta pesquisar por "overtourism" e clicar em "imagens".

4. World Trade Organization, *Highlights of World Trade* (2019), https://www. wto.org/english/res_e/statis_e/wts2019_e/wts2019chapter02_e.pdf.

5. World Bank, "Foreign direct investment, net inflows" (acessado em 2020), https://data.worldbank.org/indicator/BX.KLT.DINV.CD.WD; A. Debnath e S. Barton, "Global currency trading surges to $6.6 trillion-a-day market", *GARP* (setembro de 2019), https://www.garp.org/#!/risk-intelligence/all/all/a1Z1W000003mKKPUA2.

6. V. Smil, "Data world: Racing toward yotta", *IEEE Spectrum* (julho de 2019), p. 20. Para mais detalhes sobre os submúltiplos da unidade, consulte o Apêndice.

7. Peterson Institute for International Economics, "What is globalization?" (acessado em 2020), https://www.piie.com/microsites/globalization/what--is-globalization.

8. W. J. Clinton, *Public Papers of the Presidents of the United States: William J. Clinton, 2000-2001* (Best Books, 2000).

9. World Bank, "Foreign direct investment, net inflows".

10. Obviamente, a falta de liberdade pessoal ou os altos níveis de corrupção não são obstáculos para grandes fluxos de investimento. De 100 pontos possíveis, a pontuação de liberdade da China é 10 e a da Índia é 71 (a do Canadá é 98), e a China compartilha com a Índia a classificação mais alta no índice de percepção de corrupção (80, em comparação com a Finlândia, com 3):

Freedom House, "Countries and Territories" (acessado em 2020), https://freedomhouse.org/countries/freedom-world/scores; Transparency International, "Corruption perception index" (acessado em 2020), https://www.transparency.org/en/cpi/2020/index/nzl.

11. G. Wu, "Ending poverty in China: What explains great poverty reduction and a simultaneous increase in inequality in rural areas?", *World Bank Blogs* (outubro de 2016), https://blogs.worldbank.org/eastasiapacific/ending-poverty-in-china-what-explains-great-poverty-reduction-and-a-simultaneous--increase-in-inequality-in-rural-areas.

12. Aqui vai uma pequena compilação de contribuições importantes sobre o tema: J. E. Stieglitz, *Globalization and Its Discontents* (Nova York: W.W. Norton, 2003); G. Buckman, *Globalization: Tame It or Scrap It?: Mapping the Alternatives of the Anti-Globalization Movement* (Londres: Zed Books, 2004); M. Wolf, *Why Globalization Works* (New Haven, CT: Yale University Press, 2005); P. Marber, "Globalization and its contents", *World Policy Journal* 21 (2004), pp. 29-37; J. Bhagvati, *In Defense of Globalization* (Oxford: Oxford University Press, 2007); J. Miśkiewicz e M. Ausloos, "Has the world economy reached its globalization limit?", *Physica A: Statistical Mechanics and its Applications* 389 (2009), pp. 797-806; L. J. Brahm, *The Anti--Globalization Breakfast Club: Manifesto for a Peaceful Revolution* (Chichester: John Wiley, 2009); D. Rodrik, *The Globalization Paradox: Democracy and the Future of the World Economy* (Nova York: W.W. Norton, 2011); R. Baldwin, *The Great Convergence: Information Technology and the New Globalization* (Cambridge, MA: Belknap Press, 2016).

13. J. Yellin et al., "New evidence on prehistoric trade routes: The obsidian evidence from Gilat, Israel", *Journal of Field Archaeology* 23 (2013), pp. 361-368.

14. Dião Cássio, *Romaika* LXVIII:29: "Então ele se voltou para o próprio oceano e, quando aprendeu sua natureza e viu um navio navegando para a Índia, ele disse: 'Eu certamente deveria ter cruzado para a Índia, também, se eu ainda fosse jovem.' Pois ele começou a pensar sobre a Índia e estava curioso sobre seus negócios, e considerou Alexandre um homem de sorte." (Tradução do original para o inglês por E. Cary).

15. V. Smil, *Why America is Not a New Rome* (Cambridge, MA: MIT Press, 2008).

16. J. Keay, *The Honourable Company: A History of the English East India Company* (Londres: Macmillan, 1994); F. S. Gaastra, *The Dutch East India Company* (Zutpen: Walburg Press, 2007).

17. Os carregadores que levavam cargas pesadas (50 quilos a 70 quilos) em terreno montanhoso não conseguiam fazer mais do que 9 quilômetros a 11 quilômetros por dia; com cargas mais leves (de 35 quilômetros a 40 quilômetros), eles podiam percorrer até 24 quilômetros por dia, a mesma distância que as caravanas de cavalos: N. Kim, *Mountain Rivers, Mountain Roads: Transport in Southwest China, 1700-1850* (Leiden: Brill, 2020), p. 559.

18. J. R. Bruijn et al., *Dutch-Asiatic Shipping in the 17th and 18th Centuries* (Haia: Martinus Nijhoff, 1987).

19. J. Lucassen, "A multinational and its labor force: The Dutch East India Company, 1595-1795", *International Labor and Working-Class History* 66 (2004), pp. 12-39.

20. C. Mukerji, *From Graven Images: Patterns of Modern Materialism* (Nova York: Columbia University Press, 1983).

21. W. Franits, *Dutch Seventeenth-Century Genre Painting* (New Haven, CT: Yale University Press, 2004); D. Shawe-Taylor e Q. Buvelot, *Masters of the Everyday: Dutch Artists in the Age of Vermeer* (Londres: Royal Collection Trust, 2015).

22. W. Fock, "Semblance or Reality? The Domestic Interior in Seventeenth-Century Dutch Genre Painting". In: M. Westermann (ed.), *Art & Home: Dutch Interiors in the Age of Rembrandt* (Zwolle: Waanders, 2001), pp. 83-101.

23. J. de Vries, "Luxury in the Dutch Golden Age in theory and practice". In: M. Berg e E. Eger (eds.), *Luxury in the Eighteenth Century* (Londres: Palgrave Macmillan, 2003), pp. 41-56.

24. D. Hondius, "Black Africans in seventeenth century Amsterdam", *Renaissance and Reformation* 31 (2008), pp. 87-105; T. Moritake, "Netherlands and tea", *World Green Tea Association* (2020), http://www.o-cha.net/english/teacha/history/netherlands.html.

25. A. Maddison, "Dutch income in and from Indonesia 1700-1938", *Modern Asia Studies* 23 (1989), pp. 645-670.

26. R. T. Gould, *Marine Chronometer: Its History and Developments* (Nova York: ACC Art Books, 2013).

27. C. K. Harley, "British shipbuilding and merchant shipping: 1850-1890", *Journal of Economic History* 30/1 (1970), pp. 262-266.

28. R. Knauerhase, "The compound steam engine and productivity: Changes in the German merchant marine fleet, 1871-1887", *Journal of Economic History* 28/3 (1958), pp. 390-403.

29. C. L. Harley, "Steers afloat: The North Atlantic meat trade, liner predominance, and freight rates, 1870-1913", *Journal of Economic History* 68/4 (2008), pp. 1.028-1.058.

30. Sobre a história do telégrafo, consulte F. B. Jewett, *100 Years of Electrical Communication in the United States* (Nova York: American Telephone and Telegraph, 1944); D. Hochfelder, *The Telegraph in America, 1832-1920* (Baltimore, MD: Johns Hopkins University Press, 2013); R. Wenzlhuemer, *Connecting the Nineteenth-Century World. The Telegraph and Globalization* (Cambridge: Cambridge University Press, 2012).

31. Sobre a história do surgimento do telefone, consulte H. N. Casson, *The History of the Telephone* (Chicago: A. C. McClurg & Company, 1910); E. Garcke, "Telephone". In: *Encyclopaedia Britannica*, 11 ed., vol. 26 (Cambridge: Cambridge University Press, 1911), pp. 547-557.

32. V. Smil, *Creating the Twentieth Century*.

33. G. Federico e A. Tena-Junguito, "World trade, 1800-1938: a new synthesis", *Revista de Historia Económica / Journal of Iberian and Latin America Economic History* 37/1 (2019); CEPII, "Databases", http://www.cepii.fr/CEPII/en/bdd_modele/bdd.asp; M. J. Klasing e P. Milionis, "Quantifying the evolution of world trade, 1870-1949", *Journal of International Economics* 92/1 (2014), pp. 185-197. Para uma história da "globalização a vapor", consulte J. Darwin, *Unlocking the World: Port Cities and Globalization in the Age of Steam, 1830-1930* (Londres: Allen Lane, 2020).

34. US Department of Homeland Security, "Total immigrants by decade", http://teacher.scholastic.com/activities/immigration/pdfs/by_decade/decade_line_chart.pdf.

35. A ascensão do turismo no século XIX é descrita em P. Smith, *The History of Tourism: Thomas Cook and the Origins of Leisure Travel* (Londres: Psychology Press, 1998); E. Zuelow, *A History of Modern Tourism* (Londres: Red Globe Press, 2015).

36. Lenin viveu e viajou pela Europa Ocidental (França, Suíça, Inglaterra, Alemanha e Bélgica) e pela Polônia austríaca entre julho de 1900 e novembro de 1905, e depois entre dezembro de 1907 e abril de 1917: R. Service, *Lenin: A Biography* (Cambridge, MA: Belknap Press, 2002).

37. Smil, *Prime Movers of Globalization*.

38. F. Oppel (ed.), *Early Flight* (Secaucus, NJ: Castle, 1987); B. Gunston, *Aviation: The First 100 Years* (Hauppauge, NY: Barron's, 2002).

39. M. Raboy, *Marconi: The Man Who Networked the World* (Oxford: Oxford University Press, 2018); H. G. J. Aitkin, *The Continuous Wave: Technology and the American Radio, 1900-1932* (Princeton, NJ: Princeton University Press, 1985).

40. V. Smil, *Prime Movers of Globalization*.

41. J. J. Bogert, "The new oil engines", *The New York Times* (26 de setembro de 1912), p. 4.

42. E. Davies et al., *Douglas DC-3: 60 Years and Counting* (Elk Grove, CA: Aero Vintage Books, 1995); M. D. Klaás, *Last of the Flying Clippers* (Atglen, PA: Schiffer Publishing, 1998); "Pan Am across the Pacific", *Pan Am Clipper Flying Boats* (2009), https://www.clipperflyingboats.com/transpacific-airline-service.

43. M. Novak, "What international air travel was like in the 1930s", *Gizmodo* (2013), https://paleofuture.gizmodo.com/what-international-air-travel-was--like-in-the-1930s-1471258414.

44. J. Newman, "Titanic: Wireless distress messages sent and received April 14-15, 1912", *Great Ships* (2012), https://greatships.net/distress. 45. A. K. Johnston et al., *Time and Navigation* (Washington, DC: Smithsonian Books, 2015). 46. Para ver um gráfico das taxas de adoção de novos dispositivos, consulte D. Thompson, "The 100-year march of technology in 1 graph", *The Atlantic* (abril de 2012), https://www.theatlantic.com/technology/archive/2012/04/the-100--year-march-of-technology-in-1-graph/255573/.

47. V. Smil, *Made in the USA: The Rise and Retreat of American Manufacturing* (Cambridge, MA: MIT Press, 2013).

48. S. Okita, "Japan's Economy and the Korean War", *Far Eastern Survey* 20 (1951), pp. 141-144.

49. Estatísticas históricas (nacionais e globais) da produção de aço, cimento e amônia (nitrogênio) estão disponíveis em: US Geological Survey, "Commodity statistics and information", https://www.usgs.gov/centers/nmic/commodity-statistics-and-information. Para produção de plástico, consulte R. Geyer et al., "Production, use, and fate of all plastics ever made", *Science Advances* 3/7 (2017), e1700782.

50. R. Solly, *Tanker: The History and Development of Crude Oil Tankers* (Barnsley: Chatham Publishing, 2007).

51. ONU, *World Energy Supplies in Selected Years 1929-1950* (Nova York: UN, 1952); British Petroleum, *Statistical Review of World Energy*.

52. P. G. Noble, "A short history of LNG shipping, 1959-2009", SNAME (2009).

53. M. Levinson, *The Box* (Princeton, NJ: Princeton University Press, 2006); V. Smil, *Prime Movers of Globalization*.

54. Sobre o aumento das importações e a queda da participação dos carros de Detroit no mercado automotivo dos Estados Unidos, consulte V. Smil, *Made in USA*.

55. A alemã MAN (Maschinenfabrik-Augsburg-Nürnberg) liderou os avanços técnicos nos motores a diesel após a Segunda Guerra Mundial, mas hoje as maiores máquinas são projetadas pela finlandesa Wärtsilä e fabricadas na Ásia (Japão, Coreia do Sul, China): https://www.wartsila.com/marine/build/engines-and-generating-sets/diesel-engines (acessado em 2020).

56. V. Smil, *Prime Movers of Globalization*, pp. 79-108.

57. G. M. Simons, *Comet! The World's First Jet Airliner* (Filadélfia: Casemate, 2019).

58. E. E. Bauer, *Boeing: The First Century* (Enumclaw, WA: TABA Publishers, 2000); A. Pelletier, *Boeing: The Complete Story* (Sparkford: Haynes Publishing, 2010).

59. Foram publicados mais livros sobre o 747 do que sobre qualquer outro avião comercial na história. J. Sutter e J. Spenser, *747: Creating the World's First Jumbo Jet and Other Adventures from a Life in Aviation* (Washington, DC: Smithsonian, 2006). Para uma visão interna, consulte C. Wood, *Boeing 747 Owners' Workshop Manual* (Londres: Zenith Press, 2012).

60. "JT9D Engine", Pratt & Whitney (acessado em 2020), https://prattwhitney.com/products-and-services/products/commercial-engines/jt9d. Para mais detalhes sobre os turbofans, consulte N. Cumpsty, *Jet Propulsion* (Cambridge: Cambridge University Press, 2003); A. Linke-Diesinger, *Systems of Commercial Turbofan Engines* (Berlim: Springer, 2008).

61. E. Lacitis, "50 years ago, the first 747 took off and changed aviation", *The Seattle Times* (fevereiro de 2019).

62. S. McCartney, *ENIAC* (Nova York: Walker & Company, 1999).

63. T. R. Reid, *The Chip* (Nova York: Random House, 2001); C. Lécuyer e D. C. Brock, *Makers of the Microchip* (Cambridge: MIT Press, 2010).

64. "The story of the Intel 4044", Intel (acessado em 2020), https://www.intel.com/content/www/us/en/history/museum-story-of-intel-4004.html.

65. World Bank, "Export of goods and services (percentage of GDP)" (acessado em 2020), https://data.worldbank.org/indicator/ne.exp.gnfs.zs.

66. ONU, *World Economic Survey, 1975* (Nova York: UN, 1976).
67. S. A. Camarota, *Immigrants in the United States, 2000* (Center for Immigration Studies, 2001), https://cis.org/Report/Immigrants-United-States-2000.
68. P. Nolan, *China and the Global Business Revolution* (Londres: Palgrave, 2001); L. Brandt et al. (eds.), *China's Great Transformation* (Cambridge: Cambridge University Press, 2008).
69. S. Kotkin, *Armageddon Averted: The Soviet Collapse, 1970-2000* (Oxford: Oxford University Press, 2008).
70. C. VanGrasstek, *The History and Future of the World Trade Organization* (Genebra: WTO, 2013).
71. World Bank, "GDP per capita growth (annual percent)—India" (acessado em 2020), https://data.worldbank.org/indicator/NY.GDP.PCAP.KD.ZG?-locations=IN.
72. World Trade Organization, *World Trade Statistical Review 2019* (Genebra: WTO, 2019), https://www.wto.org/english/res_e/statis_e/wts2019_e/wts2019_e.pdf.
73. World Bank, "Trade share (percent of GDP)" (acessado em 2020), https://data.worldbank.org/indicator/ne.trd.gnfs.zs.
74. World Bank, "Foreign direct investment, net outflows (percent of GDP)" (acessado em 2020), https://data.worldbank.org/indicator/BM.KLT.DINV.WD.GD.ZS.
75. S. Shulgin et al., "Measuring globalization: Network approach to countries' global connectivity rates and their evolution in time", *Social Evolution & History* 18/1 (2019), pp. 127-138.
76. United Nations Conference on Trade and Development, *Review of Maritime Transport, 1975* (Nova York: UNCTAD, 1977); *Review of Maritime Transport, 2019* (Nova York: UNCTAD, 2020); *50 Years of Review of Maritime Transport, 1968-2018* (Nova York: UNCTAD, 2018).
77. Maersk, "About our group", https://web.archive.org/web/20071012231026/http://about.maersk.com/en; Mediterranean Shipping Company, "Gülsün Class Ships" (acessado em 2020).
78. International Air Transport Association, *World Air Transport Statistics* (Montreal: IATA, 2019) e os volumes anteriores dessa publicação anual.
79. World Tourism Organization, "Tourism statistics" (acessado em 2020), https://www.e-unwto.org/toc/unwtotfb/current.

80. K. Koens et al., *Overtouri sm? Understanding and Managing Urban Tourism Growth beyond Perceptions* (Madri: World Tourism Organization, 2018).

81. G. E. Moore, "Cramming more components onto integrated circuits", *Electronics* 38/8 (1965), pp. 114-117; "Progress in digital integrated electronics", *Technical Digest, IEEE International Electron Devices Meeting (1975)*, pp. 11-13; "No exponential is forever: but 'Forever' can be delayed!", trabalho apresentado na Solid-State Circuits Conference, em São Francisco (2003); Intel, "Moore's law and Intel innovation" (acessado em 2020), http://www.intel.com/content/www/us/en/history/museum-gordon-moore-law.html.

82. C. Tung et al., *ULSI Semiconductor Technology Atlas* (Hoboken, NJ: Wiley-Interscience, 2003).

83. J. V. der Spiegel, "ENIAC-on-a-chip", Moore School of Electrical Engineering (1995), https://www.seas.upenn.edu/~jan/eniacproj.html.

84. H. Mujtaba, "AMD 2nd gen EPYC Rome processors feature a gargantuan 39.54 billion transistors, IO die pictured in detail", WCCF Tech (outubro de 2019), https://wccftech.com/amd-2nd-gen-epyc-rome-iod-ccd-chipshots-39--billion-transistors/.

85. P. E. Ceruzzi, GPS (Cambridge, MA: MIT Press, 2018); A. K. Johnston et al., *Time and Navigation* (Washington, DC: Smithsonian Books, 2015).

86. MarineTraffic, https://www.marinetraffic.com.

87. Flightradar24, https://www.flightradar24.com; Flight Aware, https://flightaware.com/live/.

88. Por exemplo, a trajetória de voo normal (seguindo a rota do grande círculo) de Frankfurt (FRA) para Chicago (ORD) passa ao sul da ponta mais ao sul da Groenlândia (consulte: Great Circle Mapper, http://www.gcmap.com/mapui?P=FRA-ORD). Mas, quando uma forte corrente de jato aparece, a trajetória muda para o norte e os aviões sobrevoam as geleiras da ilha.

89. A mais importante interrupção recente dos voos foi devido à erupção do vulcão Eyjafjallajökull, na Islândia, em abril e maio de 2010: BGS Research, "Eyjafjallajökull eruption, Iceland", *British Geological Survey* (acessado em 2020), https://www.bgs.ac.uk/research/volca noes/icelandic_ash.html.

90. M. J. Klasing e P. Milionis, "Quantifying the evolution of world trade, 1870-1949", *Journal of International Economics* 92 (2014), pp. 185-197.

91. Para acessar um mapa da taxa de autossuficiência alimentar, consulte Food and Agriculture Organization, "Food self-sufficiency and international tra-

de: a false dichotomy?". In: *The State of Agricultural Markets IN DEPTH 2015-16* (Roma: FAO, 2016), http://www.fao.org/3/a-i5222e.pdf.

92. A Internet tem sugestões para dez, treze, vinte, 23, cinquenta ou cem destinos — basta pesquisar por "Lista de lugares para conhecer antes de morrer".

93. As participações cada vez menores dos Estados Unidos e da União Europeia na produção industrial global são analisadas em M. Levinson, *U.S. Manufacturing in International Perspective* (Congressional Research Service, 2018), https://fas.org/sgp/crs/misc/R4213.pdf; e R. Marschinski e D. Martínez-Turégano, "The EU's shrinking share in global manufacturing: a value chain decomposition analysis", *National Institute Economic Review* 252 (2020), R19-R32.

94. Apesar do grande e crônico déficit comercial com a China, as importações do Canadá em 2019 incluíram quase meio bilhão de dólares em papel, cartão e celulose — embora a área *per capita* de florestas de regeneração natural do Canadá seja cerca de noventa vezes maior do que a da China: FAO, *Global Forest Resources Assessment* 2020, http://www.fao.org/3/ca9825en/CA9825EN.pdf.

95. A. Case e A. Deaton, *Deaths of Despair and the Future of Capitalism* (Princeton, NJ: Princeton University Press, 2020).

96. S. Lund et al., *Globalization in Transition: The Future of Trade and Value Chains* (Washington, DC: McKinsey Global Institute, 2019).

97. OECD, *Trade Policy Implications of Global Value Chains* (Paris: OECD, 2020).

98. A. Ashby, "From global to local: reshoring for sustainability", *Operations Management Research* 9/3-4 (2016), pp. 75-88; O. Butzbach et al., "Manufacturing discontent: National institutions, multinational firm strategies, and anti-globalization backlash in advanced economies", *Global Strategy Journal* 10 (2019), pp. 67-93.

99. OECD, "COVID-19 and global value chains: Policy options to build more resilient production networks" (junho de 2020); UNCTAD, *World Investment Report 2020* (Nova York: UNCTAD, 2020); Swiss Re Institute, "De-risking global supply chains: Rebalancing to strengthen resilience", *Sigma* 6 (2020); A. Fish e H. Spillane, "Reshoring advanced manufacturing supply chains to generate good jobs", Brookings (julho de 2020), https://www.brookings.edu/research/reshoring-advanced-manufacturing-supply-chains-to-generate-good-jobs/.

100. V. Smil, "History and risk", *Inference* 5/1 (abril de 2020). Seis meses após a pandemia da covid-39, ainda persistiam as graves carências de EPIs nos hospitais dos Estados Unidos: D. Cohen, "Why a PPE shortage still plagues America and what we need to do about it", *CNBC* (agosto de 2020), https://www.cnbc.com/2020/08/22/coronavirus-why-a-ppe-shortage-still-plagues-the-us.html.

101. P. Haddad, "Growing Chinese transformer exports cause concern in U.S.", *Power Transformer News* (maio de 2019), https://www.powertransformer-news.com/2019/05/02/growing-chinese-transformer-exports-cause-concern-in-u-s/.

102. N. Stonnington, "Why reshoring U.S. manufacturing could be the wave of the future", *Forbes* (9 de setembro de 2020); M. Leonard, "64 percent of manufacturers say reshoring is likely following pandemic: survey", *Supply Chain Dive* (maio de 2020), https://www.supplychaindive.com/news/manufacturing-reshoring-pandemic-thomas/577971/.

5. ENTENDENDO OS RISCOS: DOS VÍRUS ÀS DIETAS E EXPLOSÕES SOLARES

1. A. de Waal, "The end of famine? Prospects for the elimination of mass starvation by political action", *Political Geography* 62 (2017), pp. 184-195.

2. Sobre o impacto da lavagem mais frequente das mãos, consulte Global Handwashing Partnership, "About handwashing" (acessado em 2020), https://globalhandwashing.org/about-handwashing/. Os riscos de envenenamento por CO_2 costumavam ser altos especialmente em climas frios, onde os fogões a lenha eram a única fonte de calor: J. Howell et al., "Carbon monoxide hazards in rural Alaskan homes", *Alaska Medicine* 39 (1997), pp. 8-11. Com tantos tipos de detectores de CO_2 baratos (os primeiros foram lançados comercialmente no início da década de 1990), não há mais desculpa para nenhuma fatalidade por combustão incompleta dentro das casas.

3. Provavelmente não existe nenhum outro projeto com um grau de simplicidade comparável ao cinto de segurança automotivo de três pontos (concebido por Nils Ivar Bohlin para a Volvo em 1959) capaz de levar o crédito por salvar tantas vidas e evitar ferimentos muito mais graves a um custo tão baixo. Por isso se justifica que, em 1985, o Instituto Alemão de Patentes tenha colocado o equipamento entre as oito inovações mais importantes dos últimos cem anos. N. Bohlin, "A statistical analysis of 28,000 accident cases

with emphasis on occupant restraint value", *SAE Technical Paper* 670925 (1967); T. Borroz, "Strapping success: The 3-point seatbelt turns 50", *Wired* (agosto de 2009)

4. Esse assunto tem sido um problema que vem de muito tempo para as relações externas do Japão. O país se recusou diversas vezes a assinar a Convenção de Haia sobre os Aspectos Civis do Sequestro Internacional de Crianças (assinada em 1980, em vigor desde 1º de dezembro de 1983): Convention on the Civil Aspects of International Child Abduction, https://assets.hcch.net/docs/e86d9f72-dc8d-46f3-b3bf-e102911c8532.pdf. E, apesar de ter finalmente assinado o acordo em 2014, poucos pais ou mães dos Estados Unidos e da Europa conseguiram recuperar seus direitos parentais.

5. Sobre a redução dos conflitos violentos, consulte J. R. Oneal, "From realism to the liberal peace: Twenty years of research on the causes of war". In: G. Lundestad (ed.), *International Relations Since the End of the Cold War: Some Key Dimensions* (Oxford: Oxford University Press, 2012), pp. 42-62; S. Pinker, "The decline of war and conceptions of human nature", *International Studies Review* 15/3 (2013), pp. 400-405.

6. National Cancer Institute, "Asbestos exposure and cancer risk" (acessado em 2020), https://www.cancer.gov/about-cancer/; American Cancer Society, "Talcum powder and cancer" (acessado em 2020), https://www.cancer.org/cancer/cancer-causes/talcum-powder-and-cancer.html; J. Entine, *Scared to Death: How Chemophobia Threatens Public Health* (Washington, DC: American Council on Science and Health, 2011). Sobre o aquecimento global, existem muitas opções recentes de livros apocalípticos, e a questão vai ser analisada nos dois próximos capítulos.

7. S. Knobler et al., *Learning from SARS: Preparing for the Next Disease Outbreak—Workshop Summary* (Washington, DC: National Academies Press, 2004); D. Quammen, *Ebola: The Natural and Human History of a Deadly Virus* (Nova York: W. W. Norton, 2014).

8. Hoje em dia, a literatura sobre riscos é enorme, com muitos ramos especializados: livros e artigos sobre gestão de riscos empresariais são particularmente numerosos, seguidos por publicações sobre riscos naturais. Os três principais periódicos são *Risk Analysis, Journal of Risk Research* e *Journal of Risk*.

9. Para a história da evolução humana durante a era Paleolítica, consulte F. J. Ayala e C. J. Cela-Cond, *Processes in Human Evolution: The Journey from Early Hominins to Neandertals and Modern Humans* (Nova York: Oxford

University Press, 2017). Para os argumentos sobre a eficácia da dieta "paleolítica", consulte https://thepaleodiet.com/. Para uma análise imparcial da dieta, consulte: Harvard T. H. Chan School of Public Health, "Diet review: paleo diet for weight loss" (acessado em 2020), https://www.hsph.harvard.edu/nutritionsource/healthy-weight/diet-reviews/paleo-diet/. Não são poucos os livros que prometem não só transformar o leitor em vegetariano, ou mesmo vegano, mas "literalmente salvar o mundo". Apenas dois exemplos famosos são J. M. Masson, *The Face on Your Plate: The Truth About Food* (Nova York: W.W. Norton, 2010); e J. S. Foer, *We Are the Weather: Saving the Planet Begins at Breakfast* (Nova York: Farrar, Straus and Giroux, 2019).

10. E. Archer et al., "The failure to measure dietary intake engendered a fictional discourse on diet-disease relations", *Frontiers in Nutrition* 5 (2019), p. 105. Para um debate mais extenso e acalorado sobre estudos modernos sobre dietas, consulte os quatro conjuntos de comentários começando com E. Archer et al., "Controversy and debate: Memory-Based Methods Paper 1: The fatal flaws of food frequency questionnaires and other memory-based dietary assessment methods", *Journal of Clinical Epidemiology* 104 (2018), pp. 113-124.

11. A maior controvérsia está relacionada ao papel das gorduras alimentares e do colesterol nas doenças cardíacas. Para os argumentos originais, consulte American Heart Association, "Dietary guidelines for healthy American adults", *Circulation* 94 (1966), pp. 1.795-1.800; A. Keys, *Seven Countries: A Multivariate Analysis of Death and Coronary Heart Disease* (Cambridge, MA: Harvard University Press, 1980). Para a crítica a estes e inversão dos argumentos anteriores, consulte A. F. La Berge, "How the ideology of low fat conquered America", *Journal of the History of Medicine and Allied Sciences* 63/2 (2008), pp. 139-177; R. Chowdhury et al., "Association of dietary, circulating, and supplement fatty acids with coronary risk: a systematic review and meta-analysis", *Annals of Internal Medicine* 160/6 (2014), pp. 398-406; R. J. De Souza et al., "Intake of saturated and trans unsaturated fatty acids and risk of all cause mortality, cardiovascular disease, and type 2 diabetes: systematic review and meta-analysis of observational studies", *British Medical Journal* (2015); M. Dehghan et al., "Associations of fats and carbohydrate intake with cardiovascular disease and mortality in 18 countries from five continents (PURE): a prospective cohort study", *The Lancet* 390/10107 (2017), pp. 2.050-2.062; American Heart Association, "Dietary

cholesterol and cardiovascular risk: A science advisory from the American Heart Association", *Circulation* 141 (2020), e39-e53.

12. As expectativas de vida, em média de cinco anos entre 1950 e 2020, estáo disponíveis para todos os países e regióes em: ONU, *World Population Prospects 2019*, https://population.un.org/wpp/Download/Standard/Population/.

13. Estatísticas históricas detalhadas documentam essa tendência no Japáo. Statistics Bureau, Japan, *Historical Statistics of Japan* (Tóquio: Statistics Bureau, 1996).

14. H. Toshima et al. (eds.), *Lessons for Science from the Seven Countries Study: A 35-Year Collaborative Experience in Cardiovascular Disease Epidemiology* (Berlim: Springer, 1994).

15. Para mais informaçóes sobre o consumo de açúcar total e adicionado nos Estados Unidos e no Japáo, consulte S. A. Bowman et al., *Added Sugar Intake of Americans: What We Eat in America, NHANES 2013-2014* (maio de 2017); A. Fujiwara et al., "Estimation of starch and sugar intake in a Japanese population based on a newly developed food composition database", *Nutrients* 10 (2018), p. 1.474.

16. Boas introduçóes ao tema incluem M. Ashkenazi e J. Jacob, *The Essence of Japanese Cuisine* (Filadélfia: University of Philadelphia Press, 2000); K. J. Cwiertka, *Modern Japanese Cuisine* (Londres: Reaktion Books, 2006); E. C. Rath e S. Assmann (eds.), *Japanese Foodways: Past & Present* (Urbana, IL: University of Illinois Press, 2010).

17. As taxas de consumo aparente (número baseado na diferença entre produçáo e exportaçáo) na Espanha estáo em: Fundación Foessa, *Estudios sociológicos sobre la situación social de España, 1975* (Madri: Editorial Euramerica, 1976), p. 513; Ministerio de Agricultura, Pesca y Alimentación, *Informe del Consume Alimentario en España 2018* (Madri: Ministerio de Agricultura, Pesca y Alimentación, 2019).

18. Baseado nas médias de oferta de carne *per capita* (peso da carcaça): http://www.fao.org/faostat/en/#data/FBS.

19. Para mortalidade por doenças cardiovasculares, consulte L. Serramajem et al., "How could changes in diet explain changes in coronary heart disease mortality in Spain—The Spanish Paradox", *American Journal of Clinical Nutrition* 61 (1995), S1351-S1359; OECD, *Cardiovascular Disease and Diabetes: Policies for Better Health and Quality of Care* (junho de 2015). Para expectativa de vida, consulte ONU, *World Population Prospects 2019*.

20. C. Starr, "Social benefit versus technological risk", *Science* 165 (1969), pp. 1.232-1.238.

21. De acordo com uma avaliação de risco quantitativa detalhada, a fumaça do tabaco contém dezoito componentes nocivos e potencialmente nocivos: K. M. Marano et al., "Quantitative risk assessment of tobacco products: A potentially useful component of substantial equivalence evaluations", *Regulatory Toxicology and Pharmacology* 95 (2018), pp. 371-384.

22. M. Davidson, "Vaccination as a cause of autism—myths and controversies", *Dialogues in Clinical Neuroscience* 19/4 (2017), pp. 404-407; J. Goodman e F. Carmichael, "Coronavirus: Bill Gates 'microchip' conspiracy theory and other vaccine claims fact-checked", BBC News (29 de maio de 2020).

23. No início de setembro de 2020, dois terços dos Estados Unidos diziam que não tomariam a vacina contra a covid-19 quando ela estivesse disponível: S. Elbeshbishi e L. King, "Exclusive: Two-thirds of Americans say they won't get COVID-19 vaccine when it's first available, USA TODAY/Suffolk Poll shows", USA Today (setembro de 2020).

24. Relatórios abrangentes sobre as consequências para a saúde das duas catástrofes estão disponíveis em: B. Bennett et al., *Health Effects of the Chernobyl Accident and Special Health Care Programmes*, Report of the UN Chernobyl Forum (Genebra: WHO, 2006); World Health Organization, *Health Risk Assessment from the Nuclear Accident after the 2011 Great East Japan Earthquake and Tsunami Based on a Preliminary Dose Estimation* (Genebra: WHO, 2013).

25. World Nuclear Association, "Nuclear power in France" (acessado em 2020), https://www.world-nuclear.org/information-library/country-profiles/countries-a-f/france.aspx.

26. C. Joppke, *Mobilizing Against Nuclear Energy: A Comparison of Germany and the United States* (Berkeley, CA; University of California Press, 1993); Tresantis, *Die Anti-Atom-Bewegung: Geschichte und Perspektiven* (Berlim: Assoziation A, 2015).

27. Esses argumentos foram usados repetidamente por Baruch Fischhoff e Paul Slovic: B. Fischhoff et al., "How safe is safe enough? A psychometric study of attitudes towards technological risks and benefits", *Policy Sciences* 9 (1978), pp. 127-152; B. Fischhoff, "Risk perception and communication unplugged: Twenty years of process", *Risk Analysis* 15/2 (1995), pp. 137-145; B. Fischhoff e J. Kadvany, *Risk: A Very Short Introduction* (Nova York: Oxford

University Press, 2011); P. Slovic, "Perception of risk", *Science* 236/4799 (1987), pp. 280-285; P. Slovic, *The Perception of Risk* (Londres: Earthscan, 2000); P. Slovic, "Risk perception and risk analysis in a hyperpartisan and virtuously violent world", *Risk Analysis* 40/3 (2020), pp. 2.231-2.239.

28. Três grandes desastres recentes indicam a variedade típica de fatalidades durante acidentes industriais e de construção: o descarrilamento, incêndio e explosão de um trem que transportava petróleo bruto em Lac-Mégantic no Quebec (no dia 6 de julho de 2013) com 47 mortos; um colapso de prédio em Dhaka, matando 1.129 trabalhadores do setor de vestuário, em 24 de abril de 2013; e o rompimento da barragem de Brumadinho no Brasil, com 233 mortes, em 25 de janeiro de 2019.

29. Após uma queda livre de apenas quatro segundos com a barriga para baixo, um saltador de *base jumping* percorre 72 metros e atinge uma velocidade de 120 km/h: "BASE jumping freefall chart", *The Great Book of Base* (2010), https://base-book.com/BASEFreefallChart.

30. A. S. Ramírez et al., "Beyond fatalism: Information overload as a mechanism to understand health disparities", *Social Science and Medicine* 219 (2018), pp. 11-18.

31. D. R. Kouabenan, "Occupation, driving experience, and risk and accident perception", *Journal of Risk Research* 5 (2002), pp. 49-68; B. Keeley et al., "Functions of health fatalism: Fatalistic talk as face saving, uncertainty management, stress relief and sense making", *Sociology of Health & Illness* 31 (2009), pp. 734-747.

32. A. Kayani et al., "Fatalism and its implications for risky road use and receptiveness to safety messages: A qualitative investigation in Pakistan", *Health Education Research* 27 (2012), pp. 1.043-1.054; B. Mahembe e O. M. Samuel, "Influence of personality and fatalistic belief on taxi driver behaviour", *South African Journal of Psychology* 46/3 (2016), pp. 415-426.

33. A. Suárez-Barrientos et al., "Circadian variations of infarct size in acute myocardial infarction", *Heart* 97 (2011), 970e976.

34. World Health Organization, "Falls" (janeiro de 2018), https://www.who.int/news-room/fact-sheets/detail/falls.

35. Sobre a salmonela, consulte Centers for Disease Control and Prevention, "Salmonella and Eggs", https://www.cdc.gov/foodsafety/communication/salmonella-and-eggs.html. Sobre resíduos de pesticida nos chás, consulte J. Feng et al., "Monitoring and risk assessment of pesticide residues in tea

samples from China", *Human and Ecological Risk Assessment: An International Journal* 21/1 (2015), pp. 169-183.

36. As mais recentes estatísticas do FBI para assassinato e homicídio culposo (para cada cem mil pessoas) são de 51 para Baltimore, 9,7 para Miami e 6,4 para Los Angeles: https://ucr.fbi.gov/crime-in-the-u.s/2018/crime-in-the--u.s.-2018/topic-pages/murder.

37. O maior recall recente de medicamentos contaminados vindos da China incluiu anti-hipertensivos de prescrição comum: Food and Drug Administration, "FDA updates and press announcements on angiotensin II receptor blocker (ARB) recalls (valsartan, losartan, and irbesartan)" (novembro de 2019), https://www.fda.gov/drugs/drug-safety-and-availability/fda-updates--and-press-announcements-angiotensin-ii-receptor-blocker-arb-recalls-valsartan-losartan.

38. Office of National Statistics, "Deaths registered in England and Wales: 2019", https://www.ons.gov.uk/peoplepopulationandcommunity/birthsdeathsandmarriages/deaths/bulletins/deathsregistrationsummarytables/2019.

39. K. D. Kochanek et al., "Deaths: Final Data for 2017", *National Vital Statistics Reports* 68 (2019), pp. 1-75; J. Xu et al., *Mortality in the United States, 2018*, NCHS Data Brief No. 355 (janeiro de 2020).

40. Starr, "Social benefit versus technological risk." A métrica da micromorte, apresentada em 1989 por Ronald Howard, foi usada em diversas publicações de David Spiegelhalter: R. A. Howard, "Microrisks for medical decision analysis", *International Journal of Technology Assessment in Health Care* 5/3 (1989), pp. 357-370; M. Blastland e D. Spiegelhalter, *The Norm Chronicles: Stories and Numbers about Danger and Death* (Nova York: Basic Books, 2014).

41. ONU, World Mortality 2019, https://www.un.org/en/development/desa/population/publications/pdf/mortality/WMR2019/WorldMortality2019DataBooklet.pdf.

42. CDC, "Heart disease facts", https://www.cdc.gov/heartdisease/facts.htm; D. S. Jones e J. A. Greene, "The decline and rise of coronary heart disease", *Public Health Then and Now* 103 (2014), pp. 10.207-10.218; J. A. Haagsma et al., "The global burden of injury: incidence, mortality, disability-adjusted life years and time trends from the Global Burden of Disease study 2013", *Injury Prevention* 22/1 (2015), pp. 3-16.

43. World Health Organization, "Falls" (janeiro de 2018), https://www.who.int/news-room/fact-sheets/detail/falls.

44. Statistics Canada, "Deaths and mortality rates, by age group" (acessado em 2020), https://www150.statcan.gc.ca/t1/tbl1/en/tv.action?pid=1310071001& pickMembers percent5B0 percent5D=1.1&pickMemberspercent5B1 percent5D=3.1. 45. L. T. Kohn et al., *To Err Is Human: Building a Safer Health System* (Washington, DC: National Academies Press, 1999). 46. M. Makary e M. Daniel, "Medical error—the third leading cause of death in the US", *British Medical Journal* 353 (2016), i2139.

47. K. G. Shojania e M. Dixon-Woods, "Estimating deaths due to medical error: the ongoing controversy and why it matters", *British Medical Journal Quality and Safety* 26 (2017), pp. 423-428.

48. J. E. Sunshine et al., "Association of adverse effects of medical treatment with mortality in the United States", *JAMA Network Open* 2/1 (2019), e187041.

49. Em 2016, houve 35,7 milhões de internações hospitalares nos Estados Unidos, com média de 4,6 dias: W. J. Freeman et al., "Overview of U.S. hospital stays in 2016: Variation by geographic region" (dezembro de 2018), https://www.hcup-us.ahrq.gov/reports/statbriefs/sb246-Geographic-Variation--Hospital-Stays.jsp

50. Bureau of Transportation Statistics, "U.S. Vehicle-miles" (2019), https://www.bts.gov/content/us-vehicle-miles.

51. A. R. Sehgal, "Lifetime risk of death from firearm injuries, drug overdoses, and motor vehicle accidents in the United States", *American Journal of Medicine* 133/10 (outubro de 2020), pp. 1.162-1.167.

52. World Health Rankings, "Road traffic accidents" (acessado em 2020), https://www.worldlifeexpectancy.com/cause-of-death/road-traffic-accidents/by-country/.

53. O mistério do voo 370 da Malaysia Airlines talvez nunca seja resolvido: são muitas as sugestões e especulações, mas neste momento parece que apenas algo inesperado e acidental pode solucionar o caso. A investigação dos dois acidentes sucessivos do Boeing 737 MAX (matando 346 pessoas) expôs as práticas questionáveis da empresa, tanto na fabricação de seu projeto mais vendido quanto na oferta de instruções e orientações para o seu funcionamento.

54. International Civil Aviation Organization, *State of Global Aviation Safety* (Montreal: ICAO, 2020).

55. K. Soreide et al., "How dangerous is BASE jumping? An analysis of adverse events in 20,850 jumps from the Kjerag Massif, Norway", *Trauma* 62/5 (2007), pp. 1.113-1.117.

56. United States Parachute Association, "Skydiving safety" (acessado em 2020), https://uspa.org/Find/FAQs/Safety.

57. US Hang Gliding & Paragliding Association, "Fatalities" (acessado em 2020), https://www.ushpa.org/page/fatalities.

58. National Consortium for the Study of Terrorism and Responses to Terrorism, *American Deaths in Terrorist Attacks, 1995-2017* (setembro de 2018).

59. National Consortium for the Study of Terrorism and Responses to Terrorism, *Trends in Global Terrorism: Islamic State's Decline in Iraq and Expanding Global Impact; Fewer Mass Casualty Attacks in Western Europe; Number of Attacks in the United States Highest since 1980s* (outubro de 2019).

60. Para um bom resumo sobre o perigo dos terremotos na Costa Oeste, consulte R. S. Yeats, *Living with Earthquakes in California* (Corvallis, OR: Oregon State University Press, 2001). Para as consequências dos terremotos da Costa Oeste no Pacífico, consulte B. F. Atwater, *The Orphan Tsunami of 1700* (Seattle, WA: University of Washington Press, 2005).

61. E. Agee e L. Taylor, "Historical analysis of U.S. tornado fatalities (1808-2017): Population, science, and technology", *Weather, Climate and Society* 11 (2019), pp. 355-368.

62. R. J. Samuels, *3.11: Disaster and Change in Japan* (Ithaca, NY: Cornell University Press, 2013); V. Santiago-Fandiño et al. (eds.), *The 2011 Japan Earthquake and Tsunami: Reconstruction and Restoration, Insights and Assessment after 5 Years* (Berlim: Springer, 2018).

63. E. N. Rappaport, "Fatalities in the United States from Atlantic tropical cyclones: New data and interpretation", *Bulletin of American Meteorological Society* 1014 (março de 2014), pp. 341-346.

64. National Weather Service, "How dangerous is lightning?" (acessado em 2020), https://www.weather.gov/safety/lightning-odds; R. L. Holle et al., "Seasonal, monthly, and weekly distributions of NLDN and GLD360 cloud-to-ground lightning", *Monthly Weather Review* 144 (2016), pp. 2.855-2.870.

65. Munich Re, *Topics. Annual Review: Natural Catastrophes 2002* (Munique: Munich Re, 2003); P. Löw, "Tropical cyclones cause highest losses: Natural disasters of 2019 in figures", *Munich Re* (janeiro de 2020), https://www.munichre.com/topics-online/en/climate-change-and-natural-disasters/natural-disasters/natural-disasters-of-2019-in-figures-tropical-cyclones-cause-highest-losses.html.

66. O. Unsalan et al., "Earliest evidence of a death and injury by a meteorite", *Meteoritics & Planetary Science* (2020), pp. 1-9.

67. National Research Council, *Near-Earth Object Surveys and Hazard Mitigation Strategies: Interim Report* (Washington, DC: NRC, 2009); M. A. R. Khan, "Meteorites", *Nature* 136/1030 (1935), p. 607.

68. D. Finkelman, "The dilemma of space debris", *American Scientist* 102/1 (2014), pp. 26-33.

69. M. Mobberley, *Supernovae and How to Observe Them* (Nova York: Springer, 2007).

70. NASA, "2012: Fear no Supernova" (dezembro de 2011), https://www.nasa.gov/topics/earth/features/2012-supernova.html.

71. NASA, "Asteroid fast facts" (março de 2014), https://www.nasa.gov/mission_pages/asteroids/overview/fastfacts.html; National Research Council, *Near-Earth Object Surveys and Hazard Mitigation Strategies*; M. B. E. Boslough e D. A. Crawford, "Low-altitude airbursts and the impact threat", *International Journal of Impact Engineering* 35/12 (2008), pp. 1.441--1.448.

72. US Geological Survey, "What would happen if a 'supervolcano' eruption occurred again at Yellowstone?", https://www.usgs.gov/faqs/what-would--happen-if-a-supervolcano-eruption-occurred-again-yellowstone; R. V. Fisher et al., *Volcanoes: Crucibles of Change* (Princeton, NJ: Princeton University Press, 1997).

73. Space Weather Prediction Center, "Coronal mass ejections", National Oceanic and Atmospheric Administration (acessado em 2020), https://www.swpc.noaa.gov/phenomena/coronal-mass-ejections.

74. R. R. Britt, "150 years ago: The worst solar storm ever", *Space.com* (setembro de 2009), https://www.space.com/7224-150-years-worst-solar--storm.html.

75. S. Odenwald, "The day the Sun brought darkness", NASA (março de 2009), https://www.nasa.gov/topics/earth/features/sun_darkness.html.

76. Solar and Heliospheric Observatory, https://sohowww.nascom.nasa.gov/.

77. T. Phillips, "Near miss: The solar superstorm of July 2012", NASA (julho de 2014), https://science.nasa.gov/science-news/science-at-nasa/2014/23jul_superstorm.

78. P. Riley, "On the probability of occurrence of extreme space weather events", *Space Weather* 10 (2012), S02012.

79. D. Moriña et al., "Probability estimation of a Carrington-like geomagnetic storm", *Scientific Reports* 9/1 (2019).

80. K. Kirchen et al., "A solar-centric approach to improving estimates of exposure processes for coronal mass ejections", *Risk Analysis* 40 (2020), pp. 1.020-1.039.

81. E. D. Kilbourne, "Influenza pandemics of the [20]th century", *Emerging Infectious Diseases* 12/1 (2006), pp. 9-14.

82. C. Viboud et al., "Global mortality impact of the 1957-1959 influenza pandemic", *Journal of Infectious Diseases* 213/5 (2016), pp. 738-745; CDC, "1968 Pandemic (H3N2 virus)" (acessado em 2020), https://www.cdc.gov/flu/pandemic-resources/1968-pandemic.html; J. Y. Wong et al., "Case fatality risk of influenza A(H1N1pdm09): a systematic review", *Epidemiology* 24/6 (2013).

83. World Economic Forum, *Global Risks 2015,* [10]th *Edition* (Cologny: WEF, 2015).

84. "Advice on the use of masks in the context of COVID-19: Interim guidance", World Health Organization (2020).

85. J. Paget et al., "Global mortality associated with seasonal influenza epidemics: New burden estimates and predictors from the GLaMOR Project", *Journal of Global Health* 9/2 (dezembro de 2019), 020421.

86. W. Yang et al., "The 1918 influenza pandemic in New York City: Age-specific timing, mortality, and transmission dynamics", *Influenza and Other Respiratory Viruses* 8 (2014), pp. 177-188; A. Gagnon et al., "Age-specific mortality during the 1918 influenza pandemic: Unravelling the mystery of high young adult mortality", *PLoS ONE* 8/8 (agosto de 2013), e6958; W. Gua et al., "Comorbidity and its impact on 1590 patients with COVID-19 in China: A nationwide analysis", *European Respiratory Journal* 55/6 (2020), article 2000547.

87. J.-M. Robine et al. (eds.), *Human Longevity, Individual Life Duration, and the Growth of the Oldest-Old Population* (Berlim: Springer, 2007).

88. CDC, "Weekly Updates by Select Demographic and Geographic Characteristics" (acessado em 2020), https://www.cdc.gov/nchs/nvss/vsrr/covid_weekly/index.htm#AgeAndSex.

89. D. M. Morens et al., "Predominant role of bacterial pneumonia as a cause of death in pandemic influenza: implications for pandemic influenza preparedness", *Journal of Infectious Disease* 198/7 (outubro de 2008), pp. 962-970.

90. A. Noymer e M. Garenne, "The 1918 influenza epidemic's effects on sex differentials in mortality in the United States", *Population and Development Review* 26/3 (2000), pp. 565-581.

91. Para um bom resumo sobre o perigo dos terremotos na Costa Oeste, consulte R. S. Yeats, *Living with Earthquakes in California* (Corvallis, OR: Oregon State University Press, 2001). Para as consequências dos terremotos da Costa Oeste no Pacífico, consulte B. F. Atwater, *The Orphan Tsunami of 1700* (Seattle, WA: University of Washington Press, 2005).

92. P. Gilbert, *The A-Z Reference Book of Syndromes and Inherited Disorders* (Berlim: Springer, 1996).

93. O Japão, com sua população concentrada nas terras baixas que compõem apenas em torno de 15% desse país montanhoso, e com o risco permanente de poderosos terremotos, erupções vulcânicas e tsunamis destrutivos, é um exemplo primordial dessa realidade, assim como, por razões semelhantes e mais outras, lugares densamente povoados como Java ou a costa de Bangladesh.

94. Muito mais sobre esses assuntos pode ser encontrado em diversas publicações recentes, entre elas O. Renn, *Risk Governance: Towardeman Integrative Approach* (Genebra: International Risk Governance Council, 2006); G. Gigerenzer, *Risk Savvy: How to Make Good Decisions* (Nova York: Penguin Random House, 2015).

95. V. Janssen, "When polio triggered fear and panic among parents in the 1950s", *History* (março de 2020), https://www.history.com/news/polio-fear-post-wwii-era.

96. Em 1958, o PIB dos Estados Unidos aumentou mais de 5% em relação a 1957, e o ganho foi de mais de 7% em 1969: Fred Economic Data (acessado em 2020), https://fred.stlouisfed.org/series/GDP.

97. The Museum of Flight, "Boeing 747-121" (acessado em 2020), https://www.museumofflight.org/aircraft/boeing-747-121.

98. Y. Tsuji et al., "Tsunami heights along the Pacific Coast of Northern Honshu recorded from the 2011 Tohoku and previous great earthquakes", *Pure and Applied Geophysics* 171 (2014), pp. 3.183- 3.215.

99. Em novembro de 2004, Osama bin Laden explicou aos cidadãos dos Estados Unidos que escolheu aquele ataque para sangrar "a América até a sua falência", e que isso foi propiciado pela "Casa Branca, que exige abrir novas frentes de guerra". Uma transcrição completa do discurso está disponível

em: https://www.aljazeera.com/archive/2004/11/200849163336457223.html. Ele também citou a estimativa do Royal Institute of International Affairs de que organizar os ataques não custou mais de 500 mil dólares, enquanto em 2018 o custo das guerras dos Estados Unidos no Iraque, no Afeganistão, no Paquistão e na Síria chegou a cerca de 5,9 trilhões de dólares, e os custos futuros (juros sobre dinheiro emprestado, assistência a veteranos) podem elevar esse valor para 8 trilhões de dólares nos próximos quarenta anos: Watson Institute, "Costs of War" (2018), https://watson.brown.edu/costsofwar/papers/summary.

100. C. R. Sunstein, "Terrorism and probability neglect", *Journal of Risk and Uncertainty* 26 (2003), pp. 121-136.

101. FBI, "Crime in the U.S." (acessado em 2020), https://ucr.fbi.gov/crime-in-the-u.s.

102. E. Miller e N. Jensen, *American Deaths in Terrorist Attacks, 1995-2017* (setembro de 2018), https://www.start.umd.edu/pubs/START_AmericanTerrorismDeaths_FactSheet_Sept2018.pdf.

103. A. R. Sehgal, "Lifetime risk of death from firearm injuries, drug overdoses, and motor vehicle accidents in the United States", *American Journal of Medicine* 133/10 (maio de 2020), pp. 1.162-1.167.

6. ENTENDENDO O MEIO AMBIENTE: A ÚNICA BIOSFERA QUE TEMOS

1. Para a versão mais fantasiosa dessas ideias, consulte https://www.spacex.com/mars. Entre os objetivos com data marcada estão: a primeira missão a Marte em 2022, com os modestos objetivos de "confirmar a existência de recursos hídricos, identificar perigos e colocar em funcionamento o fornecimento inicial de energia, mineração e infraestrutura de suporte à vida". A segunda missão, em 2024, vai construir um depósito de propelente, preparar para futuros voos da tripulação e "servir como o início da primeira base em Marte, a partir da qual podemos construir uma cidade próspera e, em algum momento, uma civilização autossustentável no planeta". Aqueles que gostam desse gênero de fantasia também podem consultar: K. M. Cannon e D. T. Britt, "Feeding one million people on Mars", *New Space* 7/4 (dezembro de 2019), pp. 245-254.

2. B. M. Jakosky e C. S. Edwards, "Inventory of CO_2 available for terraforming Mars", *Nature Astronomy* 2 (2018), pp. 634-639.

3. Isso foi discutido em um seminário virtual promovido pela New York Academy of Sciences em maio de 2020, quando um geneticista da Universidade de Cornell chegou a dizer que "Talvez sejamos moralmente obrigados a fazer isso?": "Alienating Mars: Challenges of Space Colonization", https://www.nyas.org/events/2020/webinar-alienating-mars-challenges-of-space-colonization. Interessante notar que essa visão de pessoas dotadas de resiliência genética tardígrada foi discutida, aparentemente com toda a seriedade, em um momento em que a cidade de Nova York registrava mais de quinhentas mortes por dia pela covid-19, quando os hospitais enfrentavam a contínua escassez de simples EPIs e eram forçados a reutilizar máscaras e luvas. A Agência de Projetos de Pesquisa Avançada de Defesa também tem gastado dinheiro público nesse assunto: J. Koebler, "DARPA: We Are Engineering the Organism that will Terraform Mars", VICE Motherboard (junho de 2015), https://www.vice.com/en_us/article/ae3pee/darpa-we-are-engineering-the-organisms-that-will-terraform-mars.

4. J. Rockström et al., "A safe operating space for humanity", *Nature* 461 (2009), pp. 472-475.

5. Para listas completas de todas as categorias de mergulho livre e registros de apneia estática, consulte https://www.guinnessworldrecords.com/search?term=freediving.

6. O volume corrente médio (entrada de ar nos pulmões) é de 500 mililitros para homens e 400 mililitros para mulheres: S. Hallett e J. V. Ashurst, "Physiology, tidal volume" (junho de 2020), https://www.ncbi.nlm.nih.gov/books/NBK482502/. Tomando 450 mililitros e 16 inspirações por minuto como média, temos 7,2 litros de ar por minuto. O oxigênio compõe quase 21% do ar e, portanto, cerca de 1,5 litro dele é inalado a cada minuto, mas apenas cerca de 23% desse volume é absorvido pelos pulmões (o restante é expirado) e o consumo real de oxigênio puro é de cerca de 350 mililitros por minuto, ou seja, 500 litros ou (com 1,429 g/L) cerca de 700 gramas por dia. O esforço físico aumenta a necessidade e, com apenas 30% de acréscimo para maior consumo de oxigênio durante as atividades diárias, isso chega a cerca de 900 gramas por dia. Para saber mais sobre o consumo máximo de oxigênio, consulte G. Ferretti, "Maximal oxygen consumption in healthy humans: Theories and facts", *European Journal of Applied Physiology* 114 (2014), pp. 2.007-2.036.

7. A. P. Gumsley et al., "Timing and tempo of the Great Oxidation Event", *Proceedings of the National Academy of Sciences* 114 (2017), pp. 1.811-1.816.

8. R. A. Berner, "Atmospheric oxygen over Phanerozoic time", *Proceedings of the National Academy of Sciences* 96 (1999), pp. 10.955-10.957.

9. Para saber mais sobre o teor de carbono da vegetação terrestre, consulte V. Smil, *Harvesting the Biosphere* (Cambridge, MA: MIT Press, 2013), pp. 161-165. O cálculo leva em conta a oxidação completa de todo esse carbono.

10. https://twitter.com/EmmanuelMacron/status/1164617008962527232.

11. S. A. Loer et al., "How much oxygen does the human lung consume?", *Anesthesiology* 86 (1997), pp. 532-537.

12. V. Smil, *Harvesting the Biosphere*, pp. 31-36.

13. J. Huang et al., "The global oxygen budget and its future projection", *Science Bulletin* 63/18 (2018), pp. 1.180-1.186.

14. É claro que existem muitas outras razões factuais — desde a perda de biodiversidade até mudanças na capacidade de retenção de água — para se preocupar com a queima deliberada em grande escala da vegetação tropical ou com incêndios naturais em florestas atingidas pela seca.

15. Para as pesquisas mais recentes sobre o abastecimento e uso global de água, consulte A. K. Biswas et al. (eds.), *Assessing Global Water Megatrends* (Singapura: Springer Nature, 2018).

16. Institute of Medicine, *Dietary Reference Intakes for Water, Potassium, Sodium, Chloride, and Sulfate* (Washington, DC: National Academies Press, 2005).

17. Entre as nações mais populosas do mundo, a participação da agricultura no uso de água doce chega a 90% na Índia, 80% na Indonésia e 65% na China, mas apenas cerca de 35% nos Estados Unidos: World Bank, "Annual freshwater withdrawals, agriculture (percent of total freshwater withdrawal)" (acessado em 2020), https://data.worldbank.org/indicator/er.h2o.fwag.zs?en d=2016&start=1965&view=chart.

18. Water Footprint Network, "What is a water footprint?" (acessado em 2020), https://waterfootprint.org/en/water-footprint/what-is-water-footprint/.

19. M. M. Mekonnen e Y. A. Hoekstra, *National Water Footprint Accounts: The Green, Blue and Grey Water Footprint of Production and Consumption* (Delft: UNESCO-IHE Institute for Water Education, 2011).

20. N. Joseph et al., "A review of the assessment of sustainable water use at continental-to-global scale", *Sustainable Water Resources Management* 6 (2020), p. 18.

21. S. N. Gosling e N.W. Arnell, "A global assessment of the impact of climate change on water scarcity", *Climatic Change* 134 (2016), pp. 371-385.

22. V. Smil, *Growth*, pp. 386-388.

23. Para as tendências de longo prazo de diferentes categorias de uso da terra agrícola, consulte FAO, "Land use", http://www.fao.org/faostat/en/#data/RL. Um estudo norte-americano colocou 2009 como o ano do pico global no uso de terras agrícolas, seguido por um declínio lento e constante: J. Ausubel et al., "Peak farmland and the prospect for land sparing", *Population and Development Review* 38, Supplement (2012), pp. 221-242. Na realidade, os dados da FAO mostraram outro aumento de 4% entre 2009 e 2017.

24. X. Chen et al., "Producing more grain with lower environmental costs", *Nature* 514/7523 (2014), pp. 486-488; Z. Cui et al., "Pursuing sustainable productivity with millions of smallholder farmers", *Nature* 555/7696 (2018), pp. 363-366.

25. A produção global de amônia utilizou 160 Mt de nitrogênio em 2019, com cerca de 120 destinados a fertilizantes: FAO, *World Fertilizer Trends and Outlook to 2022* (Roma: FAO, 2019). Espera-se que a capacidade de produção (já superior a 180 Mt) aumente em cerca de 20% até 2026, com cerca de cem fábricas planejadas e já anunciadas, principalmente na Ásia e no Oriente Médio: Hydrocarbons Technology, "Asia and Middle East lead globally on ammonia capacity additions" (2018), https://www.hydrocarbons-technology.com/comment/global-ammonia-capacity/.

26. US Geological Survey, "Potash" (2020), https://pubs.usgs.gov/periodicals/mcs2020/mcs2020-potash.pdf.

27. J. Grantham, "Be persuasive. Be brave. Be arrested (if necessary)", *Nature* 491 (2012), p. 303.

28. S. J. Van Kauwenbergh, *World Phosphate Rock Reserves and Resources* (Muscle Shoals, AL: IFDC, 2010).

29. US Geological Survey, *Mineral Commodity Summaries* 2012, p. 123.

30. International Fertilizer Industry Association, "Phosphorus and 'Peak Phosphate'" (2013). Consulte também M. Heckenmüller et al., *Global Availability of Phosphorus and Its Implications for Global Food Supply: An Economic Overview* (Kiel: Kiel Institute for the World Economy, 2014).

31. V. Smil, "Phosphorus in the environment: Natural flows and human interferences", *Annual Review of Energy and the Environment* 25 (2000), pp. 53-88; US Geological Survey, "Phosphate rock", https://pubs.usgs.gov/periodicals/mcs2020/mcs2020-phosphate.pdf.

32. M. F. Chislock et al., "Eutrophication: Causes, consequences, and controls in aquatic ecosystems", *Nature Education Knowledge* 4/4 (2013), p. 10.

33. J. Bunce et al., "A review of phosphorus removal technologies and their applicability to small-scale domestic wastewater treatment systems", *Frontiers in Environmental Science* 6 (2018), p. 8.

34. D. Breitburg et al., "Declining oxygen in the global ocean and coastal waters", *Science* 359/6371 (2018).

35. R. Lindsey, "Climate and Earth's energy budget", NASA (janeiro de 2009), https://earthobservatory.nasa.gov/features/EnergyBalance.

36. W. F. Ruddiman, *Plows, Plagues & Petroleum: How Humans Took Control of Climate* (Princeton, NJ: Princeton University Press, 2005).

37. 2° Institute, "Global CO_2 levels" (acessado em 2020), https://www.co2levels.org/.

38. 2° Institute, "Global CH_4 levels" (acessado em 2020), https://www.methanelevels.org/.

39. Os potenciais de aquecimento global (CO_2=1) são 28 para o metano, 265 para o dióxido nitroso, 5.660 a 13.900 para vários clorofluorcarbonetos e 23.900 para o hexafluoreto de enxofre: Global Warming Potential Values, https://www.ghgprotocol.org/sites/default/files/ghgp/Global-Warming-Potential-Values%20%28Feb%2016%202016%29_1.pdf.

40. IPCC, *Climate Change 2014: Synthesis Report. Contribution of Working Groups I, II and III to the Fifth Assessment Report of the Intergovernmental Panel on Climate Change* (Genebra: IPCC, 2014).

41. J. Fourier, "Remarques générales sur les Temperatures du globe terrestre et des espaces planetaires", *Annales de Chimie et de Physique* 27 (1824), pp. 136--167; E. Foote, "Circumstances affecting the heat of the sun's rays", *American Journal of Science and Arts* 31 (1856), pp. 382-383. A conclusão clara de Foote: "O maior efeito dos raios solares que descobri está no gás do ácido carbônico... Uma atmosfera desse gás daria à nossa Terra uma temperatura elevada; e, se, como alguns supõem, em um período de sua história o ar se misturou a ela em uma proporção maior do que no presente, necessariamente deve ter ocorrido um aumento de temperatura por sua própria ação bem como pelo aumento do seu peso."

42. J. Tyndall, "The Bakerian Lecture", *Philosophical Transactions* 151 (1861), pp. 1-37 (quote p. 28).

43. S. Arrhenius, "On the influence of carbonic acid in the air upon the tempe-

rature of the ground", *Philosophical Magazine and Journal of Science*, 5/41 (1896), pp. 237-276.

44. K. Ecochard, "What's causing the poles to warm faster than the rest of the Earth?", NASA (abril de 2011), https://www.nasa.gov/topics/earth/features/warmingpoles.html.

45. D. T. C. Cox et al., "Global variation in diurnal asymmetry in temperature, cloud cover, specific humidity and precipitation and its association with leaf area index", *Global Change Biology* (2020).

46. S. Arrhenius, *Worlds in the Making* (Nova York: Harper & Brothers, 1908), p. 53.

47. R. Revelle e H. E. Suess, "Carbon dioxide exchange between atmosphere and ocean and the question of an increase of atmospheric CO_2 during the past decades", *Tellus* 9 (1957), pp. 18-27.

48. Global Monitoring Laboratory, "Monthly average Mauna Loa CO_2" (acessado em 2020), https://www.esrl.noaa.gov/gmd/ccgg/trends/.

49. J. Charney et al., *Carbon Dioxide and Climate: A Scientific Assessment* (Washington, DC: National Research Council, 1979).

50. N. L. Bindoff et al., "Detection and Attribution of Climate Change: from Global to Regional". In: T. F. Stocker et al. (eds.), *Climate Change 2013: The Physical Science Basis. Contribution of Working Group I to the Fifth Assessment Report of the Intergovernmental Panel on Climate Change* (Cambridge: Cambridge University Press, 2013).

51. S. C. Sherwood et al., "An assessment of Earth's climate sensitivity using multiple lines of evidence", *Reviews of Geophysics* 58/4 (dezembro de 2020).

52. A mudança do carvão para o gás natural foi incrivelmente rápida nos Estados Unidos: em 2011, 44% de toda a eletricidade foi gerada pelo carvão; em 2020, essa participação caiu para apenas 20%; enquanto a geração a gás aumentou de 23% para 39%: US EIA, *Short-Term Energy Outlook* (2021).

53. Em 2014, a média global de forçante antropogênica (diferença entre a radiação solar absorvida pela Terra e a energia radiada) relativa a 1850 foi de 1,97 W/m^2, com 1,80 W/m^2 de CO_2, 1,07 W/m^2 de outros gases do efeito estufa misturados, -1,04 W/m^2 de aerossóis e -0,08 W/m^2 de mudanças no uso da terra: C. J. Smith et al., "Effective radiative forcing and adjustments in CMIP6 models", *Atmospheric Chemistry and Physics* 20/16 (2020).

54. National Centers for Environmental Information, "More near-record warm years are likely on the horizon" (fevereiro de 2020), https://www.ncei.noaa.

gov/news/projected-ranks; NOAA, *Global Climate Report—Annual 2019*, https://www.ncdc.noaa.gov/sotc/global/201913.

55. Sobre as cerejeiras de Kyoto, consulte: R. B. Primack et al., "The impact of climate change on cherry trees and other species in Japan", *Biological Conservation* 142 (2009), pp. 1.943-1.949. Sobre os vinhedos franceses, consulte Ministère de la Transition Écologique, "Impacts du changement climatique: Agriculture et Forêt" (2020), https://www.ecologie.gouv.fr/impacts--du-changement-climatique-agriculture-et-foret. Sobre o derretimento das geleiras das montanhas e suas consequências, consulte A. M. Milner et al., "Glacier shrinkage driving global changes in downstream systems", *Proceedings of the National Academy of Sciences* (2017), www.pnas.org/cgi/doi/10.1073/pnas.1619807114.

56. Em 2019, a queima de combustíveis fósseis liberou cerca de 37 Gt de CO_2, cuja geração exigiu muito perto de 27 Gt de oxigênio: Global Carbon Project, The Global Carbon Budget 2019.

57. J. Huang et al., "The global oxygen budget and its future projection", *Science Bulletin* 63 (2018), pp. 1.180-1.186.

58. Essas complexas medições tiveram início em 1989: Carbon Dioxide Information and Analysis Center, "Modern Records of Atmospheric Oxygen (O_2) from Scripps Institution of Oceanography" (2014), https://cdiac.ess--dive.lbl.gov/trends/oxygen/modern_records.html.

59. As reservas de combustíveis fósseis para 2019 estão listadas em British Petroleum, *Statistical Review of World Energy*.

60. L. B. Scheinfeldt e S. A. Tishkoff, "Living the high life: high-altitude adaptation", *Genome Biology* 11/133 (2010), pp. 1-3.

61. S. J. Murray et al., "Future global water resources with respect to climate change and water withdrawals as estimated by a dynamic global vegetation model", *Journal of Hydrology* (2012), pp. 448-449; A. G. Koutroulis e L. V. Papadimitriou, "Global water availability under high-end climate change: A vulnerability based assessment", *Global and Planetary Change* 175 (2019), pp. 52-63.

62. P. Greve et al., "Global assessment of water challenges under uncertainty in water scarcity projections", *Nature Sustainability* 1/9 (2018), pp. 486-494.

63. C. A. Dieter et al., *Estimated Use of Water in the United States in 2015* (Washington, DC: US Geological Survey, 2018).

64. P. S. Goh et al., *Desalination Technology and Advancement* (Oxford: Oxford Research Encyclopedias, 2019).

65. A. Fletcher et al., "A low-cost method to rapidly and accurately screen for transpiration efficiency in wheat", *Plant Methods* 14 (2018), artigo 77. Uma eficiência da transpiração total da planta de 4,5 g/kg significa que 1 quilo de biomassa requer 222 quilos de água transpirada, e, com os grãos sendo cerca de metade da biomassa total acima do solo, a proporção dobra para quase 450 quilos.

66. Y. Markonis et al., "Assessment of water cycle intensification over land using a multisource global gridded precipitation dataset", *Journal of Geophysical Research: Atmospheres* 124/21 (2019), pp. 11.175-11.187.

67. S. J. Murray et al., "Future global water resources with respect to climate change and water withdrawals as estimated by a dynamic global vegetation model".

68. Y. Fan et al., "Comparative evaluation of crop water use efficiency, economic analysis and net household profit simulation in arid Northwest China", *Agricultural Water Management* 146 (2014), pp. 335-345; J. L. Hatfield e C. Dold, "Water-use efficiency: Advances and challenges in a changing climate", *Frontiers in Plant Science* 10 (2019), p. 103; D. Deryng et al., "Regional disparities in the beneficial effects of rising CO_2 concentrations on crop water productivity", *Nature Climate Change* 6 (2016), pp. 786-790.

69. IPCC, *Climate Change and Land* (Genebra: IPCC, 2020), https://www.ipcc.ch/srccl/; P. Smith et al., "Agriculture, Forestry and Other Land Use (AFOLU)". In: IPCC, *Climate Change 2014*.

70. V. Smil, *Should We Eat Meat?*, pp. 203-210.

71. D. Gerten et al., "Feeding ten billion people is possible within four terrestrial planetary boundaries", *Nature Sustainability* 3 (2020), pp. 200-208; consulte também FAO, *The Future of Food and Agriculture: Alternative Pathways to 2050* (Roma: FAO, 2018), http://www.fao.org/3/I8429EN/i8429en.pdf.

72. O que escrevi: "Somando a média e o intervalo mais alto [entre as sucessivas pandemias] a 1968, chegamos a um intervalo entre 1996 e 2021. Estamos, falando em termos probabilísticos, totalmente dentro de uma zona de alto risco. Assim, a probabilidade de outra pandemia de influenza durante os próximos cinquena anos é virtualmente de 100%": V. Smil, *Global Catastrophes and Trends* (Cambridge, MA: MIT Press, 2008), p. 46. E tivemos duas pandemias no intervalo indicado: o vírus H1N1 em 2009, um ano após a publicação do livro, e o SARS-CoV-2 em 2020.

73. As atualizações estatísticas diárias globais foram fornecidas pela Johns Hopkins em https://coronavirus.jhu.edu/map.html e pela Worldometer em

https://www.worldometers.info/coronavirus/. Teremos que esperar pelo menos dois anos por uma história capaz de analisar a pandemia de forma abrangente.

74. U. Desideri e F. Asdrubali, *Handbook of Energy Efficiency in Buildings* (Londres: Butterworth-Heinemann, 2015).

75. Natural Resource Canada, *High Performance Housing Guide for Southern Manitoba* (Ottawa: Natural Resources Canada, 2016).

76. L. Cozzi e A. Petropoulos, "Growing preference for SUVs challenges emissions reductions in passenger car market", IEA (outubro de 2019), https://www.iea.org/commentaries/growing-preference-for-suvs-challenges-emissions-reductions-in-passenger-car-market.

77. J. G. J. Olivier e J. A. H. W. Peters, *Trends in Global CO2 and Total Greenhouse Gas Emissions* (Haia: PBL Netherlands Environmental Assessment Agency, 2019).

78. ONU, "Conference of the Parties (COP)", https://unfccc.int/process/bodies/supreme-bodies/conference-of-the-parties-cop.

79. N. Stockton, "The Paris climate talks will emit 300,000 tons of CO2, by our math. Hope it's worth it", *Wired* (novembro de 2015).

80. ONU, *Report of the Conference of the Parties on its twenty-first session, held in Paris from 30 November to 13 December 2015* (janeiro de 2016), https://unfccc.int/sites/default/files/resource/docs/2015/cop21/eng/10a01.pdf.

81. Sobre o futuro do ar-condicionado, consulte International Energy Agency, *The Future of Cooling* (Paris: IEA, 2018).

82. Olivier e Peters, *Trends in Global CO2 and Total Greenhouse Gas Emissions* 2019 Report.

83. T. Mauritsen e R. Pincus, "Committed warming inferred from observations", *Nature Climate Change* 7 (2017), pp. 652-655.

84. C. Zhou et al., "Greater committed warming after accounting for the pattern effect", *Nature Climate Change* 11 (2021), pp. 132-136.

85. IPCC, *Global warming of 1.5 °C* (Genebra: IPCC, 2018), https://www.ipcc.ch/sr15/.

86. A. Grubler et al., "A low energy demand scenario for meeting the 1.5°C target and sustainable development goals without negative emission technologies", *Nature Energy* 526 (2020), pp. 515-527.

87. European Environment Agency, "Size of the vehicle fleet in Europe" (2019), https://www.eea.europa.eu/data-and-maps/indicators/size-of-the-vehicle-

-fleet/size-of-the-vehicle-fleet-10; sobre 1990, consulte https://www.eea.europa.eu/data-and-maps/indicators/access-to-transport-services/vehicle-ownership-term-2001.

88. National Bureau of Statistics, *China Statistical Yearbook, 1999-2019*, http://www.stats.gov.cn/english/Statisticaldata/AnnualData/.

89. SEI, IISD, ODI, E3G e UNEP, *The Production Gap Report: 2020 Special Report*, http://productiongap.org/2020report.

90. E. Larson et al., *Net-Zero America: Potential Pathways, Infrastructure, and Impacts* (Princeton, NJ: Princeton University, 2020).

91. C. Helman, "Nimby nation: The high cost to America of saying no to everything", *Forbes* (agosto de 2015).

92. The House of Representatives, "Resolution Recognizing the duty of the Federal Government to create a Green New Deal" (2019), https://www.congress.gov/bill/116th-congress/house-resolution/109/text; M. Z. Jacobson et al., "Impacts of Green New Deal energy plans on grid stability, costs, jobs, health, and climate in 143 countries", *One Earth 1* (2019), pp. 449-463.

93. T. Dickinson, "The Green New Deal is cheap, actually", *Rolling Stone* (6 de abril de 2020); J. Cassidy, "The good news about a Green New Deal", *New Yorker* (4 de março de 2019); N. Chomsky e R. Pollin, *Climate Crisis and the Global Green New Deal: The Political Economy of Saving the Planet* (Nova York: Verso, 2020); J. Rifkin, *The Green New Deal: Why the Fossil Fuel Civilization Will Collapse by 2028, and the Bold Economic Plan to Save Life on Earth* (Nova York: St. Martin's Press, 2019).

94. Caso você queira se juntar ao grupo mais radical desse movimento — que quer mobilizar "3,5% da população para conseguir mudar o sistema" (uma rebelião calculada em casas decimais!) — consulte: Extinction Rebellion, "Welcome to the rebellion", https://rebellion.earth/the-truth/about-us/. Para instruções por escrito, consulte Extinction Rebellion, *This Is Not a Drill: An Extinction Rebellion Handbook* (Londres: Penguin, 2019).

95. P. Brimblecombe et al., *Acid Rain—Deposition to Recovery* (Berlim: Springer, 2007).

96. S. A. Abbasi e T. Abbasi, *Ozone Hole: Past, Present, Future* (Berlim: Springer, 2017).

97. J. Liu et al., "China's changing landscape during the 1990s: Large-scale land transformation estimated with satellite data", *Geophysical Research Letters* 32/2 (2005), L02405.

98. M. G. Burgess et al., "IPCC baseline scenarios have over-projected CO_2 emissions and economic growth", *Environmental Research Letters* 16 (2021), 014016.

99. H. Wood, "Green energy meets people power", *The Economist* (2020), https://worldin.economist.com/article/17505/edition2020get-ready-renewable-energy-revolution.

100. Z. Hausfather et al., "Evaluating the performance of past climate model projections", *Geophysical Research Letters* 47 (2019), e2019 GL085378.

101. V. Smil, "History and risk".

102. Totais diários e cumulativos globais e nacionais pela Johns Hopkins em https://coronavirus.jhu.edu/map.html ou pelo Worldometer em https://www.worldometers.info/coronavirus/.

103. As fontes dos dados nesse e no próximo parágrafo são as seguintes: para a taxa do PIB, consulte World Bank, "GDP per capita (current US$)" (acessado em 2020), https://data.worldbank.org/indicator/NY.GDP.PCAP.CD; para as estatísticas chinesas, consulte National Bureau of Statistics, *China Statistical Yearbook, 1999-2019*; para as emissões de CO_2 por país, consulte Olivier e Peters, *Trends in Global CO2 and Total Greenhouse Gas Emissions 2019 Report*.

104. Entre 2020 e 2050, a previsão média de população da ONU projeta 99,6% do aumento total ocorrendo em países menos desenvolvidos, e em torno de 53% do total na África Subsaariana: ONU, *World Population Prospects: The 2019 Revision* (Nova York: ONU, 2019). Sobre as condições de geração de eletricidade na África, consulte G. Alova et al., "A machine-learning approach to predicting Africa's electricity mix based on planned power plants and their chances of success", *Nature Energy* 6/2 (2021).

105. Y. Pan et al., "Large and persistent carbon sink in the world's forests", *Science* 333 (2011), pp. 988-993; C. Che et al., "China and India lead in greening of the world through land-use management", *Nature Sustainability* 2 (2019), pp. 122-129. Consulte também J. Wang et al., "Large Chinese land carbon sink estimated from atmospheric carbon dioxide data", *Nature* 586/7831 (2020), pp. 720-723.

106. N. G. Dowell et al., "Pervasive shifts in forest dynamics in a changing world", *Science* 368 (2020); R. J. W. Brienen et al., "Forest carbon sink neutralized by pervasive growth-lifespan trade-offs", *Nature Communications* 11 (2020), artigo 4241.1234567890.

107. P. E. Kauppi et al., "Changing stock of biomass carbon in a boreal forest over 93 years", *Forest Ecology and Management* 259 (2010), pp. 1.239-1.244; H. M. Henttonen et al., "Size-class structure of the forests of Finland during 1921-2013: A recovery from centuries of exploitation, guided by forest policies", *European Journal of Forest Research* 139 (2019), pp. 279-293.

108. P. Roy e J. Connell, "Climatic change and the future of atoll states", *Journal of Coastal Research* 7 (1991), pp. 1.057-1.075; R. J. Nicholls e A. Cazenave, "Sea-level rise and its impact on coastal zones", *Science* 328/5985 (2010), pp. 1.517-1.520.

109. P. S. Kench et al., "Patterns of island change and persistence offer alternate adaptation pathways for atoll nations", *Nature Communications* 9 (2018), artigo 605.

110. Esse era o título de um capítulo escrito por Amory Lovins como contribuição para um livro sobre o meio ambiente global: A. Lovins, "Abating global warming for fun and profit". In: K. Takeuchi e M. Yoshino (eds.), *The Global Environment* (Nova York: Springer-Verlag, 1991), pp. 214-229. Para os leitores mais jovens: Lovins construiu sua fama com um artigo de 1976 onde delineou o caminho da energia "suave" (renovável em pequena escala) para os Estados Unidos: A. Lovins, "Energy strategy: The road not taken", *Foreign Affairs* 55/1 (1976), pp. 65-96. De acordo com sua ideia, no ano 2000 os Estados Unidos obteriam energia correspondente a cerca de 750 milhões de toneladas de óleo equivalente a partir dessas técnicas "suaves". Depois de subtrair a hidrogeração convencional em grande escala (que não é pequena nem suave), a geração de fontes renováveis contribuiu com o equivalente a pouco mais de 75 milhões de toneladas de petróleo, deixando a previsão de Lovins 90% longe de sua meta em 24 anos, a exemplo das expectativas "verdes" pouco realistas das décadas seguintes.

7. Entendendo o futuro: entre o apocalipse e a singularidade

1. Livros sobre apocalipticismo e profecias apocalípticas, imaginação e interpretações são bastante numerosos, mas não pretendo fazer nenhuma recomendação sobre esse tipo específico de texto de ficção.

2. Imaginar que a inteligência artificial vai superar a capacidade humana é fácil, se comparado ao nível de mudança física instantânea necessária para alcançar a singularidade.

3. R. Kurzweil, "The law of accelerating returns" (2001), https://www.kurzweilai.net/the-law-of-accelerating-returns. Consulte também seu livro *The Singularity Is Near* (Nova York: Penguin, 2005). A chegada da singularidade em 2045 está prevista em https://www.kurzweilai.net/. Antes de chegarmos lá, "na década de 2020, a maioria das doenças desaparecerá à medida que os nanorrobôs se tornarem mais inteligentes do que a tecnologia médica atual. A alimentação humana normal pode ser substituída por nanossistemas". Consulte P. Diamandis, "Ray Kurzweil's mind-boggling predictions for the next 25 years", *Singularity Hub* (janeiro de 2015), https://singularityhub.com/2015/01/26/ray-kurzweils-mind-boggling-predictions-for-the-next-25--years/. Obviamente, caso tais previsões se concretizassem, em apenas alguns anos ninguém teria que escrever livros sobre agricultura, alimentação, saúde e medicina ou sobre como o mundo realmente funciona: os nanorrobôs cuidariam de tudo!

4. Julian Simon, da Universidade de Maryland, foi um dos cornucopianos mais influentes das últimas duas décadas do século XX. Seus trabalhos mais citados são: *The Ultimate Resource* (Princeton, NJ: Princeton University Press, 1981) e J. L. Simon e H. Kahn, *The Resourceful Earth* (Oxford: Basil Blackwell, 1984).

5. Carros elétricos: Bloomberg NEF, *Electric Vehicle Outlook 2019*, https://about.bnef.com/electric-vehicle-outlook/#toc-download. Emissões de carbono na União Europeia: EU, "2050 long-term strategy", https://ec.europa.eu/clima/policies/strategies/2050_en. Informação no mundo em 2025: D. Reinsel et al., *The Digitization of the World From Edge to Core* (novembro de 2018), https://www.seagate.com/files/www-content/our-story/trends/files/idc--seagate-dataage-whitepaper.pdf. Voos no mundo em 2037: "IATA Forecast Predicts 8.2 billion Air Travelers in 2037" (outubro de 2018), https://www.iata.org/en/pressroom/pr/2018-10-24-02/.

6. Consulte as tendências nacionais de fecundidade de longo prazo no Banco de Dados do Banco Mundial: https://data.worldbank.org/indicator/SP.DYN.TFRT.IN.

7. ONU, *World Population Prospects 2019*, https://population.un.org/wpp/Download/Standard/Population/.

8. Os veículos elétricos atraíram enorme atenção, bem como muitas expectativas exageradas, durante a segunda década do século XXI. Em 2017, chegamos a ler isso no *Financial Post*: "Todos os veículos movidos a combustíveis

fósseis desaparecerão em oito anos em uma 'espiral da morte' tanto para as grandes petrolíferas quanto para as grandes montadoras, segundo estudo que deixou as indústrias em choque." O que deveria ter sido chocante foi a total falta de conhecimento técnico que levou a essa afirmação ridícula. Com cerca de 1,2 bilhão de carros de combustão interna nas ruas no início de 2020, seria necessário um grande truque de mágica para desaparecer com todos esses carros nos próximos cinco anos!

9. Ainda não está claro quando os veículos elétricos e convencionais atingirão a paridade de custo vitalício, mas, mesmo quando isso acontecer, alguns compradores ainda podem valorizar seu custo inicial mais do que qualquer economia futura: MIT Energy Initiative, *Insights into Future Mobility* (Cambridge, MA: MIT Energy Initiative, 2019), http://energy.mit.edu/insightsintofuturemobility.

10. Sobre as vendas recentes e previsões de longo prazo para adoção de carros elétricos, consulte Insideevs, https://insideevs.com/news/343998/monthly-plug-in-ev-sales-scorecard/; J.P. Morgan Asset Management, *Energy Outlook 2018: Pascal's Wager* (Nova York: J.P. Morgan, 2018), pp. 10-15.

11. Bloomberg NEF, *Electric Vehicle Outlook 2019*.

12. Michel de Nostradamus publicou suas profecias em 1555, e seus fiéis seguidores têm lido e interpretado seus textos desde então. Quanto ao formato, agora existem opções que variam de caras reproduções encadernadas até versões do Kindle.

13. H. von Foerster et al., "Doomsday: Friday, 13 November, A.D. 2026", *Science* 132 (1960), pp. 1.291-1.295.

14. P. Ehrlich, *The Population Bomb* (Nova York: Ballantine Books, 1968), p. xi; R. L. Heilbroner, *An Inquiry into the Human Prospect* (Nova York: W. W. Norton, 1975), p. 154.

15. Calculado a partir de dados da ONU, *World Population Prospects 2019*.

16. Levando em conta a projeção mediana da ONU, *World Population Prospects 2019*.

17. V. Smil, "Peak oil: A catastrophist cult and complex realities", *World Watch* 19 (2006), pp. 22-24; V. Smil, "Peak oil: A retrospective", *IEES Spectrum* (maio de 2020), pp. 202-221.

18. R. C. Duncan, "The Olduvai theory: Sliding towards the post-industrial age" (1996).

19. Para dados sobre desnutrição, consulte os relatórios anuais da FAO. A versão mais recente é: *The State of Food Security and Nutrition*, http://www.fao. org/3/ca5162en/ca5162en.pdf. Sobre a oferta de alimentos, consulte http:// www.fao.org/faostat/en/#data/FBS.

20. Calculado a partir de http://www.fao.org/faostat/en/#data/.

21. Dados da British Petroleum, *Statistical Review of World Energy*.

22. Dados de S. Krikorian, "Preliminary nuclear power facts and figures for 2019", International Atomic Energy Agency (janeiro de 2020), https://www. iaea.org/newscenter/news/preliminary-nuclear-power-facts-and-figures- -for-2019.

23. M. B. Schiffer, *Spectacular Flops: Game-Changing Technologies That Failed* (Clinton Corners, NY: Eliot Werner Publications, 2019), pp. 157-175.

24. S. Kaufman, *Project Plowshare: The Peaceful Use of Nuclear Explosives in Cold War America* (Ithaca, NY: Cornell University Press, 2013); A. C. Noble, "The Wagon Wheel Project", *WyoHistory* (novembro de 2014), http:// www.wyohistory.org/essays/wagon-wheel-project.

25. Sobre a redução do nicho climático: C. Xu et al., "Future of the human climate niche", *Proceedings of the National Academy of Sciences* 117/21 (2010), pp. 11.350-11.355. Sobre migrações: A. Lustgarten, "How climate migration will reshape America", *The New York Times* (20 de dezembro de 2020). Sobre a redução da renda: M. Burke et al., "Global non-linear effect of temperature on economic production", *Nature* 527 (2015), pp. 235-239. Sobre a profecia de Greta Thunberg: A. Doyle, "Thunberg says only 'eight years left' to avert 1.5°C warming", *Climate Change News* (janeiro de 2020), https://www.climatechangenews.com/2020/01/21/thunberg-says-eight- -years-left-avert-1-5c-warming/.

26. Tal preferência por profecias catastróficas talvez seja mais bem explicada pelo viés humano da negatividade: D. Kahneman, *Thinking Fast and Slow* (Nova York: Farrar, Straus and Giroux, 2011); ONU, "Only 11 years left to prevent irreversible damage from climate change, speakers warn during General Assembly high-level meeting" (março de 2019), https://www.un.org/ press/en/2019/ga12131.doc.htm; P. J. Spielmann, "U.N. predicts disaster if global warming not checked", *AP News* (junho de 1989), https://apnews. com/bd45c372caf118ec99964ea547880cd0.

27. FII Institute, *A Sustainable Future is Within Our Grasp*; J. M. Greer, *Apocalypse Not!* (Hoboken, NJ: Viva Editions, 2011); M. Shellenberger, *Apo-*

calypse Never: Why Environmental Alarmism Hurts Us All (Nova York: Harper, 2020).

28. V. Smil, "Perils of long-range energy forecasting: Reflections on looking far ahead", *Technological Forecasting and Social Change* 65 (2000), pp. 251-264.

29. FAO, *Yield Gap Analysis of Field Crops: Methods and Case Studies* (Roma: FAO, 2015).

30. Seus tecidos são compostos por mais de 95% de água, e eles não contêm ou contêm quantidades insignificantes dos dois macronutrientes essenciais: proteínas e lipídios dietéticos.

31. Os custos de material (aço, plástico, vidro) e energia (aquecimento, iluminação, ar-condicionado) seriam realmente astronômicos.

32. Para custos de energia dos materiais, consulte V. Smil, *Making the Modern World*. Para custos mínimos de energia do aço, consulte J. R. Fruehan et al., *Theoretical Minimum Energies to Produce Steel for Selected Conditions* (Columbia, MD: Energetics, 2000).

33. FAO, "Fertilizers by nutrient" (acessado em 2020), http://www.fao.org/faostat/en/#data/RFN.

34. Dados de V. Smil, *Energy Transitions*.

35. Calculado a partir de dados da British Petroleum, *Statistical Review of World Energy*.

36. Para uma amostra da fascinante discussão sobre erros de categorização, consulte O. Magidor, *Category Mistakes* (Oxford: Oxford University Press, 2013); W. Kastainer, "Genealogy of a category mistake: A critical intellectual history of the cultural trauma metaphor", *Rethinking History* 8 (2004), pp. 193-221.

37. Para as origens dessas invenções fundamentais, consulte V. Smil, *Transforming the Twentieth Century*.

38. V. Smil, *Prime Movers of Globalization*.

39. A. Engler, "A guide to healthy skepticism of artificial intelligence and coronavirus", Brookings Institution (abril de 2020).

40. "CRISPR: Your guide to the gene editing revolution", *New Scientist*, https://www.newscientist.com/round-up/crispr-gene-editing/.

41. Y. N. Harari, *Homo Deus* (Nova York: Harper, 2018); D. Berlinski, "Godzooks", *Inference* 3/4 (fevereiro de 2018).

42. E. Trognotti, "Lessons from the history of quarantine, from plague to influenza", *Emerging Infectious Diseases* 19 (2013), pp. 254-259.

43. S. Crawford, "The Next Generation of Wireless—'5G'—Is All Hype", *Wired* (agosto de 2016), https://www.wired.com/2016/08/the-next-generation-of-wireless-5g-is-all-hype/.

44. "Lack of medical supplies 'a national shame'", *BBC News* (março de 2020); L. Lee e K. N. Das, "Virus fight at risk as world's medical glove capital struggles with lockdown", *Reuters* (março de 2020); L. Peek, "Trump must cut our dependence on Chinese drugs—whatever it takes", *The Hill* (março de 2020).

45. O custo final da pandemia de 2020 não será conhecido por muitos anos, mas não há dúvida sobre sua ordem de grandeza: muitos trilhões de dólares. Em 2019, o produto econômico global estava perto de 90 trilhões de dólares, portanto é preciso uma redução de apenas alguns por cento para elevar seu custo para a casa dos trilhões.

46. Mas não podemos fazer nenhum julgamento definitivo até finalmente obtermos uma avaliação mundial retrospectiva do número de vítimas da pandemia de covid-19.

47. J. K. Taubenberger et al., "The 1918 influenza pandemic: 100 years of questions answered and unanswered", *Science Translational Medicine* 11/502 (julho de 2019), eaau5485; Morens et al., "Predominant role of bacterial pneumonia as a cause of death in pandemic influenza: Implications for pandemic influenza preparedness", *Journal of Infectious Disease* 198 (2008), pp. 962-970.

48. "The 2008 financial crisis explained", *History Extra* (2020), https://www.historyextra.com/period/modern/financial-crisis-crash-explained-facts-causes/.

49. Os maiores navios de cruzeiro hoje em dia comportam mais de seis mil passageiros, e a tripulação acrescenta mais 30% a 35% ao número. Marine Insight, "Top 10 Largest Cruise Ships in 2020", https://www.marineinsight.com/know-more/top-10-largest-cruise-ships-2017/.

50. R. L. Zijdeman e F. R. de Silva, "Life expectancy since 1820". In: J. L. van Zanden et al. (eds.), *How Was Life? Global Well-Being since 1820* (Paris: OECD, 2014), pp. 101-116.

51. Esses excessos de mortalidade podem ser vistos em sites atualizados regularmente pelo European Mortality Monitoring (https://www.euromomo.eu/) para os países da União Europeia e pelo Centers for Disease Control (https://www.cdc.gov/nchs/nvss/vsrr/covid19/excess_deaths.htm) para os Estados Unidos.

52. Projeções populacionais detalhadas por idade para todos os países e regiões do mundo estão disponíveis em: https://population.un.org/wpp/Download/Standard/Population/.

53. American Cancer Society, "Survival Rates for Childhood Leukemias", https://www.cancer.org/cancer/leukemia-in-children/detection-diagnosis-staging/survival-rates.html.

54. US Department of Defense, *Narrative Summaries of Accidents Involving U.S. Nuclear Weapons 1950-1980* (1980), https://nsarchive.files.wordpress.com/2010/04/635.pdf; S. Shuster, "Stanislav Petrov, the Russian officer who averted a nuclear war, feared history repeating itself", *Time* (19 de setembro de 2017).

55. Os relatos mais detalhados sobre o desastre (incluindo cinco volumes técnicos) está disponível em: International Atomic Energy Agency, *The Fukushima Daiichi Accident* (Viena: IAEA, 2015). O Parlamento do Japão publicou seu relatório oficial: *The Official Report of the Fukushima Nuclear Accident Independent Investigation Commission*, https://www.nirs.org/wp-content/uploads/fukushima/naiic_report.pdf.

56. Para os anúncios oficiais da Boeing, consulte as atualizações do 737 MAX em https://www.boeing.com/737-max-updates/en-ca/737 MAX. Para análises críticas, consulte, entre muitos outros: D. Campbell, "Redline", *The Verge* (maio de 2019); D. Campbell, "The ancient computers on Boeing 737 MAX are holding up a fix", *The Verge* (abril de 2020).

57. Em 2018, as participações nas emissões globais de CO_2 foram as seguintes: o maior emissor (China) muito próximo dos 30%; os dois primeiros (China e Estados Unidos) com pouco mais de 43%; os cinco primeiros (China, Estados Unidos, Índia, Rússia, Japão) com 51%; os dez primeiros (acrescentando Alemanha, Irã, Coreia do Sul, Arábia Saudita e Canadá) quase exatamente dois terços: Olivier e Peters, *Global CO_2 emissions from fossil fuel use and cement production per country, 1970-2018*.

58. Essa necessidade de compromisso de longo prazo diminui ainda mais a probabilidade de que países tão divergentes como a China e os Estados Unidos, ou a Índia e a Arábia Saudita, concordem com uma forma geral aceitável para proceder no longo prazo.

59. A avaliação clássica de Ramsey é categórica: "Supõe-se que não negligenciamos os prazeres futuros em comparação com os mais imediatos, uma prática que é eticamente indefensável e decorre apenas da fraqueza da

imaginação." F. P. Ramsey, "A mathematical theory of saving", *The Economic Journal* 38 (1928), p. 543. É claro que uma posição tão inflexível é bastante impraticável.

60. C. Tebaldi e P. Friedlingstein, "Delayed detection of climate mitigation benefits due to climate inertia and variability", *Proceedings of the National Academy of Sciences* 110 (2013), pp. 17.229-17.234; J. Marotzke, "Quantifying the irreducible uncertainty in near-term climate projections", *Wiley Interdisciplinary Review: Climate Change* 10 (2018), pp. 1-12; B. H. Samset et al., "Delayed emergence of a global temperature response after emission mitigation", *Nature Communications* 11 (2020), artigo 3.261.

61. P. T. Brown et al., "Break-even year: a concept for understanding intergenerational trade-offs in climate change mitigation policy", *Environmental Research Communications* 2 (2020), 095002. Usando o mesmo modelo, Ken Caldeira calculou a taxa interna de retorno sobre o aumento do investimento em redução (conforme declarado por muitas metas recentes dos países) para carbono zero até 2050, e a data de início do retorno positivo (quando os danos climáticos evitados excedem as despesas causadas pela redução): a taxa é em torno de 2,7%, e o retorno positivo não chega até o início do próximo século.

62. Projeção mais alta: ONU, *World Population Prospects 2019*. Projeção mais baixa: S. E. Vollset et al., "Fertility, mortality, migration, and population scenarios for 195 countries and territories from 2017 to 2100: a forecasting analysis for the Global Burden of Disease Study", *The Lancet* (14 de julho de 2020).

Apêndice: Entendendo os números: ordens de magnitude

1. M. M. M. Mazzocco et al., "Preschoolers' precision of the approximate number system predicts later school mathematics performance", *PLoS ONE* 6/9 (2011), e23749.

2. United States Census, HINC-01. *Selected Characteristics of Households by Total Money Income* (2019), https://www.census.gov/data/tables/time-series/demo/income-poverty/cps-hinc/hinc-01.html; Credit Suisse, *Global Wealth Report* (2019), https://www.credit-suisse.com/about-us/en/reports-research/global-wealth-report.html; J. Ponciano, "Winners/Losers: The world's 25 richest billionaires have gained nearly \$255 billion in just two months", *Forbes* (23 de maio de 2020).

3. V. Smil, "Animals vs. artifacts: Which are more diverse?", *Spectrum IEEE* (agosto de 2019), p. 21.
4. O poder dos motores primários é analisado em V. Smil, *Energy in Civilization: A History* (Cambridge, MA: MIT Press, 2017), pp. 130-146.

AGRADECIMENTOS

Agradeço a Connor Brown, meu editor em Londres, por me oferecer outra chance de escrever um livro abrangente, e a meu filho David (do Ontario Institute for Cancer Research), por ser seu primeiro leitor e crítico.

ÍNDICE

5G, 182, 297

11 de setembro *ver* ataques terroristas

A

acetato de celulose, 118

acidentes: e fatalidades, 196; envenenamento, 199, 200; esportes radicais, 196, 208-209; industrial e construção, 196; nuclear, 195, 302; perigos e catástrofes naturais, 210-224; quedas, 197-198, 199, 201, 202; transporte, 183, 192, 193, 195, 196, 197, 198, 201, 204

aço: crescimento da produção pós-guerra, 160; custos de energia para produção, 291, 379; dependência em relação aos combustíveis fósseis, 127, 129; disponibilidade de recursos, 126-127; em concreto armado, 131-132; importância, 107, 121-122; necessidades futuras de 137; produção, 10-11, 42, 109, 120-121, 129; reciclagem, 127; tipos, 124; utilização, 71, 124-125, 139, 152

Acordo de Paris sobre o Clima (2015), 261, 304

açúcar, 190, 191-192

aeronaves e viagens aéreas: ajuste da trajetória de voo, 177; descarbonização das, 37, 40, 57; e combustíveis fósseis, 38; futuro das, 280; história das, 154-159, 163-164; monitoramento GPS, 175; movidas a energia nuclear, 287; poder dos aviões modernos, 315; transporte de mercadorias, 173-174; uso de materiais, 117, 125; voar e riscos, 207-208, 301;

Afeganistão, 209

África do Sul, 54

África: agricultura, 116, 237, 254, 290; andar de carro e riscos, 207; comida, 77, 86, 101-102; e descarbonização, 267, 271, 274;

e globalização, 105; fornecimento de energia, 12; habitação, 136-137; trabalho imigrante na Espanha, 82; uso de água, 236; *ver também cada país pelo seu nome*

Agência Internacional de Energia (AIE), 60

agricultura: aumento de produtividade, 67-70; conhecimento popular sobre, 10; consolidação das lavouras, 91; cultivo hidropônico, 291; dependência em relação à água, 236, 253; dependência em relação a combustíveis fósseis, 7, 62-104; e uso da terra, 239; futuro da, 12, 290-291, 293; história da, 27, 63-34, 110; lavouras usadas para alimentação animal, 102; manutenção do abastecimento alimentar, 236-238, 253-255; reduzindo as emissões de gases de efeito estufa, 259; Revolução Verde, 76, 113; tamanho da safra global de grãos, 59; *ver também* fertilizantes

agroquímicos, 73, 84; *ver também* fertilizantes

água: azul, 236; categorias, 236; cinza, 236; como bebida, 50, 59; e agricultura, 237, 253;

e aquecimento atmosférico, 243, 246; e o meio ambiente, 269; manutenção do suprimento, 235-237, 254-255; razão da existência na Terra, 243; verde, 236

aids, 226

Alemanha: ascensão nazista, 177; comércio, 166; consumo de automóveis, 263; e mudanças climáticas, 265; e Segunda Guerra Mundial, 158; energia nuclear, 56, 131; fatores de capacidade elétrica, 38; indústria aeronáutica, 163; navios a vela vs. movidos a vapor, 152; síntese de amônia, 112-113; taxas de mortalidade, 202;

uso de água, 237; uso de energia renovável, 44, 54-55, 57

alimentação *ver* comida
alimentos: como parte das despesas da
unidade familiar, 101; cozinhar, 27;
dependência em relação aos combustíveis
fósseis, 11, 62-104, 110-114; dieta saudável,
187-192; e mudanças climáticas, 254, 260;
estatísticas de desnutrição, 63; futuro dos,
285, 287, 290-292; história da produção,
62-65; oferta, 178, 237-239, 253-254;
pegada de carbono, 261; resíduos, 99, 259;
riscos, 198, 301; transporte, 86, 90;
ver também agricultura; comer carne
Allen, William, 163
alumínio, 292
Américas, 26, 110, 146; *ver também cada país
pelo seu nome*
amônia: crescimento da produção pós-guerra,
161; e agricultura, 73, 110-114; impacto
ambiental, 239; importância, 107-108, 109;
necessidades futuras de 138; outros usos,
114; propriedades, 108-109; síntese, 42, 75,
109, 110-113, 291
animais: caravanas, 148; como causa de morte
humana, 202; domesticação, 27-28;
pecuária leiteira, 67, 102; pecuária, 38, 67,
79, 102, 254-255; tamanho dos mamíferos
e aves, 313-314; tração, 67-70; *ver também*
comer carne
apneia, 231
apocalipse, 279; *ver também* catastrofismo
aquecimento global *ver* mudanças climáticas
aquecimento, 42, 51, 259, 266
Arábia Saudita, 42, 43, 141
ar-condicionado, 261, 263, 273
Argélia, 43
Aristóteles, 33
armas de fogo *ver* armas
armas nucleares, 137, 287
armas, 118, 126, 228, 339
armazenamento hidrelétrico por
bombeamento (PHS, *pumped hydro
storage*), 56
arranha-céus, 123, 130-131, 132
Arrhenius, Svante, 246-248
arroz, 72, 102, 254
arte e globalização, 149
árvores, 234, 275, 276
asa delta, 209
asfalto, 40
Ásia: agricultura, 94, 114, 115, 241;
alimentação e dieta, 102-103, 189;

comércio, 146-150, 153, 164, 172; e
mudanças climáticas, 248, 272, 274;
habitação, 136; histórico de viagens aéreas,
157; investimento estrangeiro direto, 169;
manufatura, 179, 180, 181 274; siderurgia,
120, 126; uso de óleo, 45; *ver também cada
país pelo seu nome*Aspdin, Joseph, 131
asteroides, 216
Atalla, Mohamed, 165
ataques terroristas, 185, 196, 209
atum, 87-88
Austrália: agricultura, 110, 236; e mudanças
climáticas, 257; histórico de comércio,
146, 152, 153; minério de ferro, 127;
trabalho pré-industrial, 27-28; uso de
concreto, 133;
Áustria, 272
automóveis: aumento na compra de, 41, 263;
comércio internacional de, 162; consumo
de óleo, 40, 41; e descarbonização, 259;
eficiência histórica, 42; elétricos, 35,
139-140, 268, 282; motores elétricos em,
51; potência dos veículos modernos, 315;
reciclagem, 127-28; segurança, 186, 353;
SUVs, 261; uso de materiais, 114, 125;
ver também andar de automóvel
automóveis: e fatalismo, 197; e risco, 192, 193,
196, 197, 201, 207-208; segurança, 182,
349; sinalização rodoviária e barreiras de
proteção, 125
Ayres, Robert, 31-32

B
Baekeland, Leo Hendrick, 118
Bakelite, 118
Baltimore, 199
Bangladesh, 127
barragens, 134
barreiras de proteção, 125
base jumping, 197, 208-209
BASF, 112-113
baterias, 57, 139
bin Laden, Osama, 227
Boeing *ver* tipos de aeronaves
Boltzmann, Ludwig, 31
Bosch, Carl, 113
Brandenberger, Jacques, 118
Brasil: agricultura, 112; andar de carro e
riscos, 207; comer carne, 101; e
globalização, 171; geração de eletricidade,
52; minério de ferro, 126

388

Bukharin, Nikolai, 154
Burj Khalifa, 123

C
caça, 62, 86
caçadores-coletores, 64
café, 147
calculadoras, eletrônicas, 166
camarão, 87
caminhões, 174
Canadá: agricultura, 83; aquecimento e
   isolamento térmico, 258; automóveis, 41;
   declínio da manufatura, 179; e mudanças
   climáticas, 54, 259; exportações de sucata
   de aço, 128; histórico comercial, 153;
   indústria petrolífera, 41; pistas de
   aeroporto, 134; taxas de mortalidade, 203;
   tempestades geomagnéticas, 219; uso de
   água, 236
cana-de-açúcar, 254
câncer, 199, 200, 201, 203
captura e armazenamento de carbono, 265
caravanas, animais, 148
carne de porco, 77, 80, 255
carne, 77, 79, 152-153
carpa, 88
Carpathia, RMS, 157
carregadores, 148
Carrington, Richard, 218
carvão: densidade de energia, 39, 40; e
   agricultura, 71; e siderurgia, 129; e
   transporte, 40
eficiência energética, 30; tamanho das
   reservas, 53; uso histórico, 27-28;
casas: aquecimento e isolamento, 42, 51, 259,
   266; e descarbonização, 266; futuro das,
   295; usos de eletricidade, 51
Cassius Dio, 146
Catar, 43
catástrofes e desastres naturais, 210-215
catastrofismo, 17, 279, 281-284, 285
celofane, 118
CFCs ver clorofluorcarbonos
chá, 149, 150, 189
Chernobyl, 195
Chile, 111
chimpanzés, 100
China: agricultura, 64, 82, 93, 97, 113-114,
   238; alimentação e dieta, 82, 94, 99,
   188-189, 286, 332; carros, 261, 272-273;
   covid, 272; crescimento econômico, 158,

272-273, 307; e globalização, 143-144,
   167-168, 169-170; e mudanças climáticas,
   54, 258, 267, 272, 273; e turismo, 174;
   fabricação, 141, 179-180, 297-298; fim da
   dinastia Qing, 177; florestas, 269;
   fornecimento de energia, 29, 30; geração
   de eletricidade, 52, 57; guerra civil, 178;
   histórico de comércio com o Ocidente,
   146, 147; indústria de dispositivos
   portáteis, 178; indústria de GPS, 176;
   indústria farmacêutica, 199, 358; indústria
   siderúrgica, 11, 128; invasão japonesa da
   Manchúria, 177; minério de ferro, 126,
   178; população, 308; sob Mao, 166, 167,
   177; trens, 274; uso de ar-condicionado,
   261, 273; uso de combustível fóssil, 44, 60,
   260; uso de concreto, 133, 134, 135; uso e
   abastecimento de água, 236, 252, 254;
   zonas econômicas especiais, 179;
Chomsky, Noam, 266
Christian X (cargueiro), 155
chuva ácida, 269
cidades ver urbanização
ciência, atomização do conhecimento, 8
cimento e concreto: Cimento Portland, 131;
   concreto armado, 108, 132-134;
   crescimento da produção pós-guerra, 161;
   durabilidade, 135-137; impacto ambiental,
   244; importância, 108; necessidades
   futuras, 138; produção, 108, 129, 130-131;
   usos, 131-34
Cincinnati, 132
cintos de segurança, 185
circuitos integrados, 159, 162, 295
cloreto de polivinila (PVC), 117-118, 119,
   120-121
clorofluorcarbonos (CFCs), 244
cobalto, 139
Coignet, François, 132
combustíveis fósseis: disponibilidade de
   recursos, 53; e geração de eletricidade, 52;
   e materiais essenciais, 105-140; e produção
   de alimentos, 13, 62-104; e suprimento de
   oxigênio, 251-252; estatísticas de emissões
   de CO_2, 109; futuro dos, 137-138,
   294-295; impacto ambiental (ver
   mudanças climáticas); redução da
   demanda, 13, 16-17, 35-44, 53-59, 257-258,
   262-276, 295-296, 302-305; surgimento
   dos, 27; tendências de produção, 264;

389

combustíveis *ver* energia; combustíveis
 fósseis; combustíveis por nome
comer carne: dieta paleolítica, 187; e o meio
 ambiente, 254-255; e saúde, 189, 190-191;
 estatísticas, 101; quantidades necessárias, 101
comércio de especiarias, 147, 149-150
comércio eletrônico, 47
comércio: cadeia de suprimentos
 internacional, 171, 179-180; global, 142;
 história do, 141-183
cometas, 216
Companhia das Índias Orientais, 147
Companhia Holandesa das Índias Orientais,
 147, 149
computadores, 105-106, 159, 164-165, 175-177
comunicação sem fio, 8
comunicações: como motor da globalização,
 146-147, 152-159, 164; 5G, 182, 297; sem fio,
 8; *ver também* formas específicas de
 comunicação pelo seu nome
Concorde *ver* tipos de aeronaves
concreto *ver* cimento e concreto
Congo, 139
Conrad, Joseph, 154
construção, 124-125, 131-137, 196, 266
consumo de álcool, 191-192
contêineres, transporte, 117, 125, 141
contos de fadas, 280
Cook, Thomas, 154
Coreia do Sul: alimentação, 100; crescimento
 pós-guerra, 30; e mudanças climáticas,
 274;
energia nuclear, 57; uso de água, 237
cornucopianismo, 279, 284
covid *ver* pandemia de covid-19
criação de galinhas, 37, 95
Crookes, William, 112
cruzeiros, 142, 300
cuidados de saúde: e globalização, 181; futuro
 dos, 298; uso de aço em equipamentos
 hospitalares, 126; uso de plásticos,
 119-120; *ver também* drogas,
 medicamentos
cultivo hidropônico, 291
custos trabalhistas e globalização, 180
Czochralski, Jan, 294

D
d'Alembert, Jean le Rond, 8
demência, 199
Deng Xiaoping, 168

desmatamento, 267
desnutrição *ver* alimentos
dessalinização, 253
diabetes, 200
Diderot, Denis, 8
Diesel, Rudolf, 41, 155
diesel: densidade de energia, 39; e produção
 de alimentos, 73, 77, 85-89; e transporte,
 38, 41; transporte de, 48
dieta mediterrânea, 190-192
dieta paleolítica, 187
Dinamarca, 55
dinheiro e finanças: colapso do mercado de
 ações em 1929, 177; Crise de 2008-2009,
 170, 300; e globalização, 141; investimento
 estrangeiro direto, 170
dióxido de carbono: e fotossíntese, 66-67; e
 mudança climática, 242, 243-251; e oferta
 de alimentos, 254; e SUVs, 259;
 estatísticas de emissão, 54, 108-109;
 mudanças recentes nas emissões, 259;
 redução de emissões, 12, 15-16, 32-44,
 53-62, 257-258, 261-276, 293-395, 303-305;
DNA, 7
doença cardiovascular, 192, 201, 202
doença de Alzheimer, 199
doença respiratória crônica, 203
doença: como causa da morte, 198-203;
 pandemias virais, 220-222, 226-227,
 208-209, 309; predisposição genética
 para, 225; *ver também* SARS-CoV-2
doenças cardíacas *ver* doenças
 cardiovasculares
drogas, medicamentos: contaminados, 200; e
 globalização, 243
Dubai, 123

E
edifício *ver* construção
Edison, Thomas, 51, 132
educação e globalização, 141, 169
eficiência luminosa, 48-49
Egito, Antigo, 64, 145, 146
eletricidade: armazenamento e transmissão,
 44, 47, 55-57; carros elétricos, 37, 139-140,
 280, 282; como parcela do consumo
 global de energia, 51, 55-56; confiabilidade
 de fornecimento, 53; consumo na
 reciclagem de aço, 127; demanda por,
 52-53, 274; descarbonização da, 37-44,
 55-57 296-297; desenvolvimento da

indústria, 52-53; e produção de alimentos, 66; e tempestades geomagnéticas, 219-220; fatores de capacidade, 38; geração e risco, 195; geração, 8, 27, 45, 266; luz elétrica, 27, 28; motores elétricos, 48-49; uso do aço pela indústria elétrica, 125, 126; vantagens e usos, 47-49; eletromagnetismo, 8
Encyclopédie, ou Dictionnaire raisonné des sciences, des arts et des métiers, 8
energia eólica: combustíveis fósseis e construção de turbinas, 124, 138; funcionamento da, 45; futuro da, 265; histórico do uso, 27; natureza intermitente, 55-57
energia hidráulica: armazenamento hidrelétrico por bombeamento (PHS, *pumped hydro storage*), 56; e geração de eletricidade, 52; futuro da, 264; histórico de uso, 27, 28
energia hidrelétrica *ver* energia hidráulica
energia nuclear: acidentes, 195, 223; futuro da, 286-288; geração de eletricidade, 37, 52, 55-56; uso do aço pela indústria nuclear, 125
energia solar, 70, 102-103, 266
energia: ascensão dos combustíveis fósseis, 27-29; aumento da oferta de energia útil *per capita*, 39-40; autor e estudos sobre energia, 22; definição, 335; densidades de combustível comparadas, 39; descarbonização e redução da demanda, 13, 15-16, 32-44, 53-63, 257-259, 262-276, 293-294, 303-304; diferença de potência, 38-39;
energia livre, 31; história das fontes de energia e combustível, 26-29; importância para o progresso, 31-33; renováveis, 34, 44, 52, 54-56, 57-58, 264; tipos, 34; compreensão, 24-59; unidades de energia, 34, 38; usos modernos de energia, 29-33; viabilidade de futuras conversões de energia, 35-44; *ver também* eletricidade; combustíveis fósseis
Eniac (computador), 165, 175
envenenamento acidental, 200, 201
envenenamento por monóxido de carbono, 184
EPI *ver* equipamento de proteção individual
equipamento de proteção individual (EPI), 120, 182

erros de categorização, 293
erupções vulcânicas, 217-218, 225-226
escalares, 37
Espanha: agricultura, 83, 84-85; alimentação, 191-192; covid, 257, 298; geração de eletricidade, 45; turismo, 173-174
esportes extremos, 197, 208, 211-232
esqui, 124, 193
Estados Unidos: agricultura, 11, 67-72, 76, 84, 86, 90, 91-62, 110, 239, 295; alimentação e dieta, 99, 190; andar de automóvel e riscos, 205; aquecimento e isolamento térmico, 42, 257; ataques terroristas, 210, 227-228; automóveis, 41, 42, 162, 179, 259; comércio, 152-153, 165, 167; consumo de aparelhos de rádio e televisão, 158; covid, 224, 257, 273, 298-299; crescimento pós-guerra, 158, 307; criação de galinhas, 82; demanda e geração de eletricidade, 52, 53; e esportes radicais, 208;
e globalização, 144, 174, 180; e mudanças climáticas, 55, 261, 264, 274; e turismo, 175; efeitos das pandemias na economia, 226; energia nuclear, 56; erro médico em hospitais, 203-204; erupções vulcânicas, 217; experimentos nucleares, 287-288; fabricação, 178-179, 182; fornecimento de energia, 32; hesitação vacinal, 195; história do uso de telefone, 153; imigração, 166; importações de metais de terras raras, 178; indústria de GPS, 176; indústria siderúrgica, 42, 129;
recursos de potássio, 239; riscos naturais, 211; taxa de mortalidade e principais causas, 201, 202, 203; taxas de homicídio, 198, 199, 201; uso de água, 237, 253
uso de combustível fóssil, 31, 42, 43, 59; uso de concreto, 124-125, 131, 133, 134, 135, 137; uso do motor elétrico, 50; violência por armas, 227-228;
esterco, 75, 91-92
estradas, 131
estrelas, explosão, 216
Europa: agricultura, 239; comércio, 165; e covid, 273; instabilidade dos anos 1920, 177;
taxas de mortalidade, 202; turismo, 175; *ver também países individualmente por nome*
evolução, 31

expectativa de vida: ampliação moderna da, 223; desvantagens do aumento da, 300; e alimentação, 187-188, 190; e trabalhar, 180

F

Fairchild Semiconductor, 174
Fallingwater, 133
Faraday, Michael, 8
fatalismo e acidentes, 196
Faulkner, William, 311
femtoquímica, 9
ferramentas, máquina, 125
ferro, 121, 126
fertilizantes: futuro dos, 291; história dos, 71-75, 110-114; impacto ambiental, 239-240, 244; leguminosas, 74, 95, 102, 116; metabolismo vegetal, 8, 66-68, 237, 253; modernos, 8, 73, 74, 85-86, 95-96; reduzindo a dependência em relação aos, 102-103; tipos de nitrogenados, 114; ureia e estrume, 71, 74-75, 114
fertilizantes de nitrogênio: e amônia, 71, 109-116, 160; e leguminosas, 74, 94-95, 96, 116; e o meio ambiente, 239; importância, 71-73, 102, 103; meios naturais de aumento no solo, 129-131; ureia e esterco, 71, 94, 113, 115
Feynman, Richard, 34, 46
finanças *ver* dinheiro e finanças
Finlândia, 54
fitoplâncton, 67
Fitzgerald, F. Scott, 311
floresta amazônica, 233-234, 235
florestas tropicais, 243
florestas, 231, 233, 269, 274
fluxos de informações globais, 142, 175-177, 310
fogo, 23
fones *ver* smartphones e celulares; telefones
Foote, Eunice, 246
fornos, 129
forrageamento (caça e coleta), 63
Fórum Econômico Mundial, 221
fósforo, 111, 238-240
fotossíntese, 72, 239, 253, 326
Fourier, Joseph, 246
França: alimentação e dieta, 79, 82; comércio, 153, 166; consumo de automóveis, 263; covid, 299; e mudanças climáticas, 249; energia nuclear e riscos, 195; indústria

aeronáutica, 163; turismo, 173; uso de água, 236uso de concreto, 133;
Freyssinet, Eugène, 133
Fukushima, 195, 301-302
fumar, 194, 364
furacões, 213
futuro: imprevisibilidade do, 271; *ver também* previsões

G

gás natural: densidade de energia, 37, 38; e aquecimento por ar forçado, 51; e geração de eletricidade, 28, 267, 369; e produção de plásticos, 85; e siderurgia, 131; e transportes, 40; petroleiros de GNL, 161; produção movida a energia nuclear, 287-288; tamanho das reservas, 52; uso de aço pela indústria de gás natural, 125, 126
gasolina: densidade de energia, 39; e agricultura, 73; e transporte, 38, 39, 154; futuro da, 297; peso, 40; transportando, 51
Gateway City (navio cargueiro), 161
globalização: e custos trabalhistas, 179; equívocos comuns, 142; futuro da, 178-179; história da, 141-183; inevitabilidade, 142, 145, 177-141; manifestações, 141-142; recuos no século XX, 177-178; visão geral, 14, 7-8, 141-183
gordura, alimentação, 190, 191
GPS *ver* sistemas de posicionamento global
Grande Evento de Oxigenação, 232
granito, 122
Grécia, 88, 272
gripe (influenza), 148, 162-3, 220
gripe *ver* influenza
guano, 111
guerra civil espanhola (1936-1939), 177
Guerra Fria, 168

H

Haber, Fritz, 76, 112
Harari, Yuval Noah, 296
Harrison, John, 151
Hemingway, Ernest, 311
hexafluoreto de enxofre (SF6), 244
Hoerni, Jean, 165
Holanda (Países Baixos), 148, 149-151
homicídio *ver* assassinato
homicídio, 199, 200, 202, 228

392

Honda, 162
hospitais e risco, 203
Huawei, 182
humanos: surgimento dos, 24; reprojetar, 229
Hungria, 236

I

idosos: causas de morte, 197-198, 203; e
   doenças respiratórias, 221
IEA *ver* Agência Internacional de Energia
iluminação: e energia, 41; elétrica, 35, 41;
   ruas, 124; velas, 35, 41
Império Otomano, 177
Índia: agricultura, 115; consumo de carne,
   336; corrupção, 343; e globalização, 141,
   173; e mudanças climáticas, 260, 264, 273;
   e os romanos, 146; energia nuclear, 57;
   importações de petróleo, 130; indústria
   farmacêutica, 199; indústria siderúrgica,
   128; reciclagem de navios, 127; uso de
   água, 236
Índias Orientais, 147, 149, 150
Indonésia, 101, 151, 153
indução magnética, 8
indústria e manufatura: acidentes, 196; futuro
   da, 15, 178-181; mudanças globais, 178-181;
   dependência material, 12, 105-140, 292;
   mecanização, 3; número de empregos,
   12-13; *ver também setores individuais por
   nome*
Intel, 159, 165-166, 174
inteligência artificial, 279, 295-296
Irã, 41, 44
Iraque, 41, 43, 209, 215, 227
irrigação, 103
isolamento, 190
Israel, 236
Itália, 82, 173, 236, 257, 298

J

Japão: acidentes nucleares, 195, 302;
   agricultura, 327; alimentação e dieta,
   99-100, 101, 178, 189-192, 286; comércio
   histórico, 147, 149, 153; construção naval,
   160; declínio da produção industrial, 179;
   demanda de eletricidade, 54; e
   globalização, 171, 172; e mudanças
   climáticas, 51, 240, 260, 274; edifícios de
   concreto, 133;
indústria automobilística, 162; indústria de
   motores a diesel, 348; indústria

siderúrgica, 42, 128; invasão da
   Manchúria, 177; ponte Akashi Kaikyō,
   123; recuperação pós-guerra, 158, 307;
   riscos naturais, 212, 360; taxas de
   mortalidade, 202; transporte ferroviário,
   50; uso de água, 237; uso de combustíveis
   fósseis, 59;
uso de energia, 30;
jardinagem, 207

K
Kevlar, 119
Kilby, Jack, 165
KLM, 155
Kuwait, 41, 43

L
lagostas, 87
lavar as mãos, 184
Le Rossignol, Robert, 112
leguminosas, 74-75, 94-97, 103, 116
Lehovec, Kurt, 165
Lei de Moore, 174
Lênin, V. I., 154
leucemia, 200, 301
Líbia, 43
Liebig, Justus von, 8
Lilienfeld, Julius Edgar, 294
Lion Air, voo 610, 207
literatura e globalização, 154
lítio, 139
longitude, 151
Los Angeles, 199
Lotka, Alfred, 31
lubrificantes, 40
Luxemburgo, 298
Lycra, 119

M
Macron, Emmanuel, 233
Maddison, Angus, 150
madeira: como combustível, 25, 27; densidade
   de energia, 39; uso na construção, 130-131
Maillart, Robert, 132
Malaysia Airlines, 207
Manchúria, 177
manufatura *ver* indústria e manufatura
Mao Zedong, 113, 167+168, 177
Marrocos, 107
Marte: terraformação, 229, 297
máscaras faciais, 8

materiais: dependências em grande escala, 293; materiais principais, 15, 105-140
Maxwell, James Clerk, 8
McLean, Malcolm, 161-162, 172
Mediterranean Shipping Company, 173
meio ambiente: abastecimento de água e alimentos, 238; degradação da biosfera, 12-13;
limites biosféricos cruciais, 231; natureza mutável das preocupações ambientais, 267-268; poluição, 120, 252; segurança da biosfera, 16-17; suprimento de oxigênio, 231-235, 251-252, 255; visão geral, 229-277; *ver também* mudanças climáticas
mergulho livre, 231
metabolismo das plantas, 8, 74-75, 232-233, 254
metano, 241, 243, 244, 254-255
meteoritos, 205
México, 153
micromorte, 201
microprocessadores e microchips, 106, 158, 166, 174- 175, 262
migração, 137, 154
milho, 80-81, 93, 254, 329
mineração, 111
moagem, 78-79
modelagem, 246, 279
Monier, Joseph, 132
montanhismo, 209
Moore, Gordon, 127
mortalidade *ver* morte
morte: principais causas de, 200-204; taxas gerais de mortalidade, 202-203; *ver também* acidentes; risco
motores a diesel, 155-159, 161-163
motores a jato, 163
motores a vapor, 26-28, 151, 153-155
motores de combustão interna, 27-28, 139
motores elétricos, 48-50
motores *ver* motores a diesel; motores de combustão interna; motores a jato; motores a vapor
motores, potências máximas, 314-314
mudança climática: catastrofismo, 11, 12, 288-289; conferências, 259-260; daqui para a frente, 11-12, 17, 259-260, 303-305; "efeito estufa", 242; efeitos, 246-247, 249;
história da, 243-248; inovação tecnológica, 268-269; mudanças recentes nas

emissões, 259-260, 262-263; objetivos, 54; quantificando, 261-262; *ver também* dióxido de carbono; combustíveis fósseis
mudança da linha costeira, 275
Mullis, Kary, 9
múltiplos de unidade, 314
Museu Guggenheim, 133

N
náilon, 118
navegação, 150, 155
navios e viagens marítimas: alimentação, 39-40; consumo de óleo, 40; história do transporte marítimo, 145-158, 161-169, 171; monitoramento por GPS, 175; petroleiros de GNL, 161-162; petroleiros, 161, 174; reciclagem de navios, 127; transporte de contêineres, 125, 162, 172-173; uso de aço de navios de carga, 125-126; velocidade, 147-148, 152
neoprene, 118
Newton, Isaac, 33-34
níquel, 139
níveis do mar, 275
Noruega, 54, 208-209
Nostradamus, 283
Nova York, 123, 133
Nova Zelândia, 152
Noyce, Robert, 165
números, compreensão, 313

O
Odum, Howard, 31, 103
Ohain, Hans von, 163
óleos comestíveis, 40, 191
ordens de magnitude, 312-315
Organização dos Países Exportadores de Petróleo (OPEP), 43-44, 158, 167
Organização Meteorológica Mundial (OMM), 245
Organização Mundial da Saúde (OMS), 222
Organização Mundial do Comércio (OMC), 168
Ostwald, Wilhelm, 112
ovos, 254
óxido nitroso, 243, 244
ozônio, 216, 230

P

padrão de vida, comparações globais, 11

Painel Intergovernamental sobre Mudanças Climáticas (IPCC), 245, 262

palha: como alimento, 101; como combustível, 25, 26, 27; como fertilizante, 92-93, 94

pandemia de covid-19: aprendendo lições, 300, 307; capacidade humana de controlar, 295-297; divergências nas orientações, 8-9; dúvidas quanto à vacina, 195; e amnésia pandêmica, 225-226; e expectativa de vida prolongada, 221-222; e fornecimento de eletricidade, 323; e globalização, 188-189; e previsões, 273; equipamentos de proteção individual (EPI), 120, 182, 299; falta de preparação para, 303, 339; perfil de mortalidade, 224, 201 pandemias virais, 220-222, 226, 299-300, 209; *ver também* pandemia de covid-19

Paquistão, 127

paraquedismo, 208

Paris, 142

Parsons, Charles A., 295

PE *ver* polietileno

pecuária leiteira, 67, 102

pecuária, 36-37, 67, 80, 101, 255

perda de biodiversidade, 267

peregrinações, 154

Perret, Auguste, 133

pesca, 62, 63, 86-89

PET *ver* poliuretano tereftalato

petróleo bruto: ascensão e queda do 41-43; crescimento da indústria pós-guerra, 160; densidade de energia, 38; e produção de plásticos, 83; história do uso, 27; preço, 42-44, 160; previsões de oferta, 285, 286; navios petroleiros, 160, 172; tamanho das reservas, 53; uso do aço pela indústria petrolífera, 123, 125; vantagens e usos, 39-41

PHS (*pumped hydro storage*): *ver* armazenamento hidrelétrico por bombeamento

pistas de aeroporto, 133

Plano Marshall, 115

plásticos: crescimento da produção pós-guerra, 160, 348; e poluição, 120; importância, 107, 117; necessidades futuras de 138; produção, 41, 42, 107,

116-117; propriedades, 116-117; tipos, 117-119; utilização, 85, 117, 139

plexiglass, 118

Plunkett, Roy, 110

policarbonatos, 119

poliéster, 118

poliestireno, 117, 119

polietileno (PE), 117

polietileno tereftalato (PET), 119

poli-imida, 119

polímeros de cristal líquido, 119

pólio, 226, 301

polipropileno (PP), 117

poliuretano, 117, 119

Polônia, 281

poluição, 121, 258

ponte Salginatobel, 132

pontes, 125, 132, 133; colapso, 196

população: crescimento, 283; mundo, 7, 29; por idade, 211, 376; projeções, 194, 197, 301, 300

porcelana, comércio, 149

potássio, 73, 238

PP *ver* polipropileno

precipitação, 253; chuva ácida, 269

previsões *ver* projeções

Primeira Guerra Mundial (1914-1918), 177

Princeton University, 264

produção agrícola *ver* agricultura; pecuária leiteira; criação animal

produção de hidrogênio, 37

produção de pão, 78-81

produção *ver* indústria e manufatura

Programa das Nações Unidas para o Meio Ambiente (Pnuma), 245

projeções: capacidade humana de controlar o futuro, 293-303; limites das, 279-282, 307-309; limites imutáveis, 290-293; previsões fracassadas, 282-290; recomendações do autor, 303-309; visão geral, 278-309

PVC *ver* cloreto de polivinila

Q

Quebec, 119

quedas, 197-198, 199, 200, 201

queimadas, 237, 238

Quênia, 201

querosene, 36, 37, 38, 39, 48

R
radar, 175
rádio, 155, 157, 165
raios X, 196
Ransome, Ernest, 132
Rebok, Jack, 110
Regina Maersk (navio porta-contêineres), 172
Reino Unido: alimentos, 99, 178; comércio, 165; covid, 273, 299; declínio da produção industrial, 178; desastres naturais, 210; e globalização, 132; geração de eletricidade, 52; histórico de comércio, 153; indústria aeronáutica, 163-164; principais causas de morte, 199; uso de carvão e energia a vapor, 25
relâmpago, 46, 74, 212
represa de Sanxia (Três Gargantas), 134
represa Grand Coulee, 134
represa Hoover, 134
respiração, 231-233, 251-252, 255
Revelle, Roger, 247
Revolução Russa (1917-1921), 127
Rifkin, Jeremy, 266
rio da Prata, 252
rio Danúbio, 252
rio Eufrates, 252
rio Ganges, 252
rio Huang He, 252
rio Mississippi, 252
rio Tigre, 252
rios e abastecimento de água, 252
riqueza, 311
risco: avaliação de riscos moderna, 18; percepções e tolerâncias, 131, 225-229; perigos e catástrofes naturais, 210-224; quantificando, 197-144; riscos em escala global, 215-224; senso comum, 228-229; visão geral, 184-228; voluntários e involuntários, 204-210
robalo (peixe), 87-88
Roma, 142, 146
romanos, 146
Rota da Seda, 148
Rússia: agricultura, 110; e globalização, 167, 168-169; exportações de sucata de aço, 129; indústria de GPS, 176; turismo histórico, 155; uso de concreto, 138; *ver também* URSS

S
Salmonella, 186
São Francisco, 123

sardinhas, 87
satélites, 212
saúde: avaliação de risco, 16; concreto e higiene, 136; e alimentação, 188-192, 198; e genética, 225; efeitos adversos do tratamento médico, 203; pandemias virais, 218-219, 226, 299-300, 310; principais doenças letais, 198-201
Schrödinger, Erwin, 31
Sea-Land (empresa), 162
Segunda Guerra Mundial (1939-1945), 161, 177, 298
segurança e globalização, 179
seguros, 207, 213
sensibilidade climática, 247-249
sequestro de crianças, 185
setor de serviços, 48
Shenzhen, 178, 179
silício, 106-107, 294
sinalização rodoviária, 124
Singapura, 159, 257
Singularidade, 278-279, 288-289
sistemas de posicionamento global (GPS), 175
smartphones e celulares: 5G, 82, 297; e eletricidade, 48, 327; e globalização, 141; início, 165; produção e materiais, 107, 125, 293, 343
software, 169, 171
soja, 75
Sol e tempestades geomagnéticas, 218-220
Solzhenitsyn, Alexander, 311
Starr, Chauncey, 193, 201
submarinos, 37
Suécia, 171, 257
Suess, Hans, 247-248
Suíça, 132, 209, 298
supernovas, 217
supervulcão de Yellowstone, 217
suprimento de oxigênio, 231-235, 251-252, 255
Sydney Opera House, 133

T
Taiwan, 274
tamanho das aves, 314
tamanho de mamíferos, 313
taxa metabólica, 38
taxas (entrada/saída), 38
taxas de fecundidade, 281
tecno-otimismo, 17-18, 278
Teflon, 110, 118
telefones celulares *ver* smartphones e celulares

396

telefones, 153; *ver também* smartphones e celulares
telégrafo, 151-153
televisão, 157, 165
tempestades: furacões, 212; geomagnéticas, 218; tornados, 211, 226
tendências de propriedade material, 264
termodinâmica: livros sobre, 319; primeira lei, 36; segunda lei, 36
Terra, surgimento da vida na, 24
terremoto e tsunami de Tōhoku (2011), 212, 227
terremotos, 211-212, 224-225, 227
Thunberg, Greta, 288
tipos de aeronaves: Airbus, 134, 164; Boeing 314 Clipper, 156; Boeing 737 MAX, 207, 301; Boeing 747, 164, 226; Boeing 757, 302; Comet, 119; Concorde, 119; Douglas DC-3, 163
Titanic, RMS, 157
tomate, 82-86
Tóquio, 133
tornados, 210-211, 225
torres de rádio, 124
Toyota, 162
Trajano, imperador romano, 146
transistores, 106, 159, 165-166, 294
transportes e viagens: como impulso para a globalização, 137-163, 171-177; cruzeiros, 142, 300; descarbonização, 37-40, 57, 266; extremos de velocidade, 314; futuro dos, 297; viagens de lazer, 141-142, 153; *ver também formas individuais de transporte por nome*; turismo
tratores, 71, 102
trens *ver* viagens de trem e trens
trigo, 68-70, 75, 76-78, 254
Trótski, Leon, 154
tsunamis, 212, 217, 225
tuberculose, 223
tubos de vácuo, 159
túneis, 131
turbinas a gás, 158, 162, 295
turbinas a vapor, 295
turbinas *ver* turbinas a gás; turbinas a vapor
turismo: cruzeiros, 137-138, 300; de chineses e russos, 168; e globalização, 137; história do, 152, 164, 166; na Europa, 175; overturismo, 142
Turquia, 88, 128, 252
Tuvalu, 275

Tyndall, John, 246
Tyvek, 119

U
União Europeia: agricultura, 332; consumo de automóveis, 263; declínio da produção industrial, 179; e covid, 273, 299; e energia nuclear, 57-58; e mudanças climáticas, 54, 260, 274; indústria de GPS, 175; indústria siderúrgica, 128; uso de concreto, 138;
União Soviética *ver* URSS
urbanização, 10, 65, 131
ureia, 71, 94, 113
URSS: campos de petróleo, 41-42; crescimento pós-guerra, 158, 307; dissolução, 168, 177-178; geração de eletricidade, 52; *ver também* Rússia
Utzon, Jørn, 133

V
vacinação, 194
veganismo, 10-101, 186
velas (navegação), 24, 145, 151-152
velas, 34, 49
viagens ferroviárias e trens, 47, 48, 125, 153, 173, 274
vinho e saúde, 191-192
Volkswagen, 162
Voo 302 da Ethiopian Airlines, 207
voos *ver* aeronaves e viagens aéreas
Vries, Jan de, 150

W
Wärtsilä, 348
Watt, James, 26
Whittle, Frank, 163
Wright, Frank Lloyd, 133

Z
Zewail, Ahmed, 9
Zinoviev, Grigori, 154
Zola, Émile, 75, 311

intrinseca.com.br

@intrinseca

editoraintrinseca

@intrinseca

@editoraintrinseca

editoraintrinseca

1ª edição	ABRIL DE 2024
impressão	BARTIRA
papel de miolo	LUX CREAM 60G/M²
papel de capa	CARTÃO SUPREMO ALTA ALVURA 250G/M²
tipografia	ADOBE GARAMOND